实用岩土工程施工新技术
(2021)

雷　斌　林强有　李红波　李　波　著

中国建筑工业出版社

图书在版编目（CIP）数据

实用岩土工程施工新技术.2021/雷斌等著. —北京：中国建筑工业出版社，2021.3
ISBN 978-7-112-25983-0

Ⅰ.①实… Ⅱ.①雷… Ⅲ.①岩土工程-工程施工 Ⅳ.①TU4

中国版本图书馆CIP数据核字（2021）第044370号

本书主要介绍岩土工程实践中应用的创新技术，对每一项新技术从背景现状、工艺特点、适用范围、工艺原理、工艺流程、操作要点、设备配套、质量控制、安全措施等方面予以全面综合阐述。全书共分为8章，包括灌注桩施工新技术、基坑支护施工新技术、全套管全回转灌注桩施工新技术、地下连续墙施工新技术、基坑立柱桩定位新技术、灌注桩事故处理新技术、基坑砂土再生资源处理利用新技术、绿色施工新技术。

本书适合从事岩土工程设计、施工、科研、管理人员学习参考。

责任编辑：杨　允
责任校对：芦欣甜

实用岩土工程施工新技术（2021）
雷　斌　林强有　李红波　李　波　著

*

中国建筑工业出版社出版、发行（北京海淀三里河路9号）
各地新华书店、建筑书店经销
霸州市顺浩图文科技发展有限公司制版
北京京华铭诚工贸有限公司印刷

*

开本：787毫米×1092毫米　1/16　印张：20¼　字数：501千字
2021年4月第一版　2021年4月第一次印刷
定价：**69.00**元
ISBN 978-7-112-25983-0
（36600）

前　　言

时光荏苒，岁月如歌。在历史的长河中，三十年如白驹过隙，转瞬即逝，但对于像深圳工勘集团这样的企业，三十年如同人生一般，见证了诞生、成长到而立；三十年间，一张张凝聚汗水的坚毅脸庞、一项项国内领先的创新成果、一个个催人奋进的感人故事、一幕幕动人心魄的发展画面……共同交织成企业成长与发展的奋斗诗篇。

2021年，是深圳工勘集团成立三十周年。这三十年，伴随深圳经济特区建设的脚步一路前行、成长、壮大；这三十年，几代新老工勘人拼搏进取、砥砺奋进，智慧与汗水、拼搏与奉献铸就了蓬勃发展的今天。

深圳工勘集团是国内第一批由水文地质部队改编的从事勘察设计及岩土工程的专业公司，诞生于波澜壮阔的改革初期，发展于风起云涌的行业大潮，经历了从部队到地方、从国企到民企、从传统技术到高新技术企业的多重变革。三十年来，深圳工勘集团始终不忘“坚守岩土专业”的初心，承担起推动行业发展的责任，勇于突破岩土技术短板，探索岩土施工技术创新，解决了众多传统施工工艺无法实现的瓶颈，推出了一大批岩土施工新设备和新工法，促进了岩土工程施工技术的进步和发展。

《实用岩土工程施工新技术》已于2018年、2020年出版发行两本，为纪念深圳工勘集团成立三十周年，作者特此编著发行新的2021版著作。本书共包括8章，每章的每一节均为一项新技术，每节对每一项新技术从背景现状、工艺特点、适用范围、工艺原理、工艺流程、操作要点、设备配套、质量控制、安全措施等方面予以综合阐述。第1章介绍灌注桩施工新技术，包括大直径旋挖灌注桩硬岩小钻阵列取芯钻进、大直径超深灌注桩成桩孔口平台施工、大直径超深灌注桩气举反循环二次清孔循环泥浆消压、岩溶发育区旋挖地雷式溶洞挤压钻头及处理等施工技术；第2章介绍基坑支护施工新技术，包括旋挖钻机切除支护桩内半侵入锚索、填石层自密实混凝土潜孔锤跟管止水帷幕施工、基坑石方爆破支撑梁模块式移动棚防护施工、限高区基坑咬合桩硬岩全回转与潜孔锤组合钻进等施工技术；第3章介绍全套管全回转灌注桩施工新技术，包括全套管全回转灌注桩套管内气举反循环清孔、无充填溶洞全回转钻进灌注桩钢筋笼双套网成桩、旋挖与全回转钻组合装配式辅助钢结构平台钻进等施工技术；第4章介绍地下连续墙施工新技术，包括管线下地下连续墙一幅三序二笼入岩成槽、地下防空洞区地下连续墙堵、填、钻、铣综合成槽、地下连续墙抓斗附挂式工字钢接头刷壁器刷壁、地下连续墙大直径潜孔锤跟管咬合引孔成槽、限高区域地下连续墙钢筋笼吊装等施工技术；第5章介绍基坑立柱桩定位新技术，包括基坑逆作法钢构柱一点三线平台定位、基坑逆作法钢管结构柱双平台定位、基坑逆作法钢管结构柱自锁螺杆升降平台对接等施工技术；第6章介绍灌注桩事故处理新技术，包括潜孔锤孔内掉钻活动式卡销打捞、潜孔锤钻具六方接头插销防脱等施工技术；第7章介绍基坑砂土再生资源处理利用新技术，包括基坑开挖砂质土模块化洗滤净化、基坑土洗滤、泥浆压榨一站式固液分离无害化施工、基坑土石方传送带运输及破碎处理循环利用等施工技术；第8章介绍绿色施工新技术，包括灌注桩废泥浆压滤固液分离循环利用、灌注桩潜孔锤钻进串筒式叠状降尘防护施工、灌注桩潜孔锤钻进孔口合瓣式防尘罩施工、灌注桩大直径潜孔锤气液钻进降尘等施工新技术。

三十年栉风沐雨，三十年春华秋实。过去的三十年，对深圳工勘集团来说，是一部充满机遇与挑战，拼搏与激情的创业史。站在三十周年的新起点，深圳工勘集团将以习近平新时代中国特色社会主义思想为指导，始终践行“让岩土技术促进人与自然和谐发展”的企业使命，以建设美丽中国为己任，协同粤港澳大湾区和深圳建设中国特色社会主义先行示范区的发展，以创新的理念、精湛的技术、先进的装备、优良的品质，开创更加波澜壮阔的美好未来。

《实用岩土工程施工新技术》系列丛书出版以来，得到广大岩土工程技术人员的支持和喜爱，系列丛书将定期出版发行，以飨读者。限于作者的水平和能力，书中不足在所难免，将以感激的心情诚恳接受读者的批评和建议。感谢关心、支持本书的所有新老朋友！

雷　斌

2021 年 1 月于广东深圳　工勘大厦

目　录

第1章　灌注桩施工新技术

1.1　大直径旋挖灌注桩硬岩小钻阵列取芯钻进技术

1.1.1　引言

对于大直径旋挖灌注桩硬岩钻进，通常多采用分级扩孔钻进工艺，即采用从小直径取芯、捞渣，逐步分级扩大钻进直径，直至达到设计桩径，如直径2800mm的灌注桩旋挖入岩，一般从小孔逐步扩大分级扩孔施工，具体分级、钻进、孔底捞渣见图1.1-1～图1.1-3。

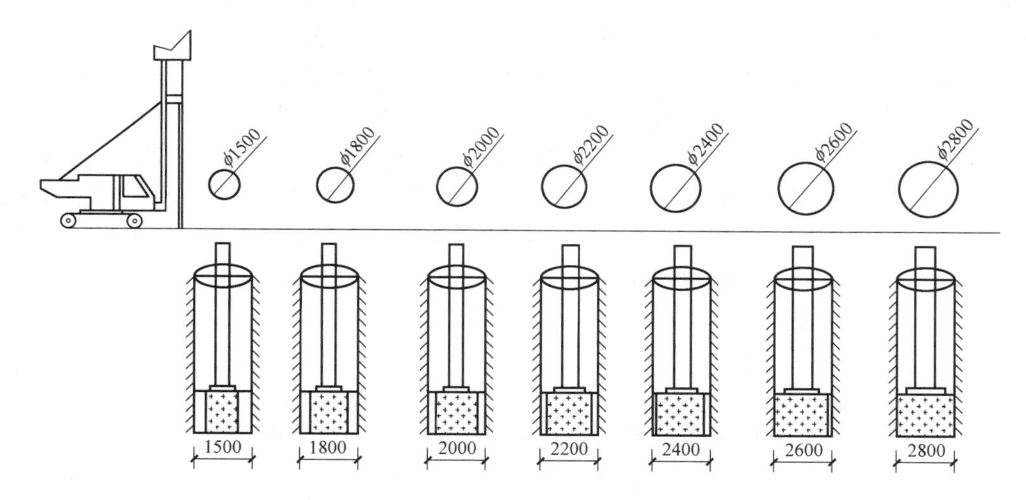

图1.1-1　旋挖硬岩钻进分级扩孔级数、级差示意图

图1.1-2　硬岩钻进使用的分级截齿筒钻

图 1.1-3　硬岩钻进使用的大小直径捞渣钻斗

旋挖桩硬岩分级扩孔工艺，钻进时需要配备各种不同直径的旋挖入岩钻筒和捞渣钻斗，钻进和清渣过程中需频繁更换钻头，增加了旋挖钻机起钻的次数，直接影响钻进效率；同时，随着分级钻头直径的加大，其在硬岩中的扭矩也将增大，其钻进速度减慢，钻进效率降低。

以深圳市南山区粤海门村桩基础工程为例，本工程基础采用大直径钻孔灌注桩，设计桩径 1200～2600mm，其中 2200mm 及以上桩径共 28 根，桩端以微风化混合花岗岩为持力层，且进入持力层不小于 1.0m，微风化饱和单轴抗压强度 76.8MPa。场地桩基施工遇到的主要问题表现为中、微风化入岩深度大，岩石硬度高。为解决大直径旋挖灌注桩入硬岩钻进存在的上述问题，经过现场试验、优化，总结出一种旋挖硬岩“小钻阵列（或梅花）取芯、大钻整体削平”的钻进方法，即当旋挖钻进至硬岩时，采用一种小直径截齿筒钻，按照阵列依次取芯、旋挖钻斗捞渣，最后采用设计桩径筒钻整体一次性削平的钻进工艺，大大提升了钻进效率，取得了显著成效。

1.1.2　工艺特点

1. 硬岩钻进效率高

通常采取的分级扩孔硬岩旋挖钻进后期扭矩逐渐加大，钻进速度慢、钻进效率低，本技术硬岩始终采用小直径截齿筒钻取芯钻进，钻进过程始终处于小扭矩状态，硬岩钻进速度快、钻进效率高。

2. 优化现场管理

采用硬岩分级扩孔钻进，需要准备各种不同直径的截齿和捞渣钻头，对钻头的使用量大，本技术只需要大、小两种旋挖钻头就能解决硬岩钻进，大大减少了钻头的种类和数量，优化了施工现场的管理。

3. 降低综合成本

采用本钻进施工工艺，加快了成孔进度，减少了施工机具投入，有效降低了施工综合成本。

1.1.3　适用范围

1. 地层

适用于入中、微风化岩的大直径灌注桩钻进。

2. 桩径

考虑到目前旋挖钻机扭矩和钻头入岩能力的提升，一般实际工程中硬岩全断面钻进可达1200～1600mm，为此，采用硬岩小钻阵列取芯法适用于桩径2200mm及以上的旋挖灌注桩成孔。

3. 孔深

考虑到阵列取芯孔准确定位，一般阵列钻进深度为50m左右。

1.1.4 工艺原理

1. 小直径阵列孔硬岩钻进原理

本工艺在旋挖钻进硬岩时，采用小直径钻孔依次阵列排列钻进，钻进时钻头的直径越大，其克服硬岩内进尺的阻力越大，所需要的钻进扭矩越大。因此，本工艺利用大扭矩旋挖钻机进行小直径钻孔钻进，有效地减小了硬岩的钻进阻力。同时，根据旋挖钻进岩石破碎理论，当旋挖钻头附近存在自由面时，钻头钻进侵入时围岩容易产生侧向的破碎，这样有利于后续阵列孔的硬岩钻进，大大提升了入岩效率。

2. 小直径阵列孔布设原则

本工艺所述的“小钻阵列（梅花）取芯、大钻整体削平”的钻进方法，其小钻阵列取芯孔的布设与硬岩强度、旋挖钻机扭矩、灌注桩设计桩径等相关。

根据实际施工经验，对不同灌注桩设计桩径，对不同强度硬岩中的布孔方式进行了原则性设计，具体布孔方式见表1.1-1；实际钻进施工过程中，可根据现场使用的旋挖钻机的功率和工况进行调整。

阵列布孔方式 表1.1-1

设计桩径（mm）	岩石抗压强度					
	岩石抗压强度＜40MPa			岩石抗压强度＞40MPa		
	阵列孔径（mm）	大断面孔径（mm）	布孔排列	阵列孔径（mm）	大断面孔径（mm）	布孔排列
2200	1000	2200	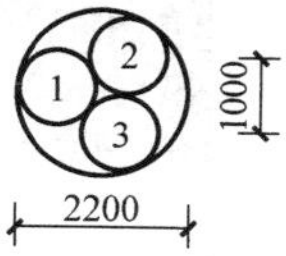 1 2 3 1000 2200	1000	2200	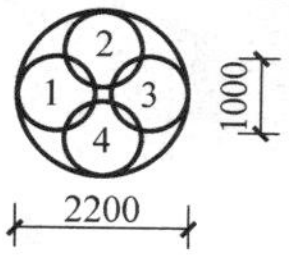 1 2 3 4 1000 2200
2500	1200	2500	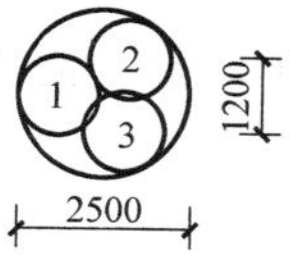 1 2 3 1200 2500	1200	2500	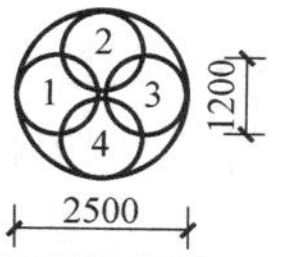 1 2 3 4 1200 2500
2800	1400	2800	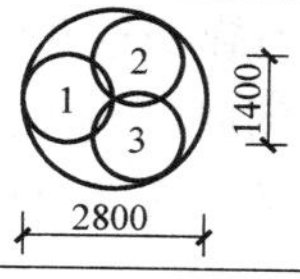 1 2 3 1400 2800	1200	2800	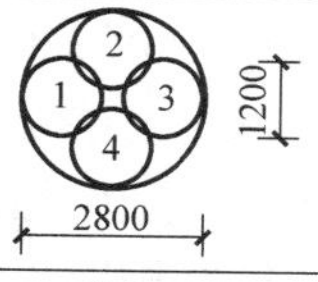 1 2 3 4 1200 2800
3000	1500	3000	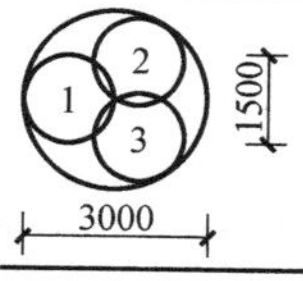 1 2 3 1500 3000	1400	3000	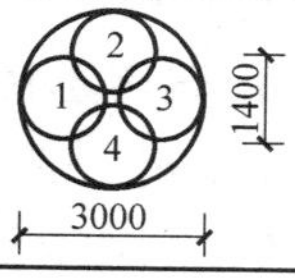 1 2 3 4 1400 3000

3. 阵列钻孔回次进尺控制

硬岩钻进根据阵列孔直径大小、硬岩强度和使用的旋挖筒式钻头的形式（截齿或牙轮），一般阵列小钻回次进尺控制在 1.0～1.2m，大断面整体钻头钻进进尺一般控制在 1.0m。

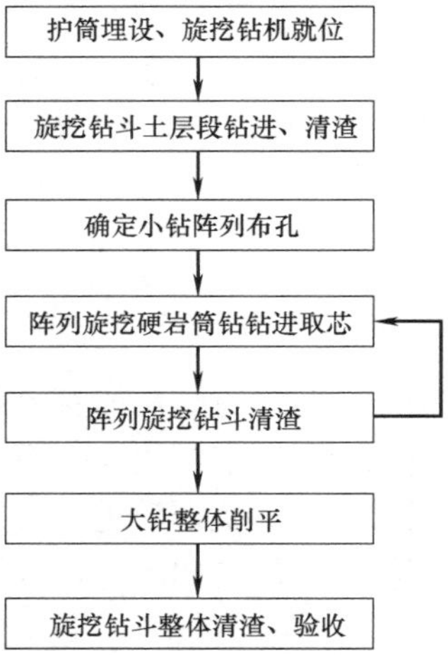

护筒埋设、旋挖钻机就位
↓
旋挖钻斗土层段钻进、清渣
↓
确定小钻阵列布孔
↓
阵列旋挖硬岩筒钻钻进取芯
↓
阵列旋挖钻斗清渣
↓
大钻整体削平
↓
旋挖钻斗整体清渣、验收

图 1.1-4　旋挖灌注桩小钻阵列取芯施工工艺流程图

1.1.5　施工工艺流程

旋挖灌注桩入硬岩的“小钻阵列取芯，大钻整体削平”的阵列取芯施工工艺流程见图 1.1-4。

1.1.6　工序操作要点

以下以粤海门村桩基桩径 2200mm 灌注桩硬岩钻进为例。

1. 护筒埋设、旋挖钻机就位

（1）护筒埋设：桩位放点后，在护筒外 1000mm 范围内设桩位中心十字交叉线，用作护筒埋设完毕后的校核，具体见图 1.1-5。

（2）旋挖钻机就位：场地处理平整坚实，并在钻机的履带下铺设钢板，钻机采用十字交叉法对中孔位，见图 1.1-6。

图 1.1-5　护筒埋设

图 1.1-6　旋挖钻机就位

（3）旋挖钻机型号选择：根据设计灌注桩桩径、嵌岩深度及强度，选择旋挖钻机型号需满足相应扭矩要求。

2. 旋挖钻斗土层段钻进、清渣

（1）土层包括强风化岩及以上的地层采用旋挖钻斗钻进。

（2）土层钻进按设计桩径 2200mm 一径到底，直至强风化底、中风化岩面。

（3）土层钻进过程中，采用优质泥浆护壁；钻进至持力层岩面后，及时采用清渣平底钻斗反复捞取渣土。

3. 确定小钻阵列布孔

（1）小钻阵列布孔方式选择见表 1.1-1。

（2）本工程微风化饱和单轴抗压强度平均达 76.8MPa，在微风化硬岩层钻进时，选择采用 4 个 1000mm 直径筒钻沿桩身依次钻 4 个取芯孔的阵列布孔方案，具体钻孔阵列布孔方式见图 1.1-7。

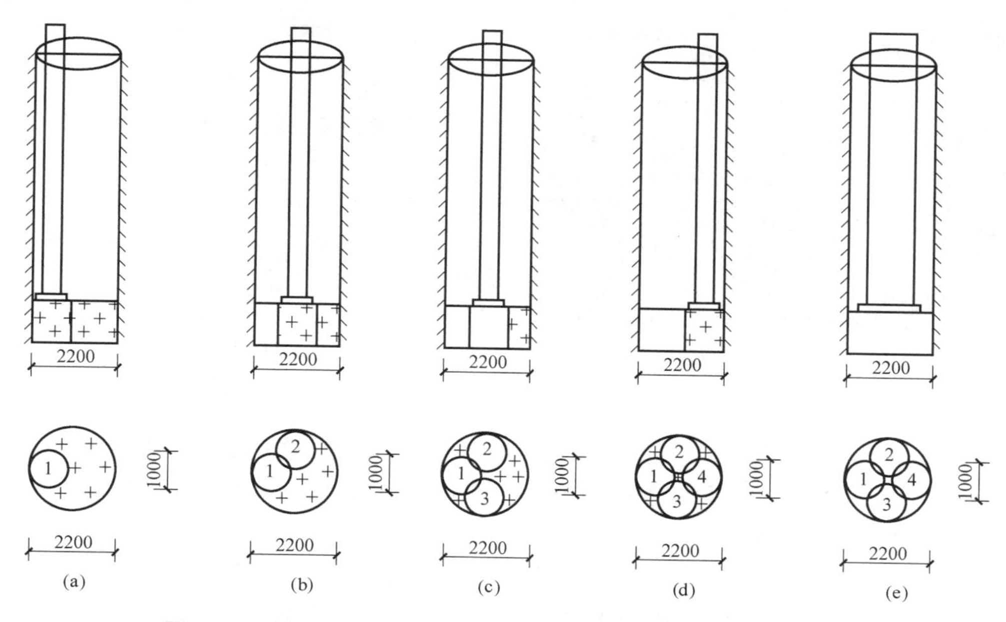

图 1.1-7　桩径 2200mm 灌注桩硬岩小钻阵列取芯钻进布孔示意图

4. 阵列旋挖硬岩筒钻钻进取芯

（1）采用直径 1000mm 的旋挖截齿筒式钻头，为确保取芯长度，旋挖钻头长度不小于 1.6m，具体见图 1.1-8。

（2）钻进时，按布设的孔位依次钻进，并采用优质泥浆护壁，现场钻进情况见图 1.1-9。

图 1.1-8　旋挖截齿钻筒

图 1.1-9　直径 1000mm 旋挖筒钻阵列孔钻进

（3）阵列孔钻进时，控制钻压，保持钻机平稳；当钻进至设计入岩深度后，微调筒钻位置，将岩芯扭断取出，具体见图 1.1-10。

（4）完成第一个阵列孔钻进后，调整旋挖钻机位置，逐个进行其他阵列孔取芯钻进，具体见图 1.1-11。

图 1.1-10 直径 1000mm 旋挖筒钻阵列孔硬岩钻进取芯

图 1.1-11 直径 1000mm 旋挖筒钻阵列孔移位依次钻进

(5) 当阵列孔全部取芯钻进完成后，如果钻孔中心存在岩柱，则采用旋挖筒钻再一次入孔，并对中钻进，以消除后续大钻全断面钻进时的阻碍。

5. 阵列旋挖钻斗清渣

(1) 阵列孔钻凿取芯作业后，孔内残留较多岩渣时，应及时进行孔底清渣。

(2) 阵列孔清渣采用专用的旋挖钻斗清渣，具体如图 1.1-12 所示。

6. 大钻整体削平

(1) 把阵列旋挖 1000mm 的小直径筒钻换成设计桩径的 2200mm 大直径筒钻，将筒钻中心线对准桩位中心线，具体如图 1.1-13 所示。

图 1.1-12 阵列旋挖钻斗清渣

图 1.1-13 直径 2200mm 的筒钻钻进

(2) 旋挖钻机大钻整体钻进过程中，注意控制钻压，轻压慢转，并观察操作室内的垂直度控制仪，确保钻进垂直度；当大钻钻进至满足设计入岩深度后，报监理工程师现场检验并终孔。旋挖钻斗最后整体削平见图 1.1-14。

7. 旋挖钻斗整体清渣、终孔验收

(1) 在终孔后，换 2200mm 直径钻斗进行捞渣，尽可能清除孔内沉渣，经反复 2～3 个回次将岩块钻渣基本捞除干净，具体如图 1.1-15 所示。

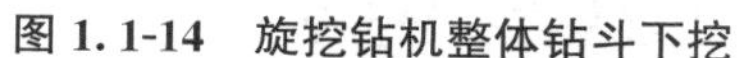
图 1.1-14 旋挖钻机整体钻斗下挖

图 1.1-15 旋挖钻机整体钻斗清孔捞渣

（2）终孔后，用测绳测量终孔深度。

（3）成孔验收完毕后，进行钢筋笼制安、混凝土导管安装作业，并及时灌注桩身混凝土成桩。

1.1.7 材料与设备

1. 材料

本工艺所用的材料主要为旋挖截齿和钻进时孔内造浆的黏土粉。

（1）硬岩钻进旋挖钻头的截齿易磨损，为确保钻进速度需及时更换。

（2）钻进时采用优质泥浆护壁，泥浆通过黏土粉现场调配，以确保孔壁稳定。

2. 主要机械设备

本工艺所涉及的主要机械设备详细参数见表 1.1-2。

主要机械设备配置表 **表 1.1-2**

材料设备名称	型　　号	备　　注
旋挖钻机	360kN·m	钻进
旋挖钻斗	设计桩径	土层钻进
截齿筒式钻头	阵列孔直径	硬岩钻进取芯
旋挖捞渣斗	设计钻孔直径、阵列孔径	钻孔捞渣
挖掘机	PC220	场地平整、辅助配合
铲车	5t	钻渣倒运
电焊机	BX1-250	旋挖钻头维修

1.1.8 质量控制

1. 桩位偏差

（1）桩位由测量工程师现场测量放线，报监理工程师审批。

（2）钻机就位时，认真校核钻斗底部尖与桩点对位情况，如发现偏差超标，及时调整。

（3）护筒埋设后用十字线校核护筒位置偏差，允许值不超过50mm。

（4）钻进过程中，通过钻机操作室自带垂直控制对中设备进行桩位控制。

2. 桩身垂直度

（1）钻机就位前，进行场地平整，钻机履带下横、纵向铺设厚度不小于20mm的钢板，防止钻机出现不均匀下沉导致孔位偏斜。

（2）钻进过程中，发现偏差及时纠偏。

（3）严格按规范要求埋设护筒，成孔过程中随时观测护筒的变化，发现异常及时调整。

3. 硬岩钻进

（1）采用大扭矩旋挖钻机取芯作业，以确保硬岩正常钻进。

（2）硬岩阵列取芯时，始终采用优势泥浆护壁，以确保上部土层的稳定。

（3）阵列孔取芯钻进后，及时进行清渣，避免钻渣重复在孔底多次破碎。

（4）大钻整体削平至设计桩底后，采用专用的捞渣钻头清底。

1.1.9 安全措施

1. 硬岩钻进

（1）施工场地进行平整处理，确保旋挖钻机平稳钻进。

（2）桩机作业前，旋挖钻机进行试运转。

（3）硬岩钻进时，根据岩性特征，合理选择阵列布孔方式和阵列孔径，选用适当直径的旋挖钻头。

（4）硬岩钻进时严格控制钻进速度，可适当加压钻进。

2. 现场安全管理

（1）现场泥浆池进行安全围挡。

（2）钻孔完成钻进后，及时进行回填、压实。

（3）钻机移位时，由专人现场统一指挥，无关人员撤离作业现场，避免发生桩机倾倒伤人事故。

（4）孔口岩芯及岩屑及时派人清理，集中堆放或外运，不得堆放在孔口2m范围内。

（5）现场施工人员佩戴个人安全防护用具。

1.2 大直径超深灌注桩成桩孔口平台施工技术

1.2.1 引言

在灌注桩施工过程中，孔口护筒起到钻孔定位、稳定孔壁的作用。通常在实际工序操作过程中，钢筋笼吊放对接、就位后固定，均在孔口护筒上完成；灌注混凝土时，孔口灌注架直接搁置在护筒顶实施混凝土灌注。对于直径超过2m、桩深60m以上的灌注柱，其桩身钢筋笼重达数十吨，灌注混凝土时初灌体积大，灌注斗及混凝土重达10t以上；在成桩过程中，桩身钢筋笼、灌注桩身混凝土时对护筒的持续承压，往往会导致孔口护筒不同程度的沉降、变形，严重的会引起孔口垮塌，造成灌注混凝土质量事故，这些问题给大直径、超深灌注桩施工带来质量和安全隐患。

为了避免通常的灌注桩成桩过程中钢筋笼固定、灌注桩身混凝土工序操作对孔口护筒的影响，保证顺利灌注成桩，在施工超深钻孔时，项目组对“大直径超深灌注桩成桩孔口平台施工技术”进行研究，采用一种孔口作业平台，使得在钻孔终孔后续的钢筋笼、灌注导管安放，以及混凝土灌注等工序操作中，不与孔口护筒发生任何接触，完全避免成桩工序对孔口护筒和钻孔的影响，取得了显著成效。

1.2.2 工艺特点

1. 安全性高

本工艺所述的孔口作业平台是在孔口护筒外搭建独立的作业平台，完成钢筋笼、灌注导管安放，以及灌注桩身混凝土等成桩工序，使成桩过程操作不与孔口护筒发生接触，避免了孔口护筒发生变形，确保了孔壁稳定；本作业平台按框架结构设计，采用工字钢制作，稳定性好、承重能力强、安全性高。

2. 质量可靠

本工艺中的作业平台正方形结构可通过四个马凳准确调节平台水平，平台就位时其中心点与钻孔中心点的十字交叉点重合，可确保后续钢筋笼准确就位，也可以准确控制灌注导管中心位置，确保灌注成桩质量。

3. 制作简便

本工艺所采用的作业平台采用工字钢焊接，制作简单，可根据设计桩径现场制作，满足各种超大桩径使用。

4. 操作高效快捷

本工艺所述施工平台整体设计重量轻，通过吊车就位便捷；钢筋笼安放时，通过操作工人移动设置在平台四个角的插销，可精准控制钢筋笼中心位置，操作简便、固定效果好；同时，操作平台铺设成套的灌注板，为操作人员提供了安全可靠的作业空间；此外，施工人员还可在该作业平台上进行混凝土灌注标高监测，大大提高操作效率。

5. 降低施工成本

本施工平台将钢筋笼下放和混凝土浇筑两个工序所需的施工措施结构集成在一个平台上，减小了工序转换时的吊装作业，平台的制作成本低，具有较高的经济性。

1.2.3 适用范围

适用于直径大于 2m、桩长大于 60m 的灌注桩孔口钢筋笼安放、导管安装、桩身混凝土灌注；适用于直径小于 2m，孔口护筒埋深浅、地层差的灌注桩。

1.2.4 工艺原理

本工艺主要是通过设置一个比护筒直径大、独立的孔口作业平台，将钢筋笼安放、混凝土灌注作业与孔口护筒分离，孔口作业平台不接触护筒，将钢筋笼吊放、导管安放、桩身混凝土灌注等工序所需的施工作业全部集成在孔口作业平台上完成。

1. 孔口作业平台结构

本工艺所述的孔口作业平台由下而上共由四部分组成，分别是：四个圆形马凳、定位平台、灌注作业板、孔口灌注架。孔口作业平台三维示意见图 1.2-1，现场作业平台实物见图 1.2-2。

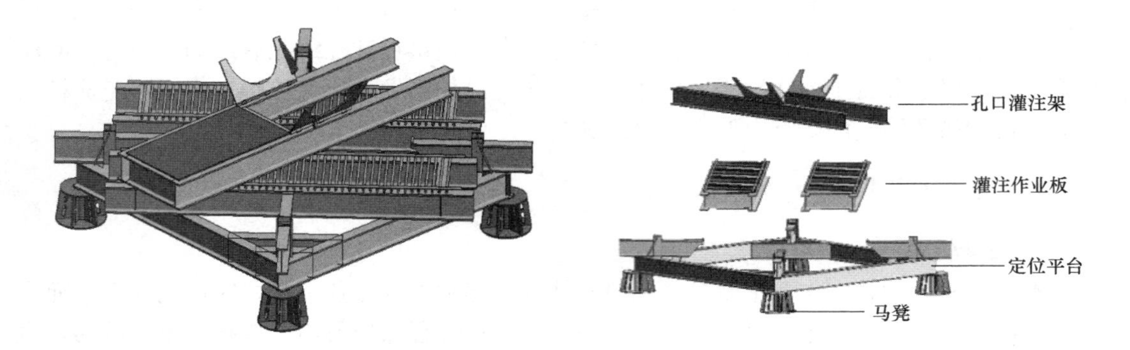

图 1.2-1 孔口作业平台三维示意图

图 1.2-2 施工现场孔口作业平台

2. 孔口平台施工工艺原理

(1) 独立的施工作业平台

本工艺所述的孔口作业平台，为一个比护筒直径大 30cm、正方形的、独立的孔口作业平台，其架设在孔口护筒的外侧，将成孔后的钢筋笼安放、桩身混凝土灌注等工序作业，全部集成在孔口作业平台上完成，孔口作业平台不接触护筒，确保了孔口护筒和孔壁的稳定，具体见图 1.2-3。

(2) 定位平台桩位中心点定位原理

1) 定位平台为正方形框架，其架设在底部的马凳上。

2) 马凳对整个作业平台起找平、支承和垫高作用，同时确保平台稳固，并使平台高度高出孔口护筒，以便于后续工序操作。

3) 定位平台架设就位时，其正方形的中心点与钻孔的十字交叉中心点、孔口护筒的中心点重合，确保后续的工序操作精确定位。孔口作业平台中心点定位示意见图 1.2-4、图 1.2-5。

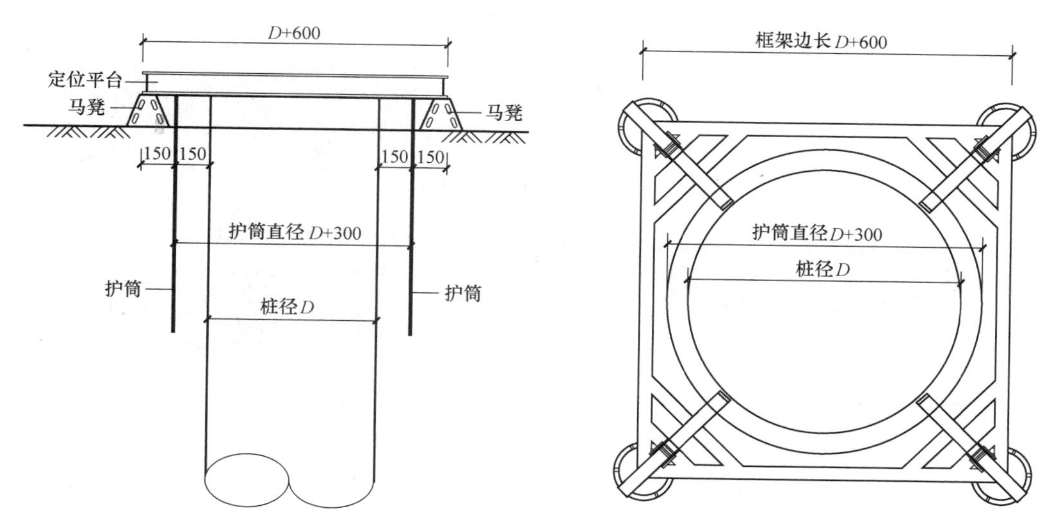

图 1.2-3 定位平台定位示意图

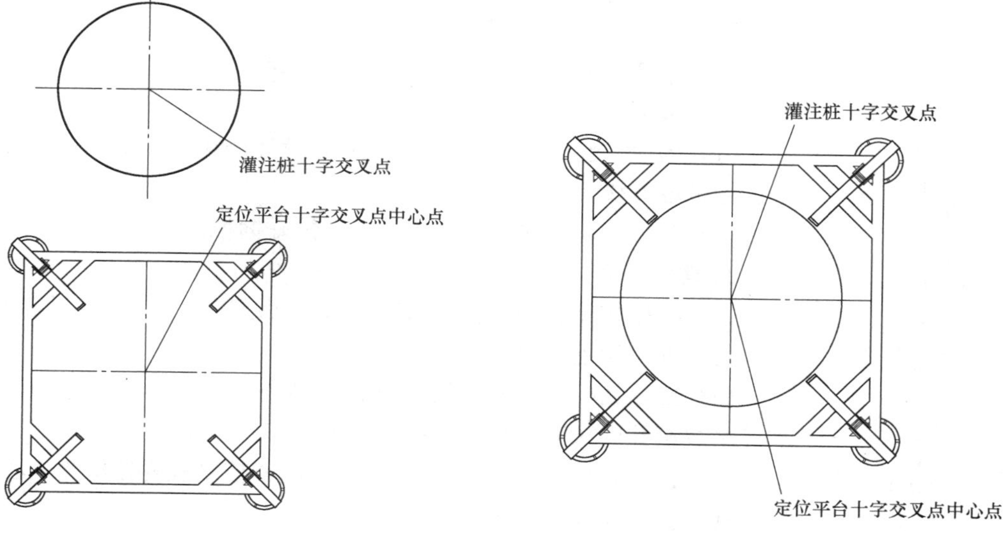

图 1.2-4 灌注桩与定位平台简图

图 1.2-5 定位平台安放效果简图

（3）定位平台钢筋笼定位原理

1）本工艺定位平台设有插销结构，除完成钢筋笼孔口接长临时固定外，可利用移动式插销将钢筋笼的吊筋准确定位，既控制标高，还可防止钢筋笼上浮。

2）固定钢筋笼插销设置在定位平台四个方位角上，由门式架和移动式插销组成；门架焊接在平台角上，用来固定插销；插销是可以活动的钢构件，采用工字钢加工，其利用门架固定下入的钢筋笼；插销的尖形头部设专门的凸体，主要是用以防止插销固定后钢筋笼滑脱。

3）在钢筋笼孔内安放时，通过现场量测控制钢筋笼的中心点与作业平台中心点重合，以此确保钢筋笼的准确定位和钢筋笼的保护层厚度满足设计要求。

定位平台固定插销见图 1.2-6，插销固定孔口安放的钢筋笼见图 1.2-7。

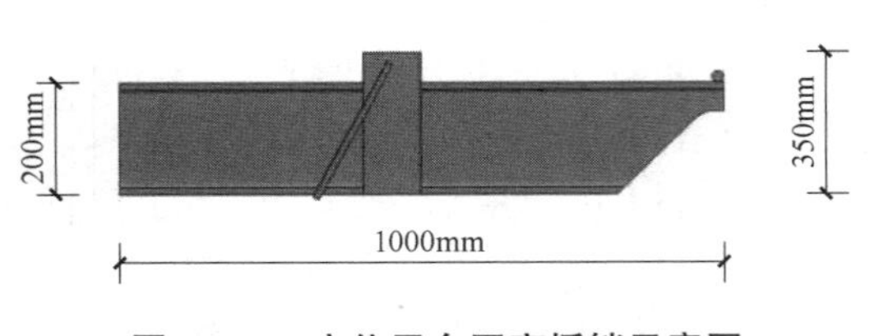

图 1.2-6　定位平台固定插销示意图

图 1.2-7　钢筋笼插销固定钢筋笼

1.2.5　施工工艺流程

大直径超深灌注桩成桩孔口平台施工工艺流程见图 1.2-8。

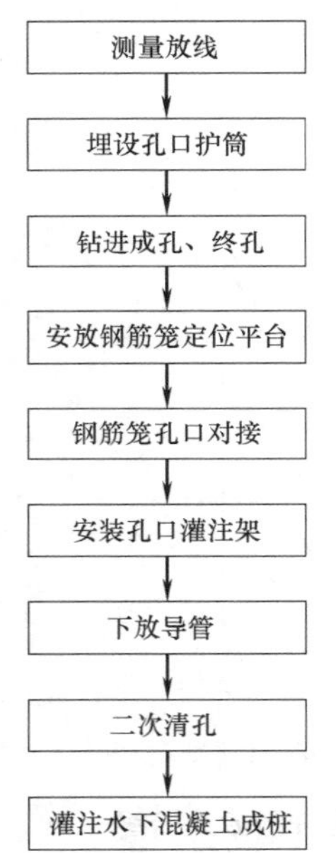

图 1.2-8　大直径超深灌注桩成桩孔口平台施工工艺流程图

1.2.6　工序操作要点

以直径 2000mm、孔深 80m 灌注桩为例。

1. 测量放线

（1）场地平整夯实，根据桩位平面设计图坐标、高程控制点标高进行桩位放线。

（2）测量确定灌注桩桩位中心点，做好标识。

2. 埋设护筒

（1）根据桩定位点拉十字交叉线，安放四个控制桩，以四个控制桩为基准埋设钢护筒。

（2）旋挖钻机按护筒直径 2300mm 钻进，至护筒深度 2.5m，将护筒吊放至孔内扶正，护筒与孔壁间隙压实。

（3）护筒高出地面 300mm，并利用四个控制桩复核护筒中心点。孔口护筒埋设见图 1.2-9。

3. 钻进成孔、终孔

（1）旋挖钻机就位准确后开始钻进，直至钻进至设计标高。

（2）土层钻进时采用旋挖筒钻，入岩层时采用截齿钻斗钻进；钻进时，始终调配好泥浆，保持优质泥浆护壁。

（3）钻孔至设计标高后，对成孔的孔径、孔深、垂直度等进行检查，并使用旋挖捞渣钻头进行第一次清孔。旋挖钻进成孔见图 1.2-10。

4. 定位平台制作

（1）马凳

平台配置四个圆形马凳，分别放置于平台的四个角，马凳由钢管和钢板或型钢焊制而成；由于孔口护筒一般高出地面 300mm，马凳的高度 300mm，具体马凳见图 1.2-11。

图 1.2-9 孔口护筒埋设

图 1.2-10 旋挖钻进成孔

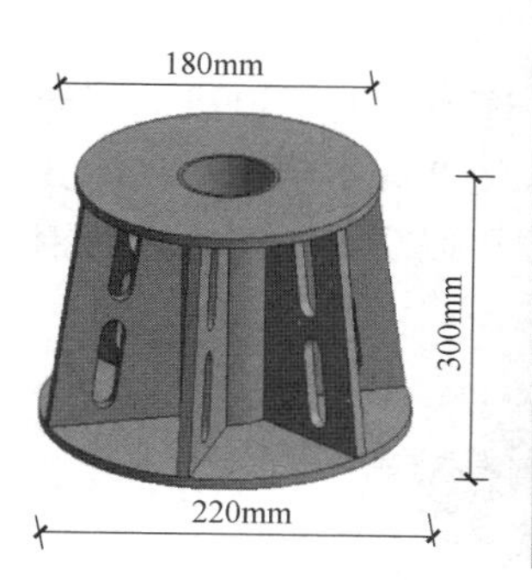

图 1.2-11 孔口作业平台马凳

(2) 定位平台

1) 定位平台是整个作业平台的主要部分，由正方形框架和固定钢筋笼插销两部分组成，具体见图 1.2-12。

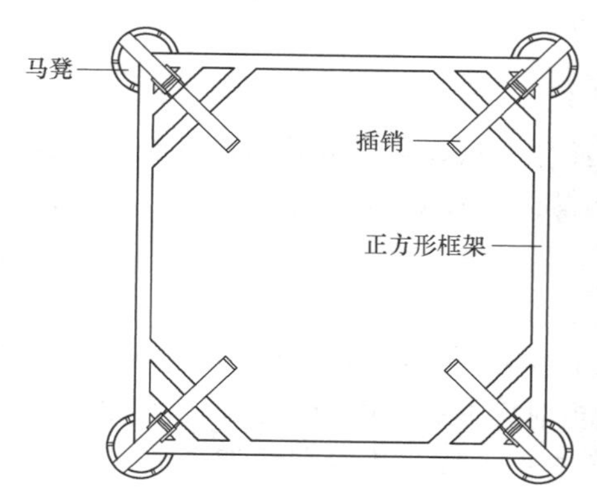

图 1.2-12 定位平台示意图及实物

2) 定位平台由工字钢焊接而成，工字钢选用 20a 型，规格尺寸为 200mm×100mm×7mm (腰高×腿宽×腰厚)，具体见图 1.2-13；如设计桩孔直径 2000mm，孔口护筒直径采用

2300mm，则定位平台尺寸设计为 2600mm×2600mm，为正方形框架结构，四角设有斜梁与主框架形成供钢筋笼、灌注导管安放的孔口，具体见图 1.2-14。

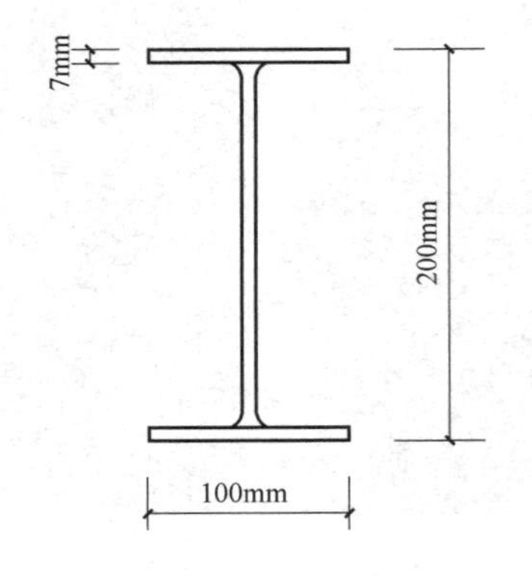

图 1.2-13　20a 工字钢及规格型号

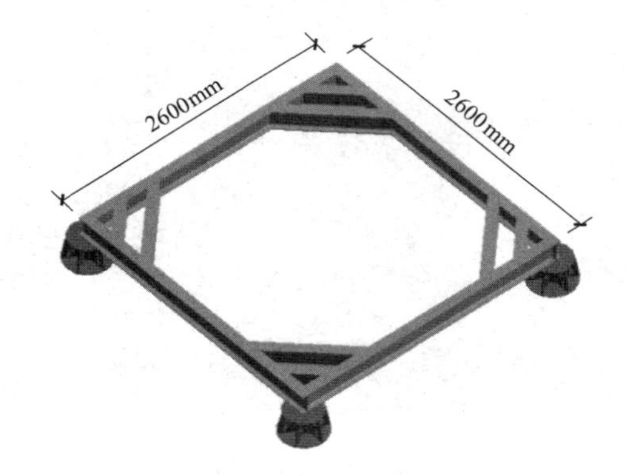

图 1.2-14　定位平台平面尺寸

3）固定钢筋笼插销是设置在平台四个方位角上，由门式架和移动式插销组成；门架焊接在平台角上，用来固定插销；插销是可以活动的工字钢件，采用 20a 工字钢加工，其利用门架固定下入的钢筋笼；插销的尖形头部设专门的凸体，主要用以防止插销固定后钢筋笼滑脱。固定插销、门架形状和尺寸见图 1.2-15。

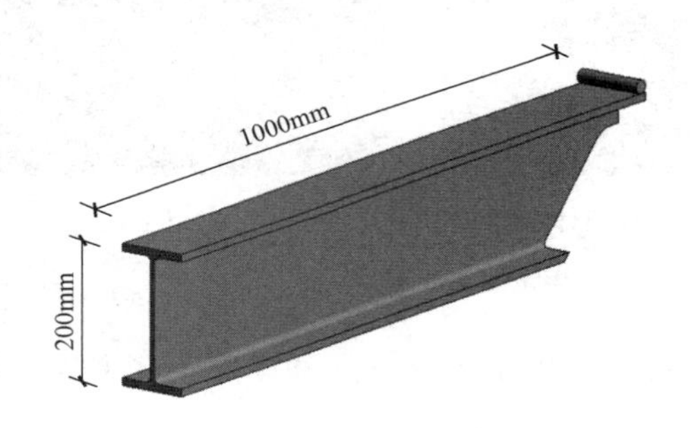

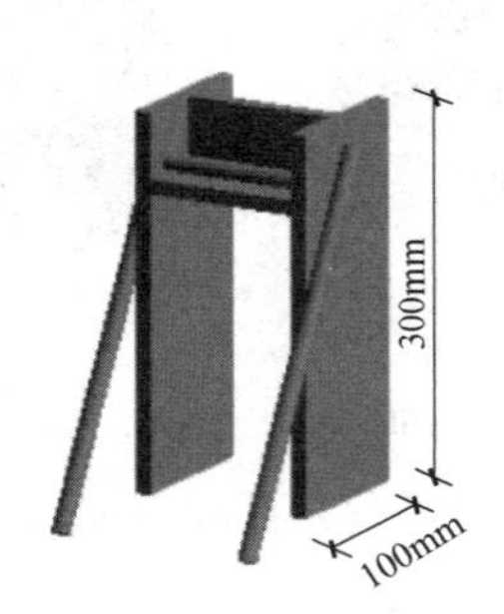

图 1.2-15　固定插销和门架示意图

（3）灌注作业板

钢筋笼就位后，在定位平台上铺设两块灌注作业板，再安放孔口灌注架，形成桩身混凝土灌注作业平台。灌注作业板采用工字钢和螺纹钢筋焊接而成，可作为支撑孔口灌注架，同时又为施工人员提供作业空间。

（4）孔口灌注架

孔口灌注架横跨于灌注作业板上，灌注架上设有两块矩形卡板，两卡板通过折页轴铰接于浇孔口架上。卡板中间均开设半圆，两卡板对接形成一圆形通孔，通孔直径与导管直径一致，用以安放灌注导管，通孔中心与护筒中心一致。孔口灌注架平面尺寸示意见图 1.2-16。

5. 安放钢筋笼定位平台

（1）安放定位平台前，将护筒口场地平整、压实，将四个马凳按平台位置安放。

（2）定位平台吊放时，平台正方形框架的中心点保持与桩孔四个交叉中心点重合，并

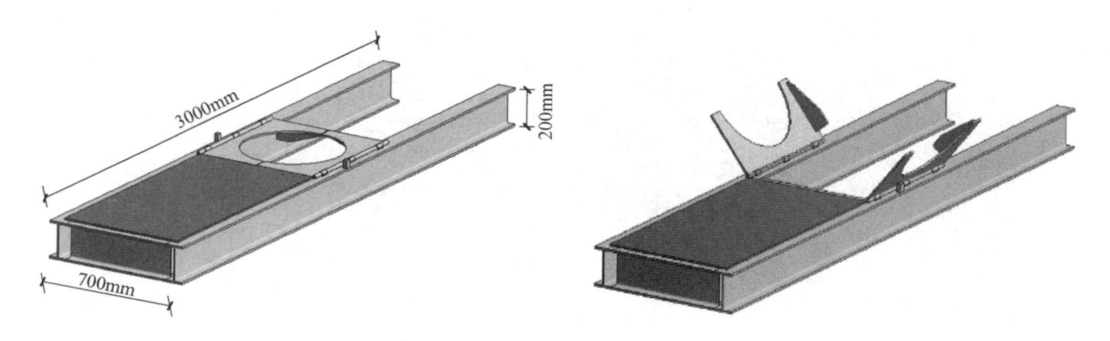

图 1.2-16 孔口灌注架示意图

调整好马凳的位置，用水平尺将定位平台找平。

（3）调节平台水平时，可适当采取垫衬方木、钢板等措施，保持平台平稳，具体见图 1.2-17。

图 1.2-17 定位平台马凳垫褥方木找平

6. 钢筋笼孔口对接

（1）钢筋笼按设计图纸制作，由于为超深桩，钢筋笼采用分节制作、每节 12m；制作时，采用自动弯箍筋工艺，加快制作进度；钢筋笼采用丝扣连接，在现场丝扣完成预对接，并做好标志；制作完成、自检合格后，报监理工程师进行隐蔽验收。钢筋笼加工制作见图 1.2-18。

（2）吊放钢筋笼前，将定位平台的插销插入固定门架，并让出孔口位置，具体操作见图 1.2-19，插销就位见图 1.2-20。

（3）采用吊车将钢筋笼分段吊入孔内，在入孔口满足搭接的位置，由工人移动平台的四个插销，并插入钢筋笼主筋位置下方，并按平台中心点调节钢筋笼位置，然后吊车将钢筋笼放下，钢筋笼在孔口就位。钢筋笼吊装见图 1.2-21，工人插入移动式插销操作见图 1.2-22，钢筋笼孔口就位见图 1.2-23。

图 1.2-18　钢筋笼制作加工

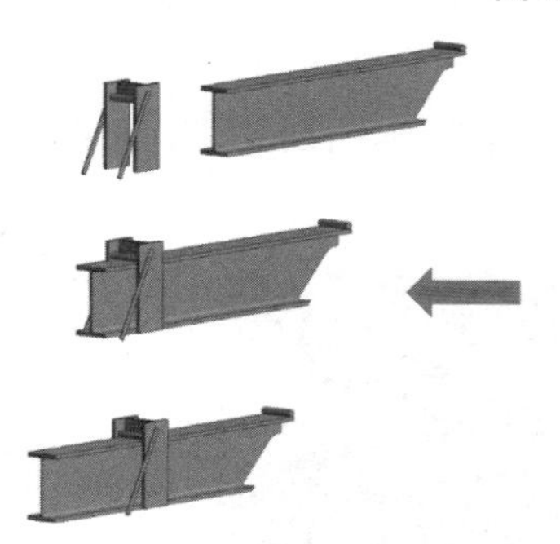

图 1.2-19　定位平台插销插入

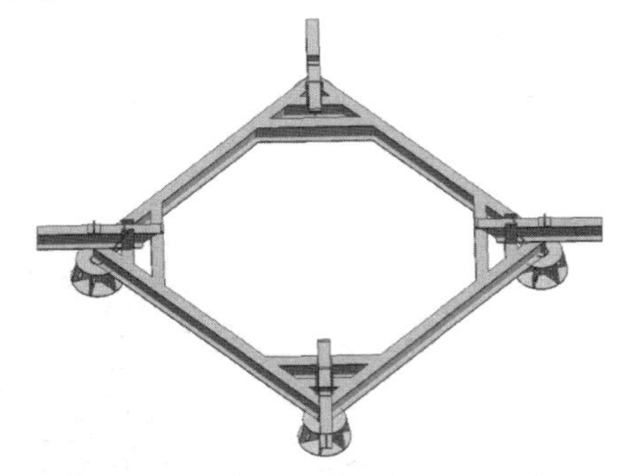

图 1.2-20　定位平台插销就位示意图

图 1.2-21　钢筋笼吊装

图 1.2-22　移动插销插入钢筋笼主筋

图 1.2-23　钢筋笼孔口插销固定就位

（4）在孔口确认钢筋笼垂直入孔后，吊放另一节钢筋笼，并在孔口对接；对接采用丝扣套筒连接，采用长臂扳手将丝扣拧紧到位，保证搭接长度。孔口对接见图 1.2-24，孔口丝扣对接见图 1.2-25。

图 1.2-24 钢筋孔口吊装对接

图 1.2-25 钢筋孔口丝扣对接

（5）由于钢筋笼顶标高在基坑底位置，最后一节钢筋笼采用吊筋就位；起吊时，吊筋采用两根与主筋型号相同的钢筋对称焊接，并设置两个吊耳；吊耳采用两个吊环，一个吊车起吊用，另一个在孔口挂插销用。吊耳见图 1.2-26，钢筋笼吊筋起吊见图 1.2-27，孔口插销挂住吊耳固定见图 1.2-28。

图 1.2-26 钢筋笼顶吊耳

图 1.2-27 钢筋笼吊筋、吊耳安放钢筋笼

图 1.2-28 定位平台移动式插销固定钢筋笼吊耳

7. 安装孔口灌注架

（1）钢筋笼吊放完毕后，将灌注作业板、孔口灌注架依次、交错叠放铺设在定位平台上（图 1.2-29），形成灌注平台；灌注作业板采用斜角铺设，尽可能在孔口形成大的作业

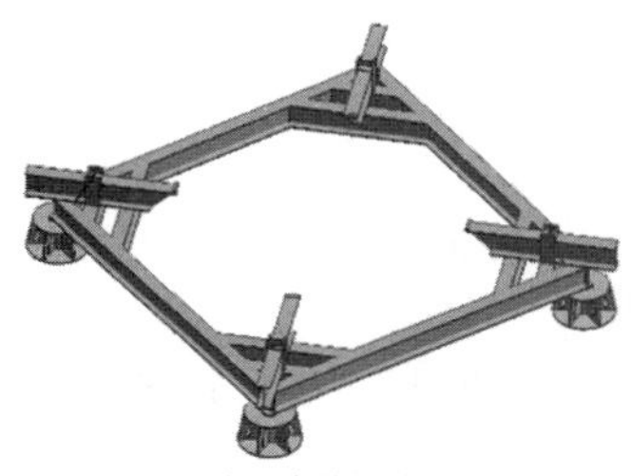

(a) 马凳、定位平台就位

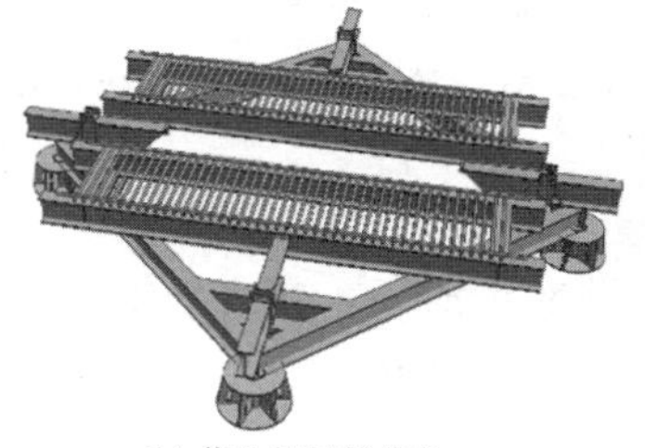

(b) 作业板铺设就位

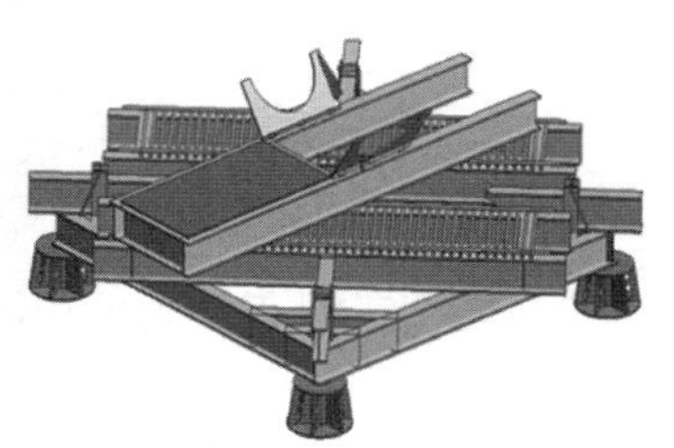

(c) 灌注架铺设就位

图 1.2-29 孔口作业平台架设顺序示意图

面，满足后续灌注操作空间。

（2）孔口灌注架居中摆放，避免导管超长安放碰挂钢筋笼，或灌注起拔导管时被钢筋笼卡住。灌注作业板、孔口灌注架铺设具体见图1.2-30。

图1.2-30 灌注作业板、孔口灌注架铺设

8. 下放灌注导管

（1）灌注平台安装完毕后，打开卡板，利用吊车将导管分段放入孔内，通过卡板的闭合对导管进行限位，在孔口将上下段导管进行对接，使导管下放至设计深度。

（2）采用超深孔专用灌注导管，外径300mm、壁厚5mm；使用前做压水试验，检验导管的抗压强度与接头密封性能。

（3）导管连接时，涂黄油，加垫密封圈，拧紧丝扣。灌注平台安放灌注导管见图1.2-31。

图1.2-31 灌注平台安放灌注导管

9. 二次清孔

（1）由于深孔作业时间长，孔底沉渣多，在灌注混凝土前进行二次清孔。

（2）二次清孔采用潜孔电泵反循环清孔，将泵下至孔底直接抽吸孔底沉渣，并排入泥浆净化器分离；泥浆净化器选择ZX-100型，功率24kW，处理能力$100m^3/h$。

（3）潜水电泵选择上海产的WQ130-15-11型污水潜孔电泵，流量$130m^3/h$、功率11kW；潜水电泵直接与灌注导管连接，将导管下入孔内、开启潜水电泵开始清孔。

(4) 由于钻孔超深，钢筋笼安放时间约 24h，孔底沉渣厚，清孔一般从 60m 左右开始，逐步接长导管向下进行清孔，直至孔底沉渣满足设计要求。

潜水电泵安装见图 1.2-32，潜水电泵入孔见图 1.2-33，潜水电泵清孔见图 1.2-34，潜水电泵清渣与泥浆净化器排渣见图 1.2-35。

图 1.2-32 潜水电泵安装

图 1.2-33 潜孔电泵入孔

图 1.2-34 潜水电泵清孔

图 1.2-35 泥浆净化器排渣

10. 灌注桩身混凝土

(1) 二次清孔至孔底沉渣厚度满足要求后，即开始灌注混凝土准备。

(2) 由于桩径大，采用 $4m^3$ 的灌注大斗进行初灌，满足埋管不少于 1m 的要求；灌注斗与导管安装后，在灌注斗内导管口安放球胆塞和灌注盖板，并用水进行湿润。

(3) 桩身混凝土选用 C35 商品混凝土，坍落度 18～22cm；灌注采用混凝土罐车直接上料，当灌注斗即将装满，用吊车将斗内盖板上提，随即混凝土初灌开始，罐车持续向灌注斗内输送混凝土。

(4) 灌注过程中，准确监测并记录灌注全过程，定期测量导管埋管深度、孔内混凝土面上升高度，及时拔管、卸管，保持导管埋管 2～4m。

桩身混凝土灌注初灌见图 1.2-36，桩身正常灌注见图 1.2-37，灌注过程起拔灌注导管见图 1.2-38。

图 1.2-36　灌注平台安放初灌大斗灌注

图 1.2-37　桩身混凝土孔口小斗正常灌注

图 1.2-38　混凝土灌注过程中起拔导管

1.2.7　材料与设备

1. 材料

本工艺所使用的材料主要有：钢护筒、工字钢、焊条、钢筋。

2. 主要机械设备

本工艺所涉及的主要机械设备配置见表 1.2-1。

主要施工机械设备配置表　　表 1.2-1

设备名称	型　号	数　量	备　　注
孔口定位平台	自制	1台	定位、作业
履带式起重机	120t	1台	配合液压振动锤作业，可根据护筒重量选择
灌注导管	外径 300mm	120m	灌注桩身混凝土
灌注斗	$4m^3$	1个	初灌斗
全站仪	ES-600G	1台	桩位放样、垂直度观测
电焊机	NBC-250	3台	焊接、加工

1.2.8 质量控制

1. 孔口施工平台焊接成型

(1) 焊接材料的品种、规格、性能等符合现行国家产品标准和设计要求。

(2) 采用与母材相匹配的电焊条，并严格控制作业电流的大小。

(3) 焊缝表面不得有裂纹、焊瘤、烧穿、弧坑等缺陷。

(4) 焊缝长度、高度、宽度按照相关规范要求施工。

2. 钢筋笼吊放

(1) 在钢筋笼上设置合适的吊点，避免因起吊受力不均导致笼体变形。

(2) 钢筋笼吊放入孔位时，使笼体中心与孔口施工平台中心对齐。

3. 桩身混凝土灌注

(1) 混凝土坍落度符合要求，混凝土无离析现象，运输过程中严禁任意加水。

(2) 导管连接严格密封，下放导管时管口与孔底距离控制在 0.3～0.5m。

(3) 混凝土初灌量保证导管底部一次性埋入混凝土内 0.8m 以上。

(4) 浇灌混凝土连续不断地进行，及时测量孔内混凝土面高度，以指导导管的提升和拆除。

1.2.9 安全措施

1. 焊接与切割作业

(1) 定位平台的加工制作焊接工作由专业电焊工操作，正确佩戴安全防护罩。

(2) 氧气、乙炔罐的摆放要分开放置，切割作业由持证专业人员进行。

2. 平台吊装作业

(1) 平台吊装前，将平台场地平整、加固，防止平台就位后发生下沉。

(2) 现场吊车起吊平台时，派专门的司索工指挥吊装作业，无关人员撤离影响半径范围，吊装区域应设置安全隔离带。

(3) 起重机司机听从司索工指挥，在确认区域内无关人员全部退场后，由司索工发出信号，开始护筒吊装和沉入作业。

(4) 施工平台面铺设的灌注作业板要求平顺，防止人员绊倒受伤。

(5) 护筒口周围不宜站人，防止不慎跌入孔中。

(6) 钢筋加工过程中，不得出现随意抛掷钢筋现象，制作完成的节段钢筋移动前检查移动方向是否有人，防止人员被砸伤；氧气瓶与乙炔瓶在室外的安全距离为≥5m，并有防晒措施。

(7) 起吊钢筋笼时，其总重量不得超过起重机相应幅度下规定的起重量，并根据笼重和提升高度，调整起重臂长度和仰角。

(8) 作业中发现平台沉降或歪斜时，及时调整平台位置。

3. 混凝土灌注作业

(1) 灌注混凝土时，灌注作业板、孔口灌注架铺设在定位平台的中心区域。

(2) 灌注混凝土时，吊具稳固可靠，起拔导管由专人指挥，并按指定位置堆放。

(3) 桩身混凝土浇灌结束后，桩顶混凝土低于现状地面时，设置孔口护栏和安全标志。

1.3　大直径超深灌注桩气举反循环二次清孔循环泥浆消压技术

1.3.1　引言

灌注桩在灌注桩身混凝土前，按要求须进行孔底沉渣厚度检测，如沉渣厚度超过设计要求，则需进行二次清孔。清孔工作原理是利用循环泥浆使沉渣处于悬浮状态，利用泥浆胶体的粘结力把沉渣随泥浆带出桩孔。二次清孔是在安放钢筋笼、下入灌注导管后，利用灌注导管通过泥浆循环将孔底沉渣排出。

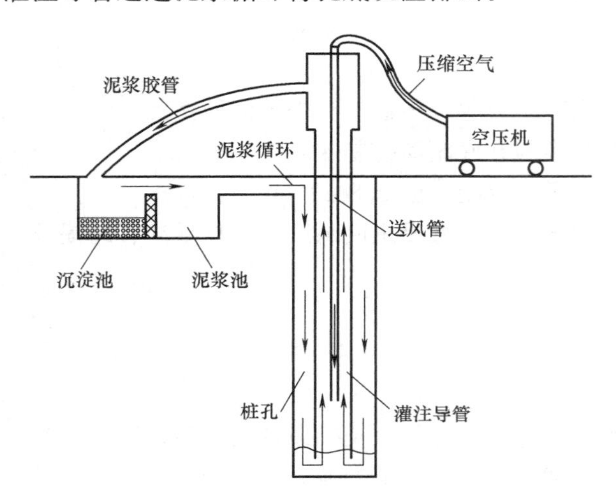

图 1.3-1　气举反循环二次清孔工艺

对于桩径 2m 及以上、桩深 80m 及以上的大直径超深灌注桩，通常二次清孔采用气举反循环工艺，其泥浆循环方式见图 1.3-1。气举反循环二次清孔是将空压机产生的高压空气，通过灌注导管内安插的一根约 2/3 孔深的送风管送入导管内与泥浆混合，压缩空气重度小于孔内泥浆重度，管内外泥浆产生重度差，在导管内产生低压区，连续输送压缩空气使得导管内外压力差不断增大，当达到一定压力差后，管内的气液混合体沿导管向上流动，形成孔内泥浆顺着外接泥浆胶管流出至沉淀池中，以此循环从而达到清孔目的。大直径超深灌注桩气举反循环清孔时，使用的泥浆循环胶管直径较大（30cm），反循环抽吸力大，泥浆从孔内进入胶管时受泥浆瞬时的冲击力影响，会造成胶管的剧烈甩动，严重的会造成胶管甩脱，导致泥浆四溅，污染现场环境和产生安全隐患。

为解决上述问题，我们专门设计出一种大直径超深灌注桩气举反循环二次清孔循环泥浆消压装置，见图 1.3-2。

图 1.3-2　大直径超深灌注桩气举反循环二次清孔循环泥浆消压装置

1.3.2 工艺特点

1. 消压效果好

本工艺所述消压装置在二次清孔产生的高压泥浆进入箱体时，能对泥浆起到很好的消压作用，解决了灌注桩气举反循环二次清孔时泥浆胶管出浆端剧烈甩动、泥浆四溅的问题，保证了施工现场环境要求。

2. 结构简单

本工艺所述装置结构简单，材料单一，便于现场加工制作。

3. 装置可重复利用

本工艺所述的消压装置采用钢板焊接制作，可重复使用。

1.3.3 工艺原理

本工艺所述的大直径超深灌注桩气举反循环二次清孔循环泥浆消压装置，其目的主要在于解决灌注桩气举反循环二次清孔时泥浆胶管受循环泥浆高压甩动的问题，消除安全隐患。

1. 消压原理

该装置外形为圆柱体，由钢板焊接而成，循环泥浆胶管一端与孔口气举反循环接头连接，一端与装置的进浆口连接，这样泥浆胶管两端被固定，起到有效的消压作用，确保其稳定性；设有 2 个出浆口，高压循环泥浆气液混合物经泥浆胶管流入该装置，再由出浆口流入沉淀池中。装置工作原理见图 1.3-3，泥浆循环三维模型见图 1.3-4。

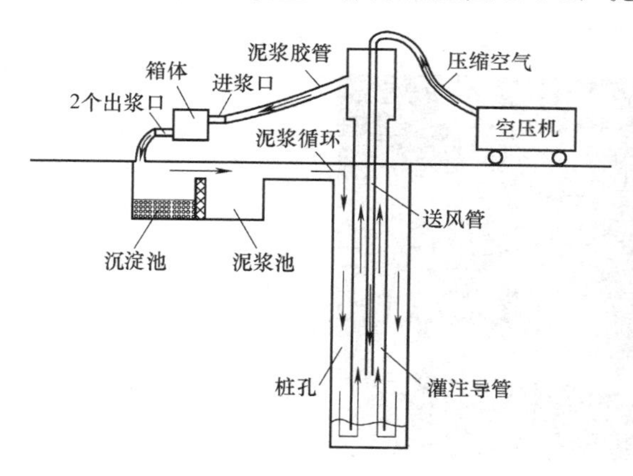

图 1.3-3 装置消压工作原理图

图 1.3-4 泥浆循环三维模型图

2. 气举反循环二次清孔消压装置结构

该消压装置主要由箱体、进浆口、出浆口、吊孔等构成，具体见图 1.3-5。

3. 消压装置结构特征

（1）箱体：箱体呈圆柱形结构，尺寸为直径 2m、高 1.8m；箱体采用钢板焊制，钢板厚 6mm；箱体整体重量约 1.6t（空载）。

（2）进浆口：进浆口为直径 29cm、长 80cm 的钢制圆管，设置 1 个进浆口，连接泥浆胶管，二次清孔排出的高压泥浆通过进浆口进入箱体；可根据实际需求，对于进浆口泥浆压力过大时，可在进浆口内侧设置向下的钢弯管，以防止泥浆高速冲击箱体，造成泥浆四溅；胶管与进浆口的钢制圆管套接，叠套长度不小于 40cm，并用钢丝扎紧，将胶管固定在箱体上，以消除循环泥浆对胶管的压力，见图 1.3-6。

图 1.3-5　气举反循环二次清孔消压装置构造图

图 1.3-6　泥浆循环胶管与进浆口套接

(3) 出浆口：出浆口开口直径 30cm，出浆口接 80cm 长的钢制圆管；二次清孔时，为确保孔内泥浆液面的高度，要求抽吸的泥浆量与输入孔内的泥浆量保持平衡；因此，为便于泥浆回流，设置两个出浆口，使箱体内的泥浆快速流出；为使泥浆更快地流出，设置出浆口高度需低于进浆口高度。

(4) 吊孔：箱体上部设置 4 个吊孔，便于装置的吊运；箱体顶加设一圈钢板保护块，高度约 35cm，确保起吊安全。吊孔设置见图 1.3-7。

图 1.3-7　装置吊孔

1.3.4　工序操作要点

1. 消压装置安装

(1) 进浆管和出浆管采用胶管，用钢丝扎紧，防止清孔作业时因高压松开。

(2) 操作范围内，设立防护栏，无关人员严禁进入。

2. 清孔作业

(1) 空压机选用流量 $13m^3/min$、排气压力 1.45MPa。

（2）消压装置安装完成后，启动空压机，开启气举反循环清孔作业。

（3）清孔时，派专人监控高压风管、泥浆管路，出现漏气、漏浆，及时停机处理。

（4）清孔作业保证经过消压装置输入、输出的泥浆量保持平衡，确保回流至孔内的泥浆量维持孔内正常泥浆面高度，防止孔内泥浆面下降而出现塌孔。

1.4 岩溶发育区旋挖地雷式溶洞挤压钻头及处理技术

1.4.1 引言

在岩溶发育区施工灌注桩，一般多采用冲击或旋挖钻机钻进成孔。冲击钻进时，利用十字锤冲击挤压、破碎地层，并通过泥浆循环将钻渣上返；当遇到溶洞时，采用先回填片石和黏土混合物，再用冲锤进行冲击挤压，将片石和黏土混合物充填至溶洞内，重新形成完整的孔壁。冲击钻进成孔虽然在处理溶洞时有一定的优势，但在上部土层钻进中，冲击施工速度慢，泥浆使用量大，造成现场文明施工条件差。为了提升钻进效率，近年来旋挖钻机也常用于岩溶发育区溶洞桩孔的施工，充分发挥出旋挖钻进在土层段的高效率；但对于溶洞段的钻进，旋挖钻机缺乏有效的冲击功能，对溶洞处理能力就显得较弱。

为解决旋挖钻机在溶洞段钻进的不足，提出了一种旋挖地雷式钻头挤压工艺，即在岩溶发育区灌注桩施工过程中，采用旋挖钻机连接一种专用的地雷式挤压钻头，对钻孔中溶洞段回填黏土、片石进行挤压处理的方法，以保证溶洞被充填形成临时孔壁，防止塌孔和泥浆漏失，使旋挖钻机具备良好的挤压功能，可以有效地将回填的黏土、片石通过钻进、挤压至溶洞内，拓宽了旋挖钻机的应用范围。

1.4.2 工艺特点

1. 溶洞充填效果好

本工艺采用地雷式钻头形状设计，在旋挖钻机回转和加压的作用下，有效对溶洞段回填黏土和片石进行挤压，通过反复回填、挤压处理，可有效地对溶洞进行充填处理，确保下一步钻进成孔。

2. 制作和使用简便

本工艺采用钢板焊接制作，制作简单；地雷式钻头的连接采用标准尺寸，使用时可以与任何品牌的旋挖钻机直接连接使用，插入固定即可使用，操作便利。

3. 使用成本低

本工艺制作简单、使用便捷，钻头可重复使用，制作和使用成本低，经济性好。

1.4.3 工艺原理

1. 地雷式旋挖钻头设计与结构

为满足所构想的功能设计，将旋挖溶洞处理钻头设计为：

（1）具体钻头结构见图 1.4-1～图 1.4-3，图中以钻孔桩直径 D＝1200mm 为例。

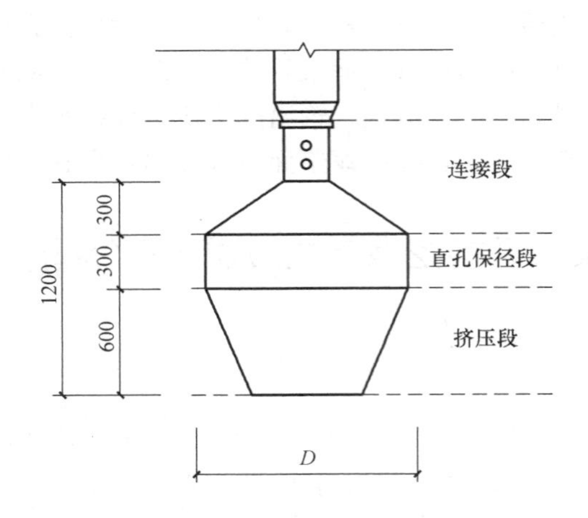

图 1.4-1　旋挖地雷式溶洞挤压钻头示意图

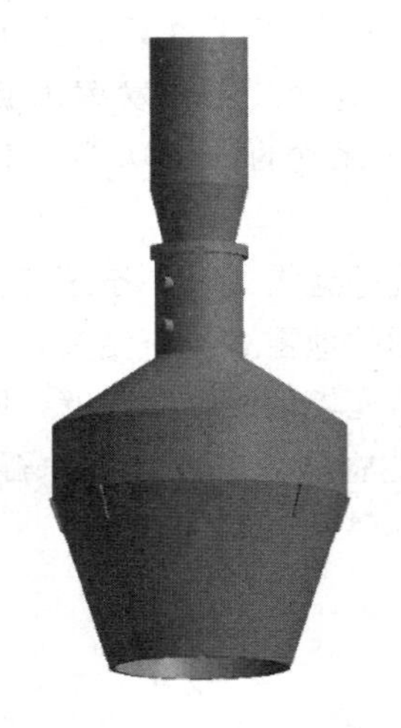

图 1.4-2　旋挖地雷式钻头三维示意图

图 1.4-3　旋挖地雷式挤压钻头实物

(2) 钻头采用 2cm 厚钢板焊制，内部为空心状。

(3) 钻头的上部为连接段，呈上小、下大的圆台形，主要作为地雷钻头与旋挖钻机钻杆的连接，连接头采用标准设计，与任何品牌和旋挖钻机都可以实现连接。

(4) 钻头中部为直孔保径段，采用圆柱体设计，圆柱体的直径与设计桩径（D）一致，其主要作为钻进挤压时确保钻孔段直径，并能起到钻进导向作用，使钻头不偏孔，以便后序旋挖钻头继续顺利钻进。

(5) 钻头下部为挤压段，是钻头实现溶洞处理的主要部分，采用上大、下小的圆台、斜面设计，既方便钻头进入回填层，又充分发挥出挤压效果。

2. 工艺原理

采用本工艺所述旋挖地雷式挤压钻头，在完成溶洞位置之上至少 2m 的黏土、片石回填后，地雷式钻头连接旋挖钻机入孔，钻头在向下回转钻进过程中，通过旋挖钻机的向下加压装置，钻头底部对孔内的回填层同时进行向钻孔底部向下、侧壁横向的挤压，使片石和黏土混合物充填进入溶洞内；通过反复多次的回填和挤压操作，孔内形成新的护壁结构，确保溶洞段被充填和稳定。具体工艺原理见图 1.4-4。

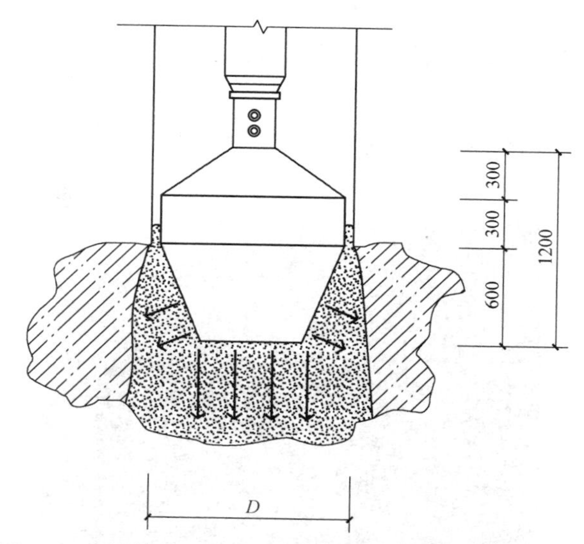

图 1.4-4　旋挖地雷式挤压钻头溶洞处理工艺原理示意图

1.4.4　工序流程

岩溶发育区旋挖地雷式溶洞挤压钻头钻进工序流程见图 1.4-5。

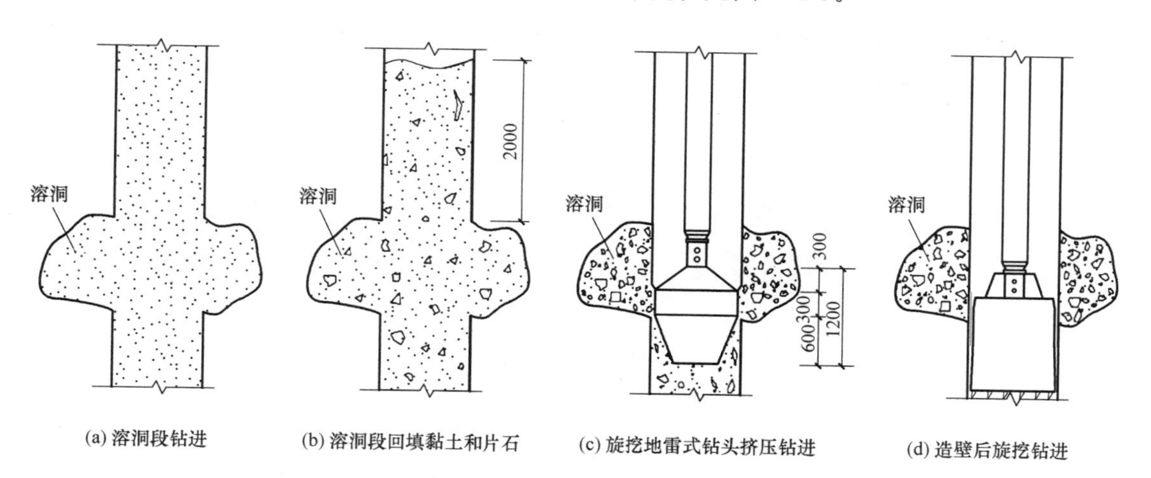

图 1.4-5　岩溶发育区旋挖地雷式溶洞挤压钻头使用工序流程图

1.4.5　工序操作要点

1. 钻进

（1）旋挖钻进至接近溶洞时，旋挖钻斗容易被溶洞段不规则岩体卡钻，此时改换旋挖筒钻钻进。

（2）钻进遇溶洞后，或发生坍孔或泥浆流失，及时进行停钻。

2. 回填及处理

（1）根据溶洞分布情况，进行黏土＋片石＋水泥混合孔内回填，回填高出溶洞顶部位置约 2m。

（2）改换旋挖地雷式挤压钻头入孔，采用慢速、加压钻进，使地雷式钻头充分挤压回填层。

（3）回填挤压可重复多次进行，直至溶洞段形成新的孔壁为止。旋挖地雷式挤压钻头现场使用见图 1.4-6。

图 1.4-6　旋挖地雷式挤压钻头

（4）溶洞处理完毕后，旋挖钻机换正常的旋挖钻进钻头继续钻进；钻进过程中，保持孔内泥浆性能，确保孔壁稳定。

第 2 章　基坑支护施工新技术

2.1　旋挖钻机切除支护桩内半侵入锚索施工技术

2.1.1　引言

深基坑支护采用支护桩＋预应力锚索支护，是目前较常见的支护形式之一；当地下室回填后，围护结构的预应力锚索失去了使用功能，但却因其侵入了原基坑之外的地下空间，而对周边建筑物基坑的支护与开挖施工造成影响。当周边新建地下室支护结构施工时，已施工基坑的预应力锚索将对支护桩成孔、安放钢筋笼等工序施工造成较大阻碍，一定程度上增加施工难度和成本，也增加了施工安全风险。

目前，在施工预应力锚索的基坑已回填的情况下，拔除侵入新建基坑预应力锚索的方式，主要有以下两种方法，一是采用挖设人工挖孔桩，通过桩孔逐节向下施工，对侵入的锚索进行逐排切断清除，这种方法耗时长、费用高，挖桩安全风险大，往往受地层、深度和周边环境条件的影响而无法实施；二是采用 360kN・m 及以上的大扭矩旋挖钻机，在回转钻进过程中直接对侵入的预应力锚索进行有效缠绕，在旋挖钻进的强力紧拉状态下，其瞬时的强拉力克服锚索的锁定力，锚索被松懈、搅断，并由旋挖钻机提升出地面完成对锚索的清除，这种方法简便、快捷，但这种方法适用于锚索完全侵入支护桩内，锚索可以缠紧在旋挖钻头上被实施拉力而搅断，见图 2.1-1 中的锚索 1。而对于预应力锚索局部或半侵入桩孔内的情形，会使得锚索在旋挖钻进时顺着钻头打滑，而无法对锚索进行搅动缠绕，此时将无法对锚索实施有效处理，见图 2.1-1 中的锚索 2。

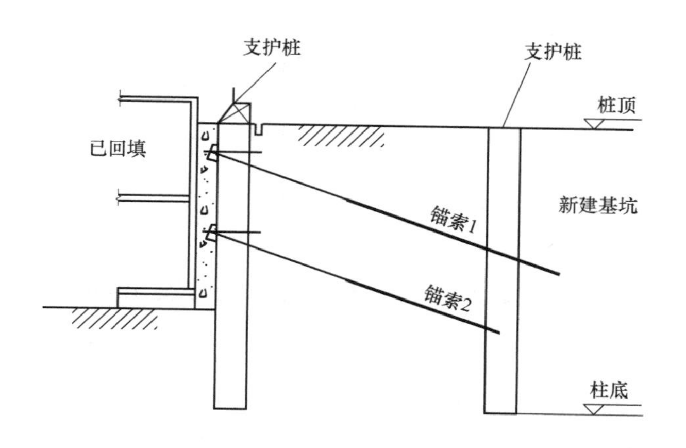

图 2.1-1　预应力锚索侵入临近新建基坑支护桩孔内状态示意图

2.1.2　工艺原理

1. 技术路线

本工艺是一种当基坑支护桩用旋挖钻机钻进时，遇到临近基坑支护半侵入的预应力锚索时，而采用的一种切除预应力锚索的钻孔清障工艺方法。

当遇到图 2.1-1 中所示的预应力锚索 2 时，此锚索侵入支护桩范围较短，当直接采用旋挖钻机对其进行切除时，由于锚索较短且为钢绞线材质，锚索的钢绞线会顺着旋挖钻头发生回转打滑现象，无法实施有效缠绕，无法达到锚索处理的目的。

针对局部侵入新建基坑支护桩孔内的预应力锚索 2 的处理方法，研究本工艺的技术路线主要是采取措施将侵入的锚索进行固定，消除旋挖钻机钻进时锚索打滑现象，以便旋挖钻进实施切除。

2. 工艺内容

本工艺提出的处理方法为采用灌注混凝土固定半侵入支护桩内的锚索，具体工艺要求见图 2.1-2，主要技术参数与要求为：

（1）在侵入的锚索 2 位置处灌注回填 C30 水下混凝土，混凝土加入早强剂，以缩短混凝土的养护时间。

（2）混凝土灌注高度为锚索上下各 1m，锚索灌入混凝土长度不少于 20cm，以使半侵入的锚索与水下混凝土成为一个强度较大的整体。

（3）待混凝土养护达到 85%的强度后，使用旋挖截齿钻头对混凝土锚索进行钻进切割，从而达到将侵入的小部分锚索切除的目的。

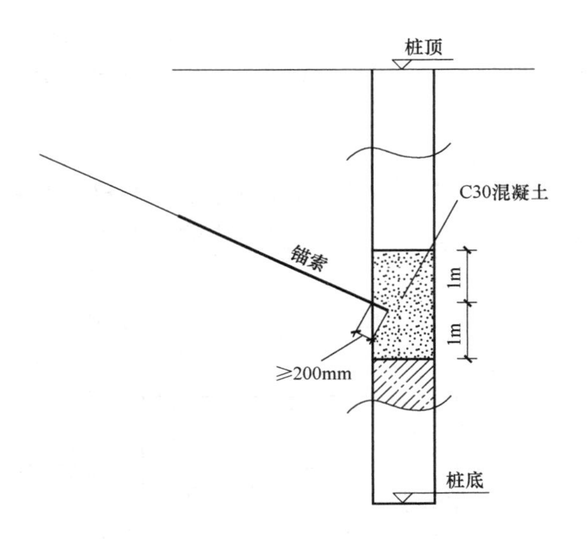

图 2.1-2　支护桩孔内半侵入锚索混凝土固定示意图

3. 工艺原理

本工艺原理主要是将半侵入的预应力锚索用高强度混凝土实施固定，采用旋挖钻机截齿钻头对混凝土进行回转钻进，钻进过程中对固定在混凝土中的锚索进行有效切割，达到切断清除的效果。

2.1.3 工艺特点

1. 对周边环境无影响

本工艺采用旋挖钻机切割锚索，属于支护桩正常钻进施工，无需对周围环境进行挖孔处理，不造成任何影响。

2. 处理费用低

本工艺所采用的处理方法使用混凝土量小，旋挖钻进快捷、切割效果好、工序简单易操作，处理时间短、效率高，总体费用低。

2.1.4 适用范围

适用于周边基坑的预应力锚索半侵入至新建基坑支护桩范围内的锚索清除处理，而且周边基坑已回填或锚索已失效。

2.1.5 施工工艺流程

旋挖钻机切除基坑支护桩半侵入预应力锚索施工工艺流程见图2.1-3。

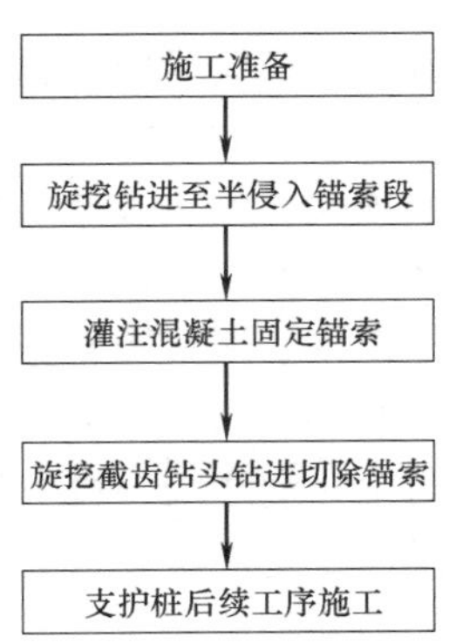

图2.1-3 旋挖钻机切除基坑支护半侵入预应力锚索工艺流程图

2.1.6 工序操作要点

1. 施工准备

(1) 支护桩施工前，查明预应力锚索的分布位置、埋深，掌握其侵入基坑支护桩孔的长度等。

(2) 如果查明锚索侵入支护桩长度较小，则根据现场条件适当移位，确保侵入的锚索长度不小于20cm。

(3) 准备大扭矩旋挖钻机，使用旋挖截齿钻头钻进。

2. 旋挖钻进至半侵入锚索段

(1) 支护桩旋挖钻进时，在接近预应力锚索位置时，采用慢速钻进，并观察钻进状态。

(2) 钻头钻至锚索位置时，锚索在钻头的带动下，对孔壁地层造成一定程度的扰动，此时采用优质泥浆护壁，防止孔壁发生塌孔。

(3) 钻进遇锚索后，继续向下钻进不少于1m，再提出钻具。

3. 灌注混凝土固定锚索

(1) 采用水下混凝土灌注，混凝土强度等级不小于C30，混凝土加入早强剂。

(2) 孔内灌注混凝土高度为锚索段上下各不少于1m，以使锚索有效进入混凝土内，确保固定效果。

(3) 灌注混凝土采用水下灌注工艺，并制作混凝土试块。

(4) 灌注混凝土后，当试件养护达到强度的85%后，即可实施下一步旋挖钻进切割工序。

4. 旋挖截齿钻头钻进切除锚索

(1) 当养护达到钻进条件后，即实施旋挖切割钻进，钻进时采用截齿筒钻，维持慢速钻进。

(2) 旋挖钻机尽可能采用取芯钻进，直接将切断的锚索连同混凝土取出。

5. 支护桩后续工序施工

（1）侵入的预应力锚索确认取出后，即可进行支护桩后续工序施工。

（2）后续施工保持优质泥浆护壁，防止锚索侵入段出现塌孔。

2.2　填石层自密实混凝土潜孔锤跟管止水帷幕施工技术

2.2.1　引言

咬合桩是现有支护工程中常见的止水帷幕形式，随着工程建设的日益发展，临海及海上工程的大规模开发，常常会遇到开山填海造地而形成的建设用地，该场地含有大量的深厚填石，对咬合桩止水帷幕成桩施工影响极大。当采用全回转钻机成孔工艺，因填石坚硬和不均匀分布，下压套管受力不平衡时，易造成套管偏位、钻进困难；同时，较大的填石也容易卡在套管内冲抓无法顺利夹出，需要重复破损。而当采用旋挖钻机硬咬合成孔时，会出现泥浆大量漏失，造成护壁困难，引发塌孔，灌注时充盈系数大；同时，填石钻进钻头磨损大，钻头容易偏孔，桩底咬合出现开叉漏水等现象；另外，灌注桩普通水下混凝土受其和易性、黏性、流动性的影响，往往容易出现桩身混凝土不密实、蜂窝、麻面，甚至断桩现象，严重影响止水帷幕的效果。

2019年4月，深圳至中山跨江通道主体工程S09标工程止水帷幕施工，止水帷幕设计为钻孔灌注咬合桩，桩径800mm，桩间相互咬合200mm，桩长15～21m，桩端持力层为微风化花岗岩，入持力层深度不少于1m，具体见图2.2-1、图2.2-2。由于浮运航道坞门处为开山填海填筑，其分布15～20m的碎石填石层，且与海水连通，造成钻孔泥浆严重漏失难以成孔。为解决现场上部填石层的泥浆渗漏，现场先后进场全套管全回转钻机

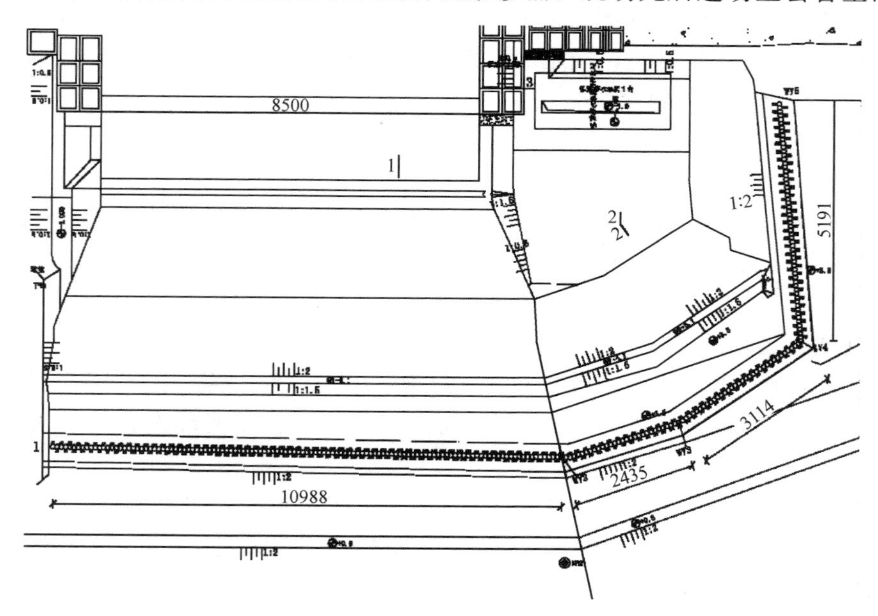

图2.2-1　浮运航道坞门咬合桩止水帷幕设计平面图

（图 2.2-3）和旋挖钻机（图 2.2-4）两种设备，全套管全回转钻采用冲抓斗钻进，捞渣斗清渣；旋挖钻机为解决垮孔和泥浆问题，采用接驳器驱动下放全护筒护壁钻进工艺。但总体两种钻进工艺表现为钻进速度缓慢，单根桩通常为 5～7d，无法满足工期要求；同时，受填石层深厚、松散分布的影响，其咬合垂直度难以满足要求；另外，受海水及潮汐的影响，桩身灌注时直接影响混凝土质量，造成止水效果差。

图 2.2-2 浮运航道坞门止水帷幕现场分布图

图 2.2-3 全套管全回转钻机施工

图 2.2-4 旋挖接驳器护筒护壁钻进

综上所述，针对深厚填石层止水帷幕施工，现有的灌注桩成孔工艺存在诸多弊端，难以按时、经济完成项目施工，且无法保证止水帷幕的效果，亟需一种新的施工方法解决深厚填石层成桩难、时间长、质量难以保证的问题。为此，项目组专题开展技术研发，摸索出填石层自密实混凝土灌注桩止水帷幕潜孔锤跟管咬合施工工艺，即采用大直径潜孔锤跟管分序钻进成孔，采用自密实低强度等级混凝土灌注成桩；经开挖、抽芯检测，结果完全满足设计要求，达到钻进效率高、成桩质量好、止水效果好的目的，取得了显著成效。现场潜孔锤钻机施工现场见图 2.2-5。

图 2.2-5　现场潜孔锤钻机施工现场

2.2.2　工艺特点

1. 成孔效率高

本工艺采用大直径潜孔锤填石层钻进破岩，大直径潜孔锤全断面能一次钻进到位，超大风压使得破碎的岩渣一次性直接吹出孔外，减少了孔内岩渣的重复破碎，其成孔速度是旋挖钻进的 5 倍以上，大大加快了成孔速度。

2. 成桩质量好

本工艺采用全护筒跟管钻进，成孔孔型规则；全护筒护壁，桩身垂直度有保证，咬合效果好；同时，桩身混凝土采用自密实混凝土，其自流性强使得在护筒起拔后混凝土能更好地相互咬合紧密，其黏性大的特性使得其受海水的冲刷影响小，不易发生离析，桩身完整性好，质量有保证，帷幕止水效果好。

3. 综合成本低

本工艺采用潜孔锤跟管钻进和自流水混凝土，使得成桩灌注混凝土超灌量少（充盈系数平均在 1.2 左右），而采用旋挖成孔充盈系数平均在 1.4～2.0 之间，节省大量材料费用；同时，采用低强度等级混凝土，节省了水泥用量，总体施工成本大大降低。

2.2.3　适用范围

1. 适用地层

适用于地层中存在大量的填石、孤石、硬质岩石的灌注桩施工。

2. 适用桩长

适用于桩径≤1000mm、桩长≤30m 的灌注桩咬合桩施工，桩长过长容易出现桩位偏差；适用于桩径≤1200mm、桩长≤50m 的灌注桩施工，桩长过长护壁钢护筒起拔较困难。

2.2.4　工艺原理

本工艺采用潜孔锤钻进工艺，通过发挥潜孔锤穿越填石、硬岩效率高的优势，解决深厚填石层传统灌注桩成孔工艺钻进难的问题；采用全护筒跟管钻进工艺，保证孔壁稳定，避免填石地层泥浆渗漏的问题；针对临海建设项目桩身混凝土灌注容易受到海水和潮汐侵蚀影响，造成桩身混凝土质量差的问题，改用自密实混凝土替代传统灌注桩水下混凝土，该混凝土黏度高，灌注后不易发生离析，能有效保障成桩质量。在实际施工过程中，每5根A序桩和5根B序桩划分为一个施工段，先连续完成5根A序桩的成孔和灌注施工，再进行相应的B序桩咬合成孔和灌注施工，实现有节奏的连续作业，进一步提高施工工效。

1. 深厚填石层潜孔锤钻进工艺原理

潜孔锤是以压缩空气作为动力，压缩空气由空气压缩机提供，经钻机、钻杆进入潜孔冲击器，推动潜孔锤工作，利用潜孔锤对钻头的往复冲击作用，达到破碎岩石的目的，被破碎的岩屑随潜孔锤工作后排出的空气携带到地表，其特点是冲击频率高，低冲程，破碎的岩屑颗粒小，便于压缩空气携带，孔底干净，岩屑在钻杆与套管间的间隙中上升过程不容易形成堵塞，整体工作效率高。

填石层潜孔锤钻进如图2.2-6所示，施工所用的潜孔锤引孔我司具有两项专利技术，一是“引孔设备”实用新型专利，专利号：ZL 2013 2 0622206.9；二是“潜孔锤全护筒灌注桩孔施工设备”实用新型专利，专利号：ZL 2013 2 0365744.4。

2. 潜孔锤跟管钻进工艺原理

（1）专用潜孔锤跟管钻头钻进

以直径800mm的咬合桩成孔为例，带有活动滑块的潜孔锤钻头底端直径为760mm，在钻进成孔过程中，在高风压作用下锤底4个活动滑块侧向伸出，有效成孔直径可达830mm，为全护筒跟管沉入提供足够的空间，活动滑块潜孔锤跟管钻头见图2.2-7；“潜孔锤跟管钻头”为我司自有专利技术，专利号：ZL 2014 1 0849858.5。

图2.2-6 填石层潜孔锤钻进实例

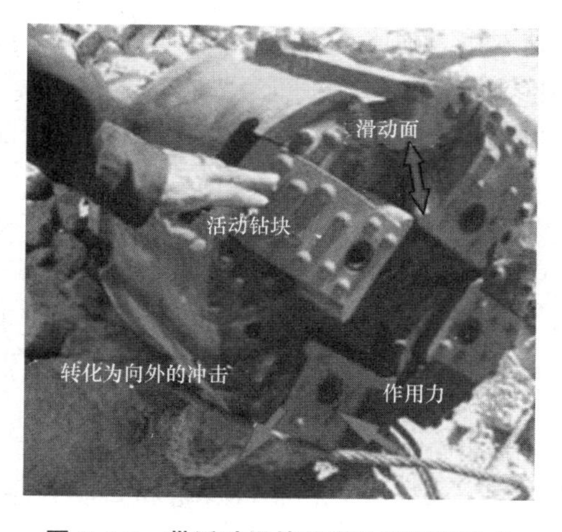

图2.2-7 带活动滑块的潜孔锤跟管钻头

（2）潜孔锤管靴结构

定制一种环体的管靴结构，将其置于最底节全护筒的底部，管靴环体在护筒底部内环形成凸出结构，此凸出结构与潜孔锤体接触，形成跟管结构的一部分；管靴环体与钢护筒接触的外环面，管靴环体与护筒形成的坡口采用焊接工艺，将管靴环体与护筒结合成一体。“潜孔锤全护筒跟管钻进的管靴结构”为我司自有知识产权的专利产品，实用新型专利号：ZL 2014 2 0436322.6。

当全护筒套设在潜孔锤的外周后，管靴环体置于钻头外周，并且形成的凸出结构与钻头的凹陷结构配合，当潜孔锤全护筒跟管钻进的过程中，在凸出结构与凹陷结构的配合下，使全护筒与潜孔锤体接触，其不会脱离潜孔锤，而是始终与潜孔锤保持同步下沉，具体见图 2.2-8。

图 2.2-8　潜孔锤带动护筒同步沉入示意图

3. 自密实混凝土工艺原理

（1）自密实混凝土特性

该混凝土具备良好的填充性、高流动性，能够有效形成桩与桩之间的相互咬合，并渗透填石层内确保止水帷幕的效果。同时，该混凝土具有较高的黏度、良好的抗离析性和保塑性能力，其初凝时间为普通混凝土的一半，使灌注混凝土后不易发生离析，在重力作用下可自行密实，可避免遭受海水和潮汐侵蚀，使得成桩效果得到保证。

（2）自密实混凝土配比

本项目桩身混凝土自密实混凝土按质量计，配合比为：水泥 200～300，粉煤灰 80～150，矿粉 50～120，胶凝材料 380～480，水 80～120，其中，水灰比为 0.40～0.43。自密实混凝土具备适应的黏度，黏度用混凝土的扩展度表示，控制在 500～700mm 范围内。

4. 灌注桩咬合工艺原理

（1）施工段划分

通过分析施工机械的特点、成孔效率、混凝土凝结时间等主要因素，在现场不断实践和总结，将连续的 5 根 A 序桩和 5 根 B 序桩划分为一个施工段，可实现施工生产效率最大化。具体如图 2.2-9 所示。

（2）分两序咬合钻进

先完成单独一个施工段内 5 根 A 序桩成孔并统一灌注成桩，再将 A 序桩护筒全部拔出，等待 A 序桩混凝土终凝后依次组织进行该施工段内 5 根 B 序桩成孔作业，成孔完毕

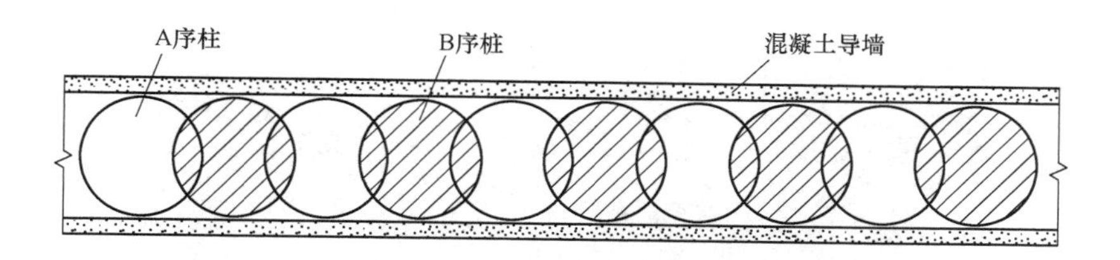

图 2.2-9 单个施工段 5 根 A 序桩、5 根 B 序桩示意图

后统一灌注 B 序桩混凝土。具体如图 2.2-10～图 2.2-12 所示。

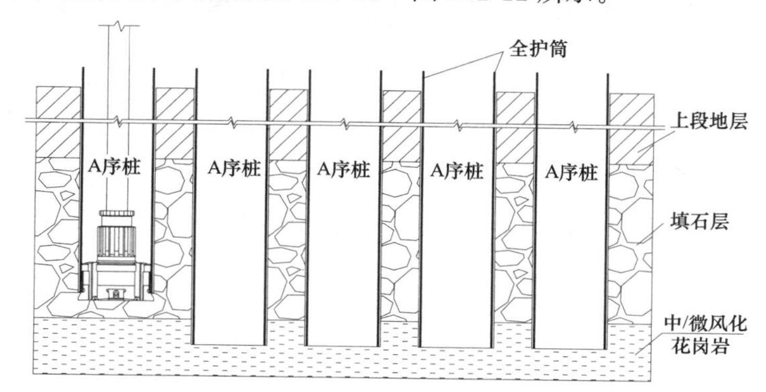

图 2.2-10 单个施工段 5 根 A 序桩成孔施工示意图

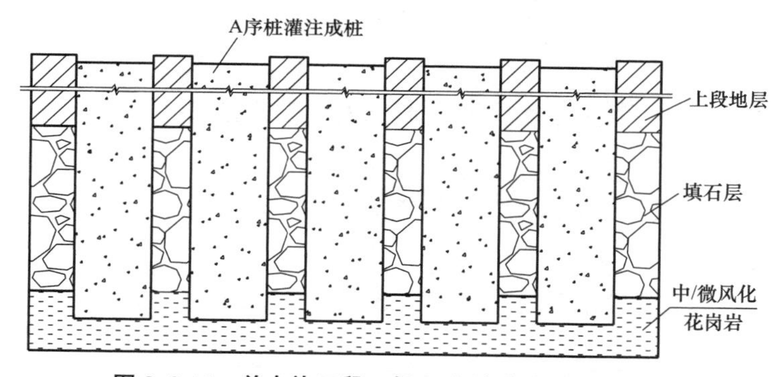

图 2.2-11 单个施工段 5 根 A 序桩灌注成桩示意图

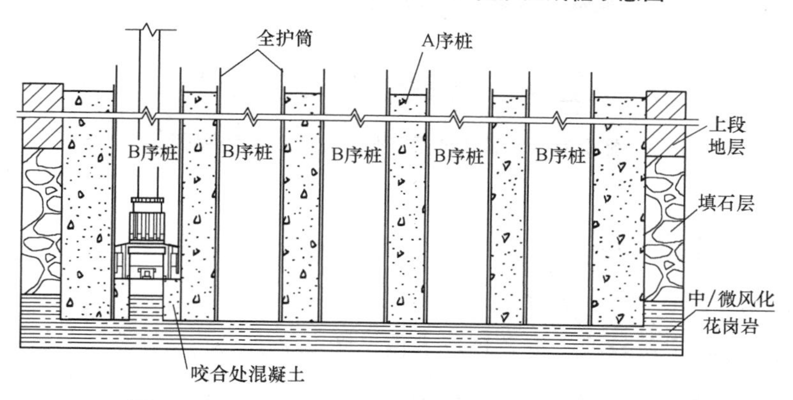

图 2.2-12 单个施工段 5 根 B 序桩成孔施工示意图

图 2.2-13　咬合桩分序成孔施工

2.2.5　施工工艺流程

填石层自密实混凝土灌注桩止水帷幕潜孔锤跟管咬合施工工艺流程见图 2.2-14。

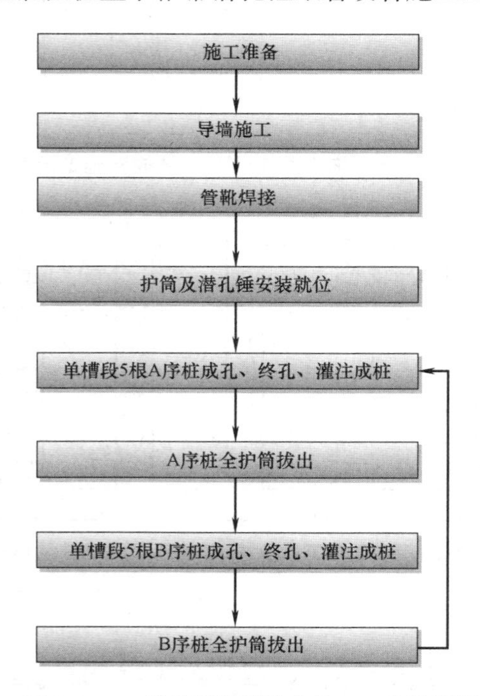

图 2.2-14　潜孔锤跟管咬合施工工艺流程图

2.2.6　工序操作要点

1. 施工准备

（1）场地平整，定位放线。桩孔现场定位见图 2.2-15。

（2）施工设备及机具进场，包括潜孔钻机、起重机、挖掘机、振动锤、空压机、钢筋加工机械、导墙模板、灌注导管等。

2. 导墙施工

（1）导墙沟槽开挖：在桩位放样及相关资料符合要求后进行沟槽开挖，采用机械和人工辅助开挖施工；开挖结束后进行垫层浇筑，浇筑过程中严格控制垫层厚度及标高。

（2）钢筋绑扎：导槽钢筋按设计图纸加工、布置，经“三检”合格后，填写隐蔽工程验收单，报甲方、监理验收。

（3）模板施工：按照设计尺寸支模，模板加固采用钢管支撑，支撑间距不大于1m，确保加固牢固，严防跑模。

（4）混凝土浇筑：导槽混凝土浇筑时两边对称交替进行，严防走模。现场导墙见图2.2-16。

图 2.2-15 桩孔现场测量定位

图 2.2-16 施工现场导墙

3. 管靴焊接

（1）管靴结构的尺寸根据护筒及钻头尺寸进行选择，本工程使用内径800mm、壁厚10mm护筒进行施工，选择管靴尺寸：环体总高度140mm，上环高度70mm、厚度7mm，下环高度70mm、厚度17mm，坡口宽度10mm且坡口角度不小于45°，管靴内径786mm（小于护筒内径），管靴外径820mm（等于护筒外径）。

（2）与管靴连接的护筒，在进行焊接连接前，护筒的同心度对护筒的切割面和坡口的要求高。护筒在切割后，需对切割口进行坡口处理。实际施工过程中采用专用的管道切割机，自动对护筒接口进行切割处理，确保护筒口平顺圆正，以保证管靴与护筒处于同心圆；切割形成的坡口，可保证孔口焊接时的焊缝填埋饱满，有利于保证焊接质量。

（3）清除焊接坡口、周边的防锈漆和杂物，焊接口预热。

（4）管靴插入护筒内，焊接在护筒的两侧对称同时焊接，以减少焊接变形和残余应力；同时，对焊接位置进行清理，保证干净、平整。现场焊接管靴见图2.2-17。

4. 护筒及潜孔锤安装就位

（1）用吊车分别将护筒和钻具吊至孔位，调整桩架位置，确保钻杆轴线、护筒中心点、潜孔锤中心点“三点一线”；护筒安放就位时，垂直度可采用测量仪器控制，也可利用相互垂直的两个方向吊垂直线的方式校正。

（2）正式施工前，检查潜孔锤空压机、储气罐、油雾器、钻杆、钻头等管路连接，具体管路连接见图 2.2-18。

图 2.2-17　现场焊接管靴

图 2.2-18　潜孔锤高风压现场施工管路布置

5. 潜孔锤跟管咬合钻进成孔、终孔

（1）根据潜孔锤成孔速度快的特性，为了便于各工序有序衔接，将连续的 5 根 A 序桩和 5 根 B 序桩划分为一个施工段，先连续完成槽段内 5 根 A 序桩施工，再进行同槽段 B 序桩施工。

（2）开钻前，对桩位、护筒垂直度进行检验，合格后即可开始钻进作业。

（3）先将钻具（潜孔锤钻头、钻杆）提离孔底 20～30cm，开动空压机、钻具上方的回转电机，待护筒口出风时，将钻头轻轻放至孔底，开始潜孔锤钻进作业。

（4）钻进作业参数：钻压为钻具自重，风量 20～60m^3/min，风压 1.0～2.5MPa。

（5）潜孔锤由三台空压机启动，潜孔锤跟管钻头其底部的四个均布的活动钻块外扩并超出护筒直径，随着破碎的渣土或岩屑吹出孔外，护筒紧随潜孔锤跟管下沉，进行有效护壁。潜孔锤跟管钻头见图 2.2-19，高风压钻进管路布设见图 2.2-20。

图 2.2-19　潜孔锤跟管钻头

图 2.2-20　现场潜孔锤空压机

（6）钻进过程中，从护筒与钻具之间间隙返出大量钻渣，并堆积在孔口附近；当堆积一定高度时，需要及时进行清理。潜孔锤跟管钻进成孔见图 2.2-21，终孔见图 2.2-22。

（7）施工B序桩前，确保其两侧相邻A序桩终凝，按施工经验，一般在成桩后24h后进行。全护筒护壁桩孔见图2.2-23。

图2.2-21 潜孔锤跟管钻进成孔

图2.2-22 A序桩终孔后测绳测量孔深

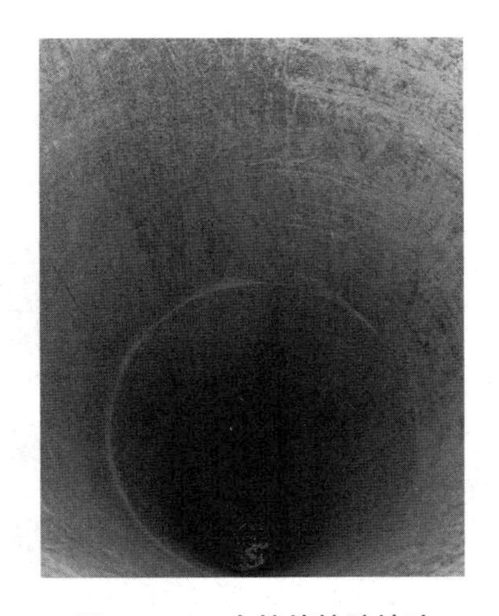

图2.2-23 全护筒护壁桩孔

6. 安放灌注导管

（1）根据桩径选用直径200mm的灌注导管，下导管前对每节导管进行密封性检查，第一次使用时需做密封水压试验。

（2）根据孔深确定配管长度，导管底部距离孔底30cm。

（3）导管连接时，安放密封圈，上紧拧牢，保证导管的密封性，防止渗漏。灌注导管安装见图2.2-24。

7. 灌注混凝土成桩

（1）为保证混凝土初灌导管埋深在0.8～1.0m，根据桩径选用2.0m^3的初灌料斗。

（2）灌注过程中，经常用测锤监测混凝土上升高度，适时提升拆卸导管，导管埋深控制在4～6m，灌注应连续进行，以免发生堵管，造成灌注质量事故。

（3）在混凝土灌注时，将混凝土面灌至与套管口平齐，并使混凝土浮浆溢出套管，确

图 2.2-24 灌注导管安放

保露出的混凝土面为新鲜混凝土，为后续的混凝土补灌提供良好的胶结条件。

（4）灌注混凝土采用数根桩连续进行，混凝土灌注见图 2.2-25、图 2.2-26，灌注成桩 3 天后开挖成桩效果见图 2.2-27。

图 2.2-25 采用吊灌法完成初灌

图 2.2-26 连续灌注成桩

8. 振动锤起拔护筒

（1）振动锤型号根据护筒长度，选择激振力 20～50t 范围的单夹持振动锤作业，灌注完成后及时起拔护筒，具体见图 2.2-28。

（2）护筒上拔后，混凝土会向填石四周扩渗，造成护筒内混凝土面下降，此时及时向护筒内补充相应量的混凝土，并控制好埋管深度。

图 2.2-27 开挖后成桩效果

图 2.2-28 单夹持振动锤起拔护筒

2.2.7 主要机械设备

本工艺所涉及的机械设备主要有潜孔锤桩机、起重机、空压机等，详细参数见表 2.2-1。

主要机械设备配置表 表 2.2-1

机械、设备名称	型 号	数 量	备 注
潜孔锤桩机	专用设备	1台	成孔施工
空压机	XHP90	3台	提供潜孔锤动力
储气罐	—	1台	储压送风
振动锤	450型单夹持振动锤	1台	拔出护筒
履带式起重机	100t	1台	吊运机具
汽车式起重机	25t	1台	灌注混凝土
灌注导管	ϕ200mm	60m	灌注混凝土
电焊机	BX1	3台	焊接护筒
管道切割机	CG2-11C	1台	切割护筒
挖掘机	CAT20	1台	平整场地

2.2.8 质量控制

1. 潜孔锤钻进

(1) 基准轴线的控制点和水准点设在不受施工影响的位置，经复核后妥善保护。

(2) 桩位测量由专业测量工程师操作，并做好复核，桩位定位后报监理工程师验收。

(3) 成孔过程中实时监测钻杆垂直度，保证成孔垂直度。

(4) B序桩施工前确保其两侧的A序桩已终凝。

(5) 终孔后进行自检，并经监理工程师验收后进行下道工序施工。

2. 灌注混凝土成桩

（1）清孔完成后，尽快缩短灌注混凝土的准备时间，及时进行初灌，防止间隔时间过长造成孔内沉渣超标。

（2）检查灌注导管密封性，防止漏气影响桩身质量。

（3）灌注桩身混凝土采用分批灌注的方法，保持连续紧凑，做好混凝土材料的及时供应。

（4）混凝土到达现场后，进行坍落度检测。

（5）灌注混凝土后，起拔护筒过程中，桩身混凝土下沉及时组织补灌，保证有效桩长。

（6）按规范要求留置混凝土试件。

2.2.9 安全措施

1. 潜孔锤钻进

（1）机械设备操作人员必须经过专业培训，熟练机械操作性能，经专业管理部门考核取得操作证后上机操作。

（2）作业前，检查机具的紧固性，不得在螺栓松动或缺失状态下启动；作业中，保持钻机液压系统处于良好的润滑状态。

（3）空压机管路中的接头，采用专门的连接装置，并将所要连接的气管（或设备）用细钢丝或粗铁丝相连，以防冲脱摆动伤人。

（4）钻杆接长、护筒焊接时，需要操作人员登高作业，要求现场操作人员做好个人安全防护，系好安全带；电焊、氧焊特种人员佩戴专门的防护用具。

（5）潜孔锤作业时，孔口岩屑、岩渣扩散范围大，孔口清理人员佩戴防护镜和防护罩，防止孔内吹出岩屑伤害眼睛和皮肤。

（6）暴雨时，停止现场施工；台风来临时，做好现场安全防护措施，将桩架固定或放下，确保现场安全。

（7）现场用电由专业电工操作，持证上岗。

（8）当钻机移位时，施工作业面保持基本平整，设专人现场统一指挥，无关人员撤离作业现场，避免发生桩机倾倒伤人事故。

2. 灌注混凝土成桩

（1）混凝土灌注施工中，制订合理的作业程序和机械车辆走行路线，现场设专人指挥、调度，并设立明显标志，防止相互干扰碰撞，机械作业保持安全距离，确保协调、安全施工。

（2）灌注混凝土，吊灌混凝土由专人指挥。

（3）孔口料斗应牢固固定于孔口，不得有晃动、摇摆等现象；放料人员必须准确对准孔口料斗放料，防止混凝土溅落桩孔内伤人。

（4）夜间浇筑混凝土时，需架设临时照明灯。

（5）对已施工完成的钻孔，采用孔口覆盖、回填泥土等方式进行防护，防止人员落入孔洞受伤。

2.3 基坑石方爆破支撑梁模块式移动棚防护施工技术

2.3.1 引言

对于城市地铁车站、地下管廊等采用内支撑支护的基坑石方开挖，通常多采用机械静爆、明爆结合的方式。对于城市中心周边环境复杂的基坑石方爆破，爆破孔的钻进产生较大的扬尘和噪声，爆破时产生的飞石更是对周边环境造成困扰。实际施工过程中，一般会采用优化爆破参数和近体覆盖措施，但通常也难以解决存在的问题，施工现场的防爆防噪显得尤其关键。

深圳市城市轨道交通13号线石鼓站为地下三层双柱三跨、岛式站台车站，车站全长330.013m。车站基坑深约30m，基坑顶宽度为33.6m，围护结构采用ϕ800mm钻孔灌注桩支护，顶部设一道钢筋混凝土内支撑（700mm×900mm米字形撑、钢构柱桩支撑）、一道锚索。基坑上部为填土层，采用垂直开挖；下部为中、微风化花岗岩，采用爆破放坡开挖，设随机短锚杆支护，其中石方量27.8万m^3，具体基坑支护形式见图2.3-1～图2.3-3。场地两侧周边环境条件复杂，距离办公建筑和生活区约12m，对噪声、扬尘、飞石极为敏感，存在较大的安全隐患。

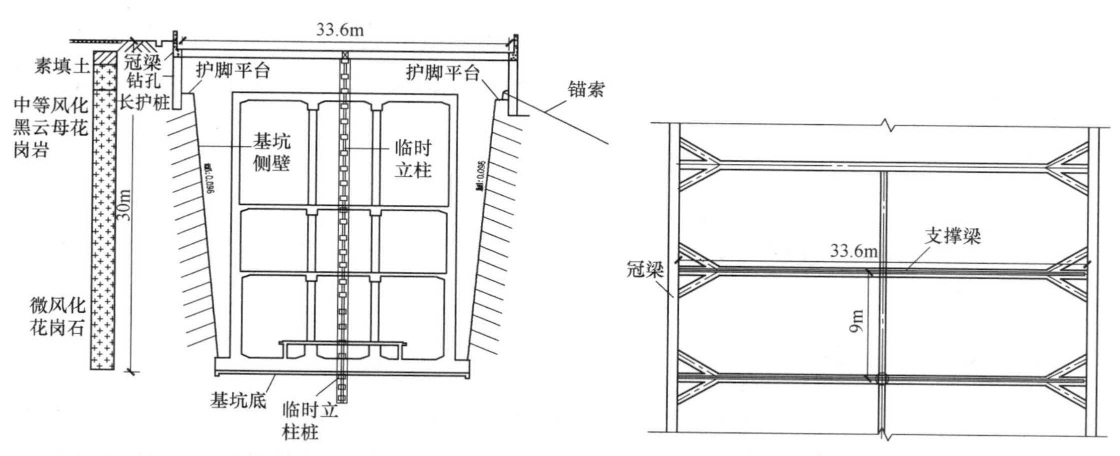

图2.3-1　石鼓站基坑支护设计剖面图

图2.3-2　石鼓站基坑支撑米字形支撑梁规格

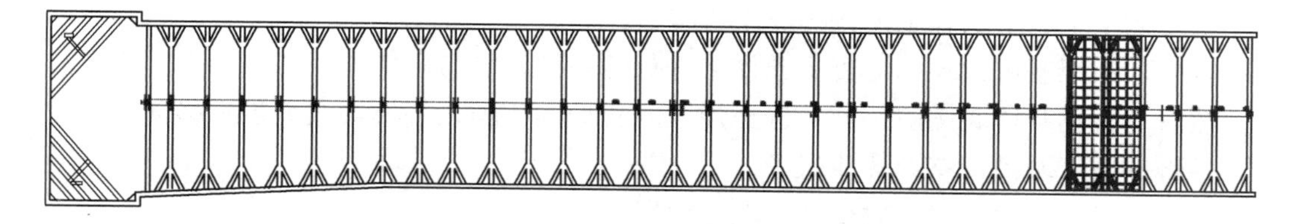

图2.3-3　石鼓站基坑支护设计平面布置图

针对此类项目的特点，项目采用了“基坑石方爆破支撑梁模块式移动防护棚结构和防护施工技术”，在支护与开挖施工过程中，采用在基坑钢筋混凝土支撑横梁设置移动式防护棚进行爆破防护，形成相对密闭的防护空间，施工现场的噪声、飞石、扬尘得到有效控制，达到了安全可靠、环境整洁、绿色文明施工的效果。

2.3.2　工艺特点

1. 防护效果好

本工艺通过在基坑顶支撑梁上铺设钢盖板防护棚，对基坑岩石爆破区形成相对密闭的防护空间，当基坑爆破时，可有效防噪声、防飞石、防扬尘，达到环境整洁、绿色文明施工的效果，整体防护效果好。

2. 安全可靠

本工艺采用模块式可移动防护棚，其材料为钢制结构，可有效防块石冲击；防护时可根据爆破区域，通过模块式移动吊装，实现爆破区的有效覆盖；同时，可根据开挖深度、岩石特性，进行爆破区域防护棚全覆盖，使爆破作业在密闭空间内进行，完全避免了爆破对周边环境的影响，安全可靠性高。

3. 制作安装便捷

本工艺所述的防护棚，采用模块式可移动设计，制作简单，吊装方便，移动式设计可随意调整位置，制作安装便捷。

4. 造价经济

本工艺使用的防护棚，采用 U 形槽钢、工字钢和钢板制作，棚体可重复使用，材料亦可供现场使用，采购容易、制作简单，安全可靠，使用性价比高，经济性好，具有良好的推广价值。

2.3.3　适用范围

适用于采用内支撑支护的城市地铁车站、地下管廊基坑石方开挖工程，城市中心区基坑石方爆破防护。

2.3.4　工艺原理

本工艺涉及基坑石方爆破施工领域，其防护方法主要是采用在钢筋混凝土支撑横梁上，放置 U 形槽，铺设带滚轮的模块式可移动的钢盖板，实现对基坑内爆破区域的有效覆盖，形成相对密闭的施工空间，起到良好的防护效果。

本工艺整个施工过程主要分为三个步骤：

首先，按照基坑顶钢筋混凝土支撑梁进行防护棚设计与制作。

然后，根据基坑底爆破区域，选择加盖的防护棚范围，将模块式钢盖板移动至爆破位置，并将爆破区域进行有效覆盖保护。

最后，在基坑支撑梁上安装防护棚完成爆破。

本工艺采用上述结构的防护棚结构，可以在现场形成相对密闭的施工作业空间，避免施工过程中强烈的钻孔噪声、潜孔锤钻进爆破孔时的扬尘，以及实施现场爆破时的飞石，完全避免了对基坑边高层建筑物及人员工作、生活的影响。具体流程见图 2.3-4、图 2.3-5。

图 2.3-4 基坑石方爆破支撑梁模块式移动防护施工现场

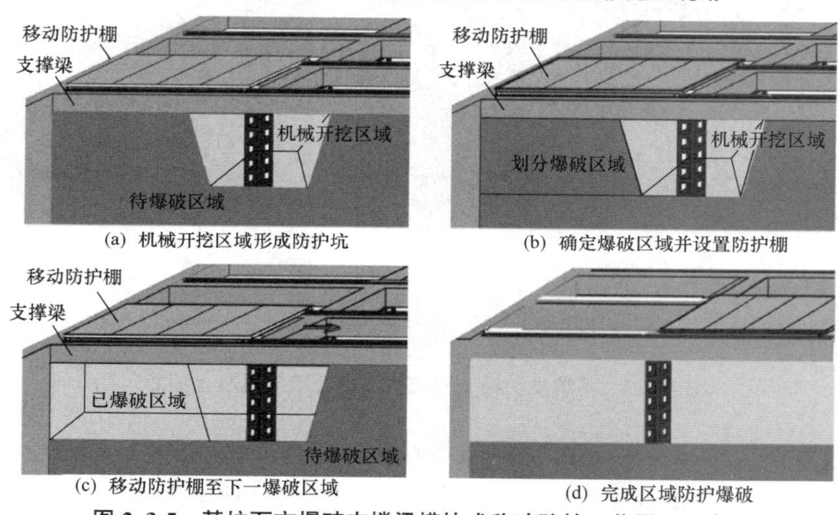

图 2.3-5 基坑石方爆破支撑梁模块式移动防护工艺原理示意图

2.3.5 施工工艺流程

基坑石方爆破支撑梁模块式移动防护棚施工工艺流程见图 2.3-6。

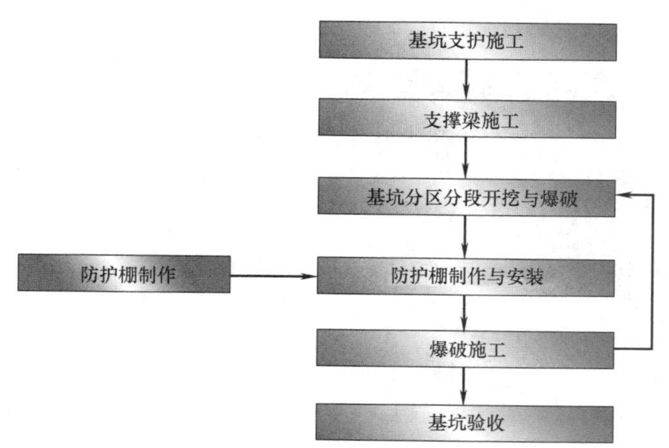

图 2.3-6 基坑石方爆破支撑梁模块式移动防护棚施工工艺流程图

2.3.6 工序操作要点

1. 基坑支护施工

（1）根据基坑设计和规范要求进行支护桩施工。

（2）钻孔灌注桩作为基坑支护结构，采用旋挖钻机施工，保证钻孔的入岩深度。

（3）支护桩做好开孔定位、垂直度、泥浆、钢筋笼制作安放、终孔验收、清孔等工序，确保成孔质量。

（4）混凝土灌注成桩分别从混凝土质量、导管埋深、钢筋笼上浮等方面进行控制。

基坑支护施工见图 2.3-7。

图 2.3-7 基坑支护桩、预应力锚索及喷射混凝土护面

2. 支撑梁施工

（1）专业测量员依据设计图纸做好钢筋支撑梁的定位放线工作。

（2）对进入现场钢筋进场验收时提供质保书及相关资料，材料进场后进行有见证送检，并按不同品种、规格堆放整齐。

（3）钢筋绑扎时，钢筋的品种、规格、形状、尺寸数量、间距、锚固长度、接头位置符合设计和规范要求。

（4）模板标高、位置、构件截面尺寸满足设计要求，模板的支撑稳定、牢固，模板的紧密程度符合要求、模板的缝隙严实。

图 2.3-8 基坑支护米字形支撑梁

（5）混凝土配合比由商品混凝土供应商提供，根据工程具体情况及施工情况进行试配和调整，确定合适的配合比。

（6）在混凝土浇筑完毕后，当混凝土表面收水并初凝后尽快浇水养护，必要时用麻袋或草帘覆盖。基坑支护米字形支撑梁见图 2.3-8。

3. 基坑分区分段开挖与爆破

（1）根据现场条件划分区域进行开挖和爆破。

（2）格构柱位置采用机械、人工开挖，防止因爆破扰动造成基坑安全隐患，具体见图 2.3-9。

图 2.3-9　基坑分段开挖

（3）布孔爆破，加盖隔离防护范围与爆破的主导方向和背向有关系。主导方向以深孔台阶爆破的坡脚与覆盖钢板外延连成的直线，与水平面夹角不大于 20°，即以坡脚垂直向上钢板向外延伸的水平距离 S 与钢板到坡脚的垂直高度 H 之比不小于 2.75；背向以深孔台阶爆破的最后一排孔孔口与钢板外延的连线与水平面的夹角不大于 40°，即以最后一排孔孔口垂直向上钢板向外延伸的水平距离与钢板到最后一排孔的垂直高度之比不小于 1.1918 进行爆破准备。具体见图 2.3-10。

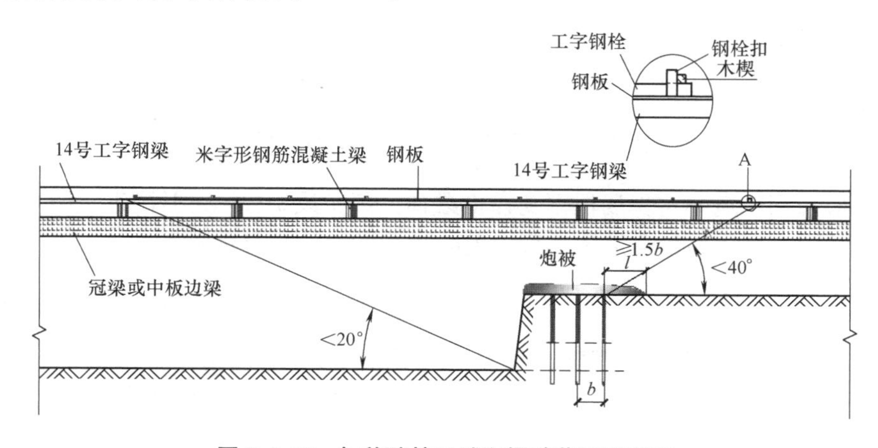

图 2.3-10　加盖防护区域和爆破范围示意图

（4）为防止爆破对支撑体系产生的振动影响，对支撑立柱进行交叉十字连接加固。见图 2.3-11。

4. 防护棚制作与安装

（1）本防护棚结构由下往上主要分为：支撑梁、U 形槽钢轨道架、可移动滚轮钢盖板，具体防护棚剖面见图 2.3-12。

图 2.3-11 基坑格构柱之间采用交叉件加固连接

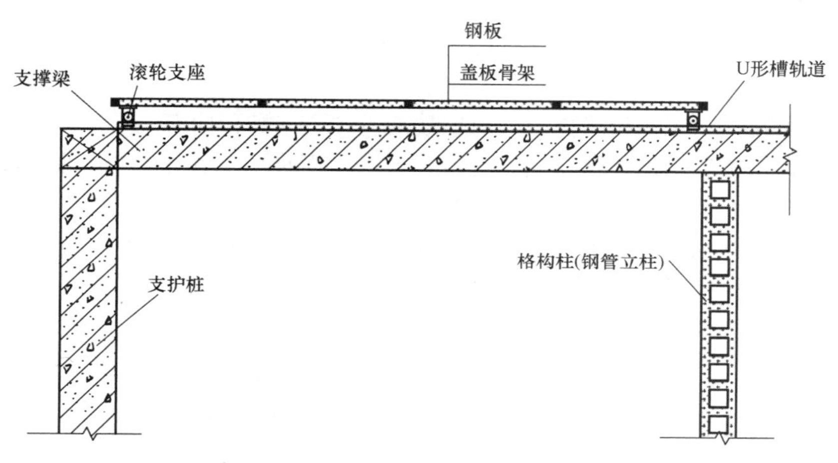

图 2.3-12 可移动式防护棚结构示意图

(2) U形槽钢轨道架：现场根据支撑横梁在上部布设10号U形槽钢，既作为横跨支撑梁的受力结构，又作为钢轨道架实现上覆防护棚的移动。具体见图2.3-13、图2.3-14。

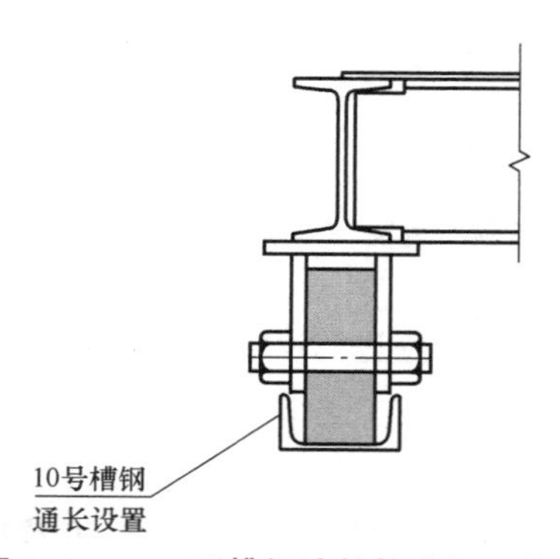

图 2.3-13 U形槽钢滚轮轨道架示意图

图 2.3-14 U形槽钢轨道架

（3）模块式可移动滚轮钢盖板

1）防护棚可移动滚轮钢盖板由 45 号滚轮支座、工字钢、钢盖板组成，具体剖面见图 2.3-15、图 2.3-16。

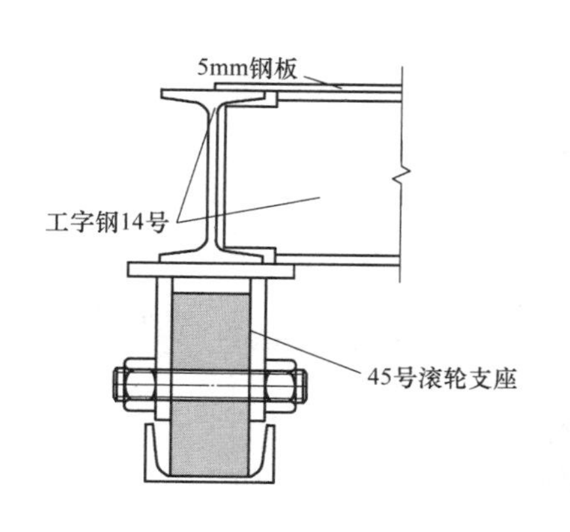

图 2.3-15 模块式可移动防护结构剖面示意图

图 2.3-16 模块式可移动防护棚

2）工字钢规格型号采用 14 号（Q235），钢板宽度不小于 1.5m，长度不小于 2m，厚度不小于 5mm，钢板之间采用焊接。

3）基于石鼓站基坑宽度 33.6m，相邻支撑梁轴线间距 9m，防护棚采用模块式制作，每个钢盖板制作长度为 9m（支撑梁轴线间距），宽度为不小于 4m（根据钢板长度设置，连续设置 2 块钢板），骨架下方均匀分布 45 号滚轮支座进行移动，具体平面设计见图 2.3-17、图 2.3-18。

4）根据支撑梁荷载要求，防护棚每个重量不超过 2t，在防护棚设置 ϕ20 吊钩便于吊车起吊安装，吊钩穿过钢板与工字钢焊接，具体见图 2.3-19、图 2.3-20。

5. 防护棚安装

（1）防护棚由 45 号滚轮支座、工字钢、钢板制作完成，钢板之间采用断续焊；根据现场混凝土支撑的实际距离采用工字钢进行骨架制作，宽度不小于 4m，骨架下方均匀分布 45 号滚轮支座进行移动。

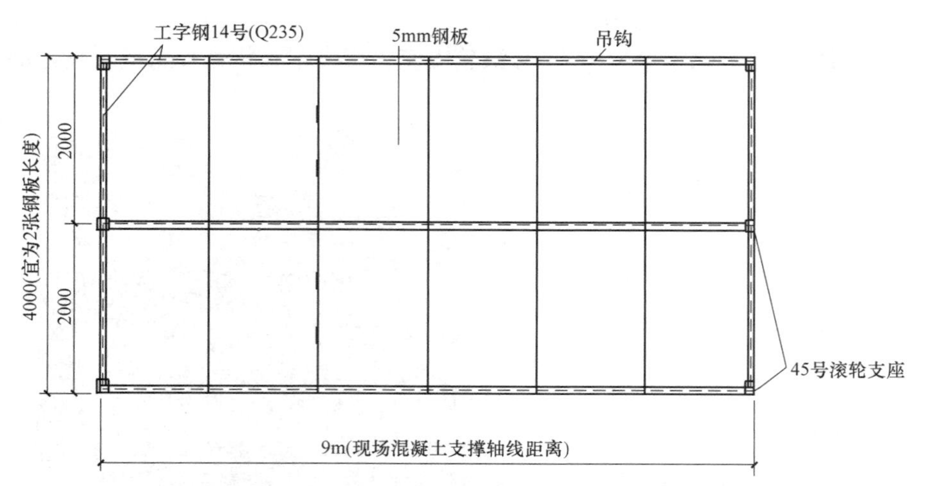

图 2.3-17　支撑梁规格与模块式防护棚钢盖板设计示意图

图 2.3-18　支撑梁模块式防护棚盖板

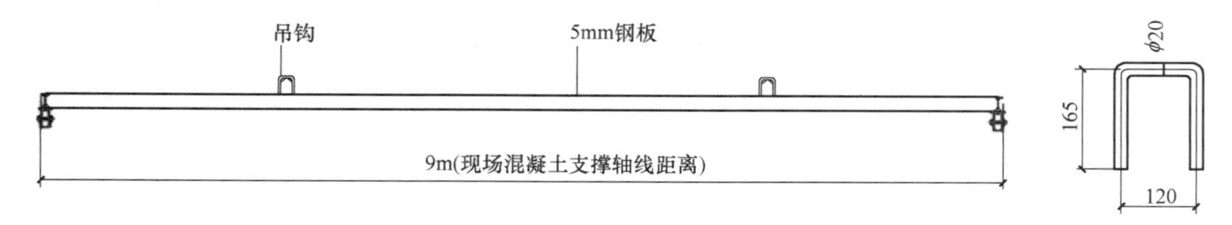

图 2.3-19　模块式防护棚钢盖板模及吊钩设计示意图

（2）现场根据滚轮位置在钢筋混凝土支撑横梁上部布设10号槽钢作为移动轨道，在防护棚设置 ϕ20 吊钩便于吊车起吊安装，吊钩穿过钢板与工字钢焊接。

（3）防护棚制作完成，采用吊车进行防护棚的安装；根据轨道设置移动防护至待爆破位置。防护棚安装见图2.3-21。

图 2.3-20 模块式防护棚及吊钩

图 2.3-21 防护棚安装调试现场

6. 爆破施工

(1) 电子数码雷管起爆操作流程：雷管检测、雷管入孔、按起爆顺序扫码、连接网路、给雷管授时、检测网路、起爆。

(2) 爆破装药前，在作业区周围设置警戒线，非爆破作业人员不得进入作业现场，爆破作业工作在爆破工程师的指导下进行；填塞工作由专人负责，做到装药后即时填塞。

(3) 根据现行国家标准《爆破安全规程》GB 6722 及本设计有关规定，确定爆破警戒范围，每次爆破前 20min 进行清场，警戒人员从爆区由里向外清场，所有与爆破无关人员、机械设备立即撤至安全区域；清场完毕在各入口设置警戒，清场人员佩戴“爆破警戒”的红色臂章或小红旗、口哨及对讲机。

(4) 每次爆破依次发出预告信号、起爆信号和解除警戒信号，第一次信号为预告信号，第二次信号为起爆信号，确认人员、设备全部撤离危险区、具备安全起爆条件时，爆破工程师才能发出起爆信号；第三次信号为解除警戒信号，未发出解除警戒信号前，警戒人员坚守岗位。

(5) 根据施工安排进行下一区域爆破施工，直至基坑开挖至设计标高。现场爆破作业及石方外运见图 2.3-22～图 2.3-24。

图 2.3-22　现场布设雷管炸药

图 2.3-23　现场爆破后状态

图 2.3-24　泥头车在基坑内防护棚下外运石方

7. 完工验收

施工达到设计和规范要求，进行竣工验收。

2.3.7　材料与设备

1. 材料

本工艺所需材料主要为钢板、工字钢、滚轮、钢筋等。

2. 主要机械设备

本工艺所需机械设备主要为用于防护棚制作施工的电焊机、防护棚安装和移动的起重机、爆破钻孔机等。机械设备配置表见表 2.3-1。

主要机械设备配置表　　　　**表 2.3-1**

名　称	型　号	备　注
电焊机	NB-500	防护棚制作
起重机	20t	防护棚安装
钻孔机	XY-100	爆破钻孔

2.3.8　质量控制

1. 防护棚制作与安装

（1）防护棚制作时，对工字钢规格、钢板厚度、焊条规格、品种、焊口规格、焊缝长度、焊缝外观和质量的制作偏差进行检查。

（2）防护棚的加工严格按照施工设计图和规范要求。

（3）防护棚钢板之间采用断续焊，保证钢板之间的连续性。

（4）防护棚吊环位置严格按照施工设计图施工。

（5）冠梁、支撑梁立模完成后，对支撑系统进行检查，支撑系统的材料强度满足结构荷载及施工荷载要求，并搭设水平撑、剪刀撑，确保在铺设防护棚后支撑系统的整体稳定。

2. 石方爆破

（1）爆破时钻孔机械、孔位布置、钻孔角度、孔径、孔深，严格按爆破设计规定或技术要求进行。

（2）爆破过程炮孔的装药、堵塞、爆破网格的联结和起爆操作，严格按爆破设计或技术要求，由爆破员按规定执行。

（3）爆破后及时观察爆破效果，并根据爆破效果和监测成果，及时调整和优化爆破参数。

（4）爆破作业过程中，做好作业记录与资料整理。

2.3.9　安全措施

1. 防护棚制作与安装

（1）防护棚制作焊接操作，严格佩戴防护用品。

（2）防护棚电焊作业严格执行动火审批规定，每台电焊机设置漏电断路器和二次空载降压保护器。

（3）防护棚起重吊装时，配备专业司索人员指挥，与操作人员密切配合，执行规定的指挥信号；起吊作业时下方禁止站人，就位支撑好方可摘取吊钩。

（4）防护棚吊环位置严格按照施工设计图施工。

（5）冠梁、支撑梁立模完成后，对支撑系统进行检查，支撑系统的材料强度满足结构荷载及施工荷载要求，并搭设水平撑、剪刀撑，确保在铺设防护棚后支撑系统的整体稳定。

2. 石方爆破

（1）爆破材料的储存与运输符合住建部门和公安部门的要求。

（2）爆破施工中布孔、安全距离、炸药量等，经专业技术人员计算审核后实施。

（3）爆破过程中，对爆破体进行防振及防护覆盖，减弱振动影响和飞石；爆破严格按照批准时间进行，并及时封闭周边道路。

（4）爆破完成后，经专业人员检查后方允许进入工地施工。

2.4　限高区基坑咬合桩硬岩全回转与潜孔锤组合钻进技术

2.4.1　引言

在邻近地铁高架桥限高区域进行基坑支护咬合桩施工时，一般采用低桩架的小功率旋挖机、冲孔桩机或全套管全回转钻机。但小功率旋挖机钻孔深度一般为30～35m，难以满足深孔施工要求，而深度较大的旋挖咬合施工，其在桩孔下部的垂直度控制难度大，容易在底部处开叉漏水。而冲孔桩机施工时会产生大量的泥浆，且在硬岩中钻进施工效率低，既不经济又不环保。对于全回转钻机施工咬合桩，采用全套管护壁钻进，桩孔垂直度易于控制，咬合质量好；但对于较深厚的硬岩钻进，全回转采用冲抓斗破岩、捞渣斗捞渣，或采用旋挖钻机配合套管内入岩钻进，均表现出破岩效果差、总体钻进进度慢。

布吉站是深圳市城市轨道交通14号线工程的第4个车站，为地下三层岛式换乘车站，车站基坑位于布吉龙岗大道下，紧邻深圳东站和龙岗高架桥。场地地层主要为素填土、填砂层、粉质黏土、砾砂、圆砾，岩层为角岩。布吉站主体结构采用明挖法施工，主体围护结构外围周长约562m，标准段基坑宽度为22.3m、深度为26.6m。主体基坑围护结构采用咬合桩＋内支撑的支护形式，咬合桩荤桩直径按不同位置设计为1.0m、1.2m、1.4m，素桩直径1.0m，咬合桩最深约35m，部分咬合桩入中、微风化角岩超过10m，中风化角岩实测饱和单轴抗压强度值平均值49.3MPa、微风化角岩平均值104.9MPa。该项目基坑围护结构外轮廓距离地铁3号线高架桥桥桩最小净距约0.8m，且最低施工净空只有9m。基坑支护施工的重难点在于超低净空施工、入硬岩钻进，以及施工区域的环境、噪声、安全、文明、卫生等要求高。现场周边环境条件见图2.4-1。

图2.4-1　布吉站主体结构基坑施工现场环境条件

针对上述问题，根据项目现场的环境条件、基坑支护设计、施工要求等，现场采用了一种限高区基坑咬合桩硬岩全回转与潜孔锤组合钻进施工技术，即在土层段采用全回转钻机全套管护壁施工，钻进至硬岩面后，硬岩段采用经改制的低桩架大直径潜孔锤钻进，并在孔口设置自制的钻渣收纳箱，既克服了施工高度的限制，又解决了土层、硬岩钻进和护壁存在的困难，现场文明施工形象也得到提升。

2.4.2　工艺特点

1. 适应能力强

本工艺实施全套管全回转与潜孔锤组合工序钻进，全回转采用短节套管连接、大吨位吊车配合，潜孔锤桩架进行低净空改造、六方接头连接，钢筋笼采用短节、孔口套筒连接，整体适应能力强，完全满足低净空条件下的施工。

2. 硬岩钻进效率高

本工艺采用低净空潜孔锤钻进，其特有的桩架高度结构设计，使其在满足了环境限制的同时，发挥出潜孔锤在硬质岩层中钻进的技术优势，大大提升成孔效率。

3. 成桩质量保证

本工艺采用上部土层段全套管护壁，能有效防止孔内流砂、涌泥、塌孔等现象，减少混凝土浪费，使得成桩质量得到保证；同时，全套管使第二序施工的咬合桩在已有的第一序的两桩间实施切割咬合，能保证桩间紧密咬合，形成良好的整体连续结构，起到完全止水作用。

4. 绿色施工

本工艺在孔口专门设置配套的钻渣收集箱，减少了施工过程产生的钻渣、岩屑、粉尘、泥浆污染，满足了绿色施工的要求。

2.4.3 适用范围

适用于限高区 9m 范围的基坑支护咬合桩或灌注桩硬岩成孔施工，适用于直径1200mm 及以下桩径的灌注桩硬岩潜孔锤钻进施工。

2.4.4 工艺原理

1. 限高区作业原理

在限高区环境条件下，全部采用低净空限制条件下的施工工艺，主要内容包括：全回转钻机短节套管土层钻进、低桩架潜孔锤破岩、短节钢筋笼连接等。

（1）全回转钻机短节套管土层钻进

限高区作业环境高度受限，而全回转钻机机身高度一般为 2.4～3.2m，影响全回转钻机正常作业的因素主要为套管的单节长度，套管的单节长度决定了全回转钻机作业高度。为此，本工艺全部采用订制的 2m 左右短节套管配置，孔口螺栓固定，降低全回转钻进的套管作业高度，使原本受高度限制较小的全回转钻机适合在限高区环境作业。具体见图 2.4-2、图 2.4-3。

图 2.4-2 全回转钻进统一订制短节套管

后序套管
螺栓孔
螺栓
前序套管

图 2.4-3 全回转钻机螺栓固定连接套管示意图

图 2.4-4 改进前的高桩架 SWSD 系列多功能潜孔锤钻机

(2) 低桩架潜孔锤钻机及短节钻杆

本工艺所采用的钻机原桅杆高度为 28m，根据限高区施工场地对桅杆高度进行调整，调整后桅杆高度约 8m，钻机其余结构保持不变，具体潜孔锤钻机改造前后情况见图 2.4-4、图 2.4-5。

(3) 潜孔锤钻进短节六方接头钻杆

本工艺采用六方接头连接分段短节钻杆，实现钻杆长度有效延伸，达到满足成孔深度要求的施工效果。钻杆采用单节长度为 2～4m 一节的短节钻杆，通过钻杆接长可以实现成孔深度不受限制，见图 2.4-6；钻杆接头采用六方子母套接接头，辅以两根固定插销完成接长，潜孔锤钻杆六方接头结构见图 2.4-7；套接完成后基本不留缝隙，可有效减少接头处磨损，保证其具有足够的刚度，有效传递钻进扭矩，潜孔锤钻杆连接方式具体见图 2.4-8。

图 2.4-5 改造后的低桩架潜孔锤钻机

图 2.4-6 潜孔锤短节钻杆

图 2.4-7 潜孔锤钻杆六方子母套接接头

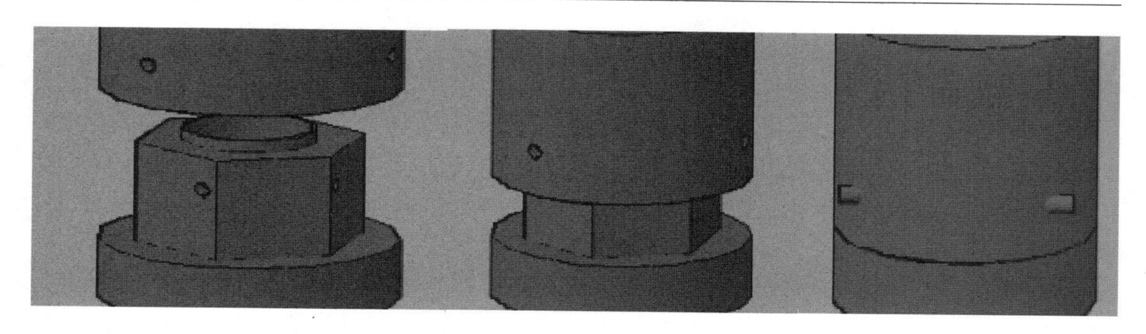

图 2.4-8 潜孔锤钻杆六方子母套接接头插销固定示意图

(4) 短节钢筋笼连接

受限高区的限制，钢筋笼的单根长度需减小，以便吊装作业时满足限高要求。限高作业区的吊车采用履带式起重机，该类起重机的大臂由数根桅杆组装而成，只需拆卸一定数量的桅杆便可改装成为低净空作业专用吊车，具体见图 2.4-9、图 2.4-10；短节 4m 左右的钢筋笼，经低净空作业吊车吊运至孔口，逐节进行孔口对接完成钢筋笼的安装。短节钢筋笼见图 2.4-11。

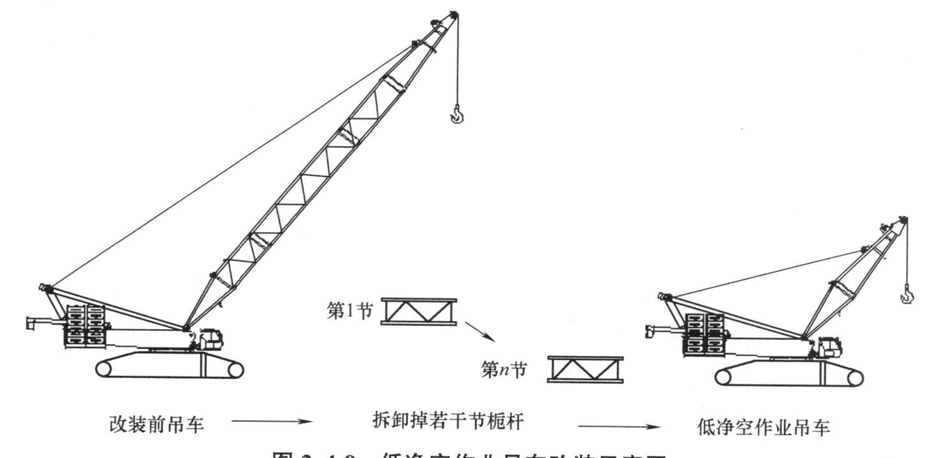

图 2.4-9 低净空作业吊车改装示意图

图 2.4-10 低净空作业吊车现场作业

图 2.4-11 短节钢筋笼

2. 全回转钻机土层钻进及潜孔锤破岩钻进原理

（1）全回转钻机土层钻进

全套管全回转是利用钻机具有的强大扭矩驱动钢套管钻进，利用套管底部的高强刀头对土体进行切割，并利用全回转钻机下压功能将套管下压，同时采用冲抓斗挖掘并将套管内的渣土掏出，并始终保持套管底超出开挖面，套管钻进同时又成为钢护筒全过程护壁。全回转钻机钻进过程见图 2.4-12～图 2.4-15。

本工艺采用全回转钻机施工至岩面后，吊离全回转钻机；埋设在孔中的套管对土层孔段形成了良好的护壁，能有效地阻隔后序潜孔锤施工时高风压对孔壁造成的冲刷。由于套管壁厚刚性强，钻进时垂直度易于控制。

图 2.4-12 钻机就位、套管吊装

图 2.4-13 回转钻机、下压套管

图 2.4-14 冲抓斗抓取套管内渣土

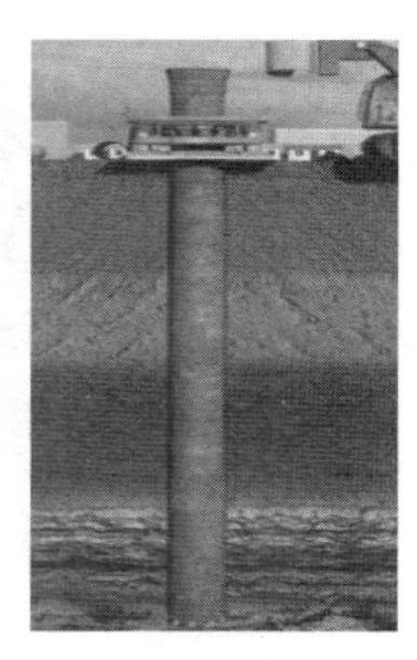

图 2.4-15 全回转钻土层段全套管护壁

（2）潜孔锤破岩钻进原理

潜孔锤钻头在高风压、超高频率振动下凿岩钻进，潜孔锤底部的岩层发生破碎，并由局部破碎形成全断面的逐层破碎，破碎的岩渣由高风压气体携带出孔，避免重复破碎，使得岩石的破碎钻进效率更高。由于本工艺入岩段钻进在土层段护壁套管内施工，其潜孔锤直径比土层段直径稍小 200mm。

3. 咬合桩全回转与潜孔锤组合钻进原理

（1）工序安排

土层采用全回转钻机全套管护壁钻进，至基岩面后移开全回转钻机，潜孔锤桩机就位入岩钻进；潜孔锤完成入岩钻进后，进行清孔、安放钢筋笼、下灌注导管、灌注桩身混凝土成桩，最后采用拔管机起拔套管。

（2）分序施工

咬合桩成孔钻进分两序施工，先施工两侧素混凝土桩（A 序桩），完成灌注混凝土后，再对安装钢筋笼的荤桩（B 序桩）进行成孔、灌注。以布吉站 A 序桩桩径 1000mm、B 序桩桩径 1200mm 为例，施工顺序为 $A_1 \to A_2 \to B_1 \to A_3 \to B_2 \to A_4$，以此类推。具体施工顺序见图 2.4-16～图 2.4-19。

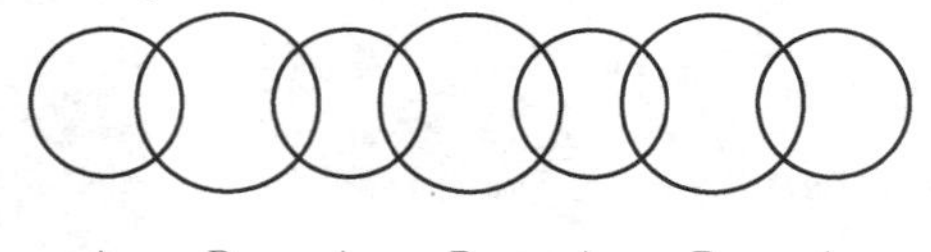

A_1 B_1 A_2 B_2 A_3 B_3 A_4

图 2.4-16 咬合桩成孔施工顺序示意图

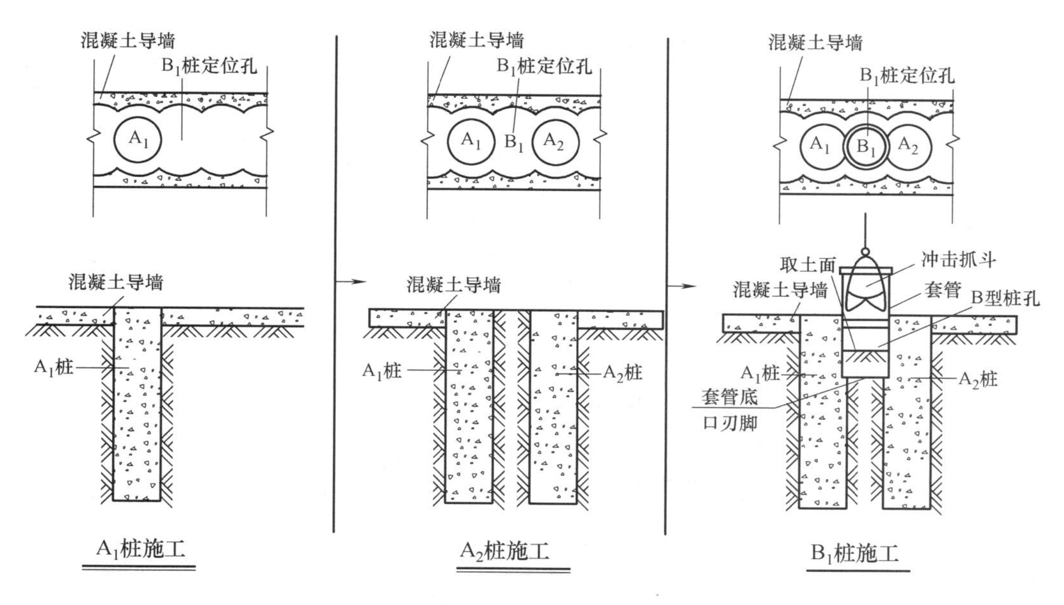

图 2.4-17　咬合桩成孔施工剖面顺序示意图

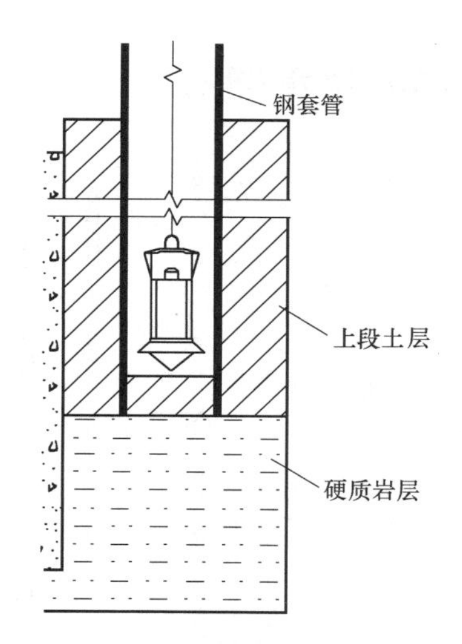

图 2.4-18　上段土层冲抓取土成孔

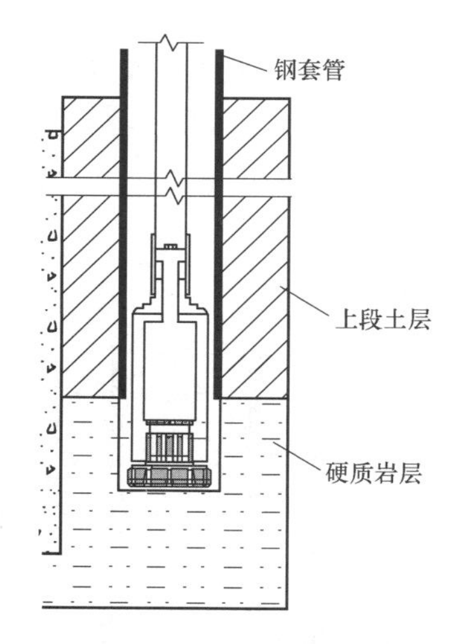

图 2.4-19　下部硬质岩层潜孔锤钻进成孔

2.4.5　施工工艺流程

1. 咬合桩施工工艺流程图

咬合桩施工工艺流程见图 2.4-20。

2. 咬合桩施工现场操作工艺流程

咬合桩素桩、荤桩施工现场操作工艺流程见图 2.4-21、图 2.4-22。

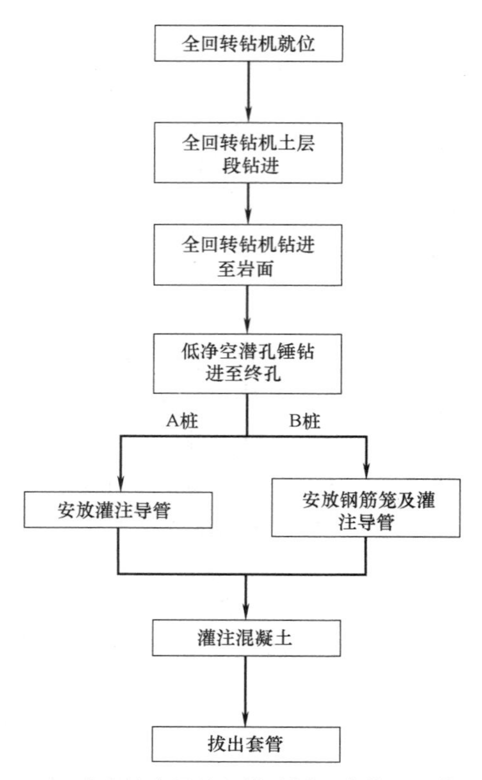

图 2.4-20　咬合桩全回转与潜孔锤组合施工工艺流程图

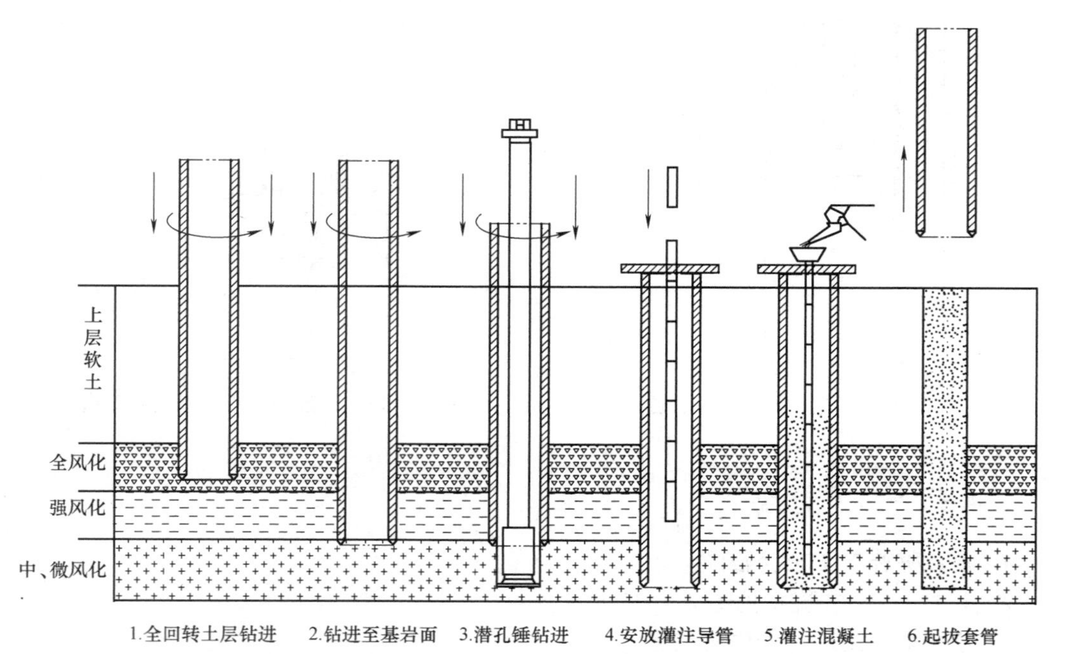

图 2.4-21　潜孔锤硬岩钻进素桩（A）施工工艺操作流程示意图

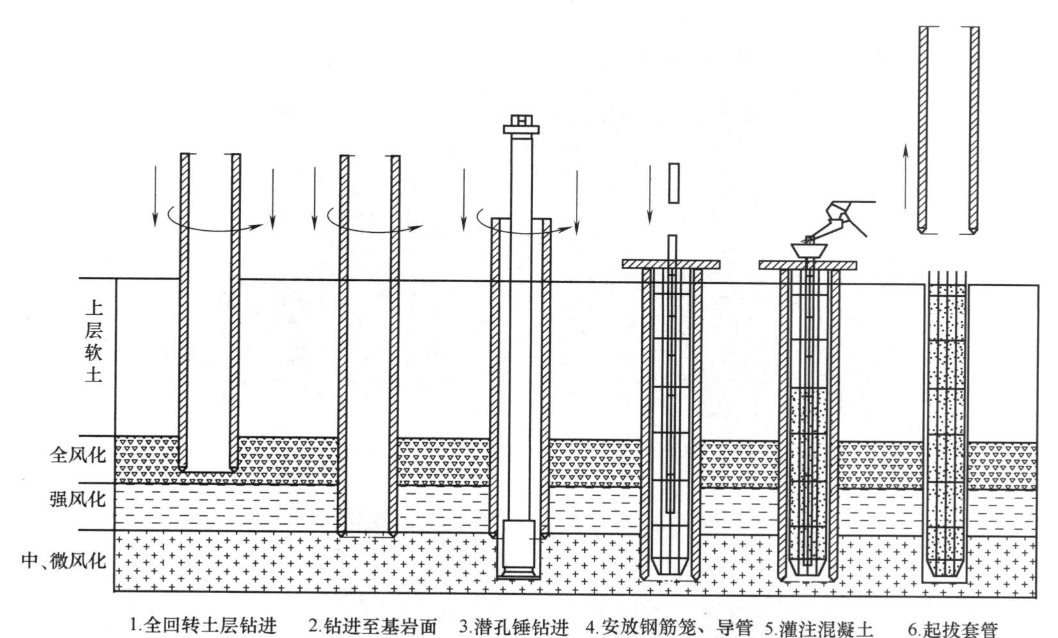

图 2.4-22 潜孔锤硬岩钻进荤桩（B）施工工艺操作流程示意图

2.4.6 工序操作要点

1. 全套管全回转钻机就位

（1）平整场地：清除地表杂物，填平碾压地凹面，使场地平整达到设计作业面标高，并使场地硬地化处理。

（2）桩孔测量定位：采用全站仪对施工桩位中心点进行放样，从桩位中心点引出四个方向上的十字交叉点，便于后续工序对桩位的复核，施工过程中对控制点进行保护。

（3）制作导墙：根据设计图纸提供的坐标（考虑相关因素影响的外放量）放出桩孔位置，采用机械和人工进行开挖；开挖完成后，采用全站仪根据地面导线控制点进行实地放样，并做好护桩作为导墙施工的控制中线，且报监理复核。

（4）钻机就位：桩机移动前，对场地及吊车行走道路进行平整、硬地化处理，确保机械施工平稳；全回转钻机移动时，由专人指挥吊放；吊车相应改装为满足低净空环境下的施工要求，确保吊放时安全、稳定；当吊车能力不足时，采用多机、多吊点作业，确保起吊安全。钻机就位见图 2.4-23。

（5）全套管全回转钻机就位对中：先将基板吊至桩位并与桩位中心点对中，随后起吊全回转钻机至基板定位槽中，实现钻机对中；钻机配置的液压动力站，吊放在导墙外平整场地附近。

（6）护壁套管选择：根据项目限高特点对套管长度进行配置，单根套管最长长度不宜超过限高的 1/2，为满足施工要求，采用单节 1.0m、2.0m、3.0m 的短钢套管合理进行搭配钻进，见图 2.4-24。

2. 全回转钻机土层段钻进

（1）压入第一节套管：采用低桅杆履带式吊车吊起钢套管，进行第一节套管的安装；

图 2.4-23　全套管全回转钻机就位

图 2.4-24　全回转钻进短节钢套管

图 2.4-25　第一节套管安装完成

第一节套管的施工效果是影响桩基垂直度的主要因素，因此先压入带高强度合金刀头的第一节套管；下压过程中，从 X 及 Y 两个轴线方向，利用吊线锤配合经纬仪或全站仪观测套管垂直度，若出现偏斜现象，可通过调整全回转钻机支腿油缸来进行纠偏，调整完成后应采用经纬仪或全站仪进行复核。具体见图 2.4-25。

（2）冲抓取土成孔、套管跟进：土层钻进中，全回转钻进采用边回转边冲抓取土的方式进行取土，套管需超前钻进 1.5m 以上，防止桩周土层坍塌，具体见图 2.4-26、图 2.4-27；套管长度钻进完成后，采用吊车调运后序套管与前序套管进行对接，两者通过旋转使前序套管顶部的螺栓孔与后序套管的螺栓孔重合，再采用螺栓固定，实现套管的连接，具体见图 2.4-28、图 2.4-29。

图 2.4-26　土层段全回转钻机冲抓取土

图 2.4-27　土层段全回转钻机冲抓取土

图 2.4-28　短套管孔口接长

图 2.4-29　螺栓固定连接套管

3. 全回转钻机钻进至岩面

（1）当土层钻进至一定深度时，根据地质情况估算套管底部至岩面的距离，合理安装适当长度的套管，避免套管到达基岩面时，套管长度不够或露出太多导致后序工作不便操作。

（2）土层钻进完成遇基岩时，则暂停钻进，采用低净空作业吊车将全套管回转钻机吊离桩位。

4. 低净空潜孔锤钻进至终孔

（1）潜孔锤桩机就位：动力输出装置采用SWSD2512钻机，改装后整机高度为8m。具体见图2.4-30、图2.4-31。

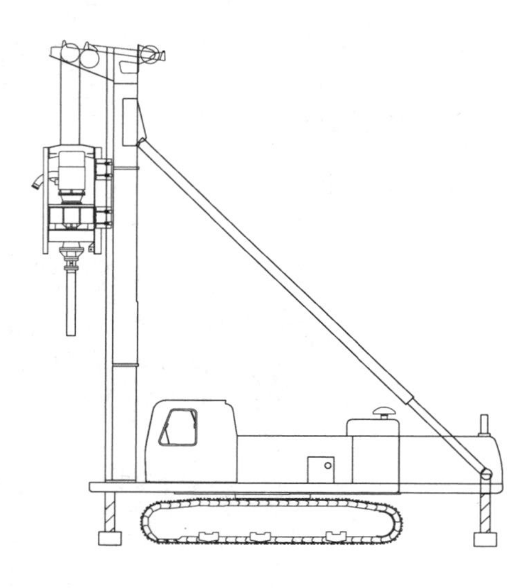

图2.4-30　改装后的潜孔锤钻机机架

图2.4-31　潜孔锤钻机就位

（2）安装潜孔锤：采用吊车将潜孔锤移至钻机旁便于安装处，提升钻杆，使其下方的六方接头与潜孔锤上方的六方接头对准，再下放，插入上下两根插销，完成钻杆与钻头的连接。潜孔锤选用“深圳市晟辉机械有限公司”生产的直径1000mm的潜孔锤，具体见图2.4-32、图2.4-33。

（3）下放潜孔锤：由于潜孔锤锤头较大，仅比套管内径小10mm，在下放潜孔锤时，施工员在孔口进行指挥，具体见图2.4-34。

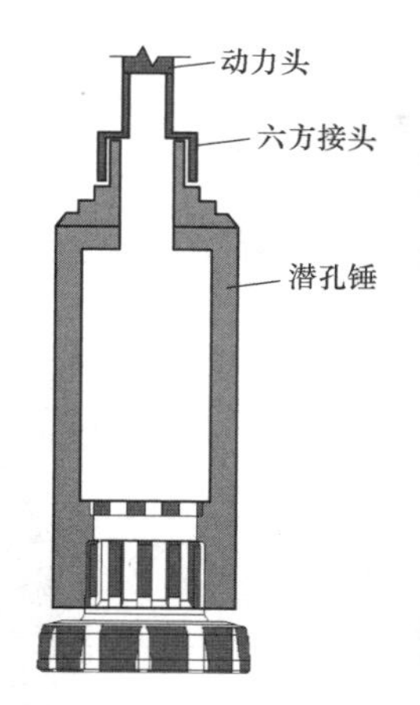

图 2.4-32 潜孔锤与机架连接

图 2.4-33 直径 1000mm 潜孔锤钻头

图 2.4-34 桥下潜孔锤作业专人指挥吊放潜孔锤

（4）潜孔锤钻进：开始钻进时，先将钻具提离孔底 20～30cm，开动空压机及钻具上方的回转电机，待护筒口出风时，将钻具轻轻放至孔底，开始低净空潜孔锤钻进。潜孔锤现场钻进见图 2.4-35。

（5）潜孔锤接长钻杆：当潜孔锤钻杆钻进下沉至孔口约 1.0m 时，需将钻杆接长；此时，将钻机与潜孔锤钻杆分离，钻机稍稍让出孔口，先将钻杆接长，钻杆接头采用六方键槽套接连接，当上下两节钻杆套接到位后，再插入定位销固定；潜孔锤短接钻杆现场对接具体见图 2.4-36、图 2.4-37。

（6）硬岩钻进至孔底：低净空潜孔锤钻进过程中，高风压携带钻渣通过钢护筒间的空隙上返，直至排出孔外，孔口设置专门的收纳箱收集岩渣，具体见图 2.4-38。

图 2.4-35 潜孔锤入岩钻进

5. 安放钢筋笼及灌注导管

（1）因施工限高条件限制，无法实现一次性钢筋笼吊装，根据现场实际情况采用分段吊装入孔的施工方法，在孔口通过套筒连接实现各段钢筋笼的连接。

图 2.4-36　潜孔锤短接钻杆现场对接起吊钻杆

图 2.4-37　潜孔锤钻杆孔口对接完成

（2）钢筋笼连接完成后，吊装时对准孔位，吊直扶稳，缓慢下放到位。短节钢筋笼见图 2.4-39。

（3）混凝土灌注导管选择直径 300mm 导管，安放导管前对每节导管进行检查，第一次使用时需做密封水压试验；导管连接部位加密封圈及涂抹黄油，确保密封可靠，导管底部离孔底 300～500mm；导管下入时，调节搭配好导管长度。

图 2.4-38　潜孔锤入岩钻进岩渣上返至孔口收纳箱

图 2.4-39　短节钢筋笼

6. 灌注桩身混凝土和拔出套管

（1）灌注导管安放完成后，进行孔底沉渣测量，如满足要求则进行水下混凝土灌注；如孔底沉渣厚度超标，则采用气举反循环二次清孔。

（2）桩身混凝土采用水下商品混凝土，坍落度 180～220mm，本项目采用料斗灌注法进行混凝土灌注，初始灌注为确保混凝土埋管不小于 0.8m，一次性灌注 2～3m^3 混凝土；灌注混凝土过程中，不时上下提动料斗和导管，以便管内混凝土能顺利下入孔内，直至灌注混凝土至设计桩顶标高位置超灌 0.8～1.0m。灌注桩身混凝土具体见图 2.4-40。

（3）本项目套管采用专门制作的套管起拔机起拔，起拔时采用夹具夹紧套管，利用四个油缸持续的向上顶力，将套管缓慢拔出，并重复上下往返操作，每次起拔高度约 50～75cm。起拔机起拔套管见图 2.4-41。

图 2.4-40 咬合桩灌注桩身混凝土

图 2.4-41 护壁套管专门拔管机起拔过程

2.4.7 材料与设备

1. 材料

本工艺所用材料及器具主要为水泥、钢筋、混凝土等。

2. 主要机械设备

本工艺现场施工主要机械设备见表 2.4-1。

主要机械设备配置表 **表 2.4-1**

机械、设备名称	型 号	备 注
挖掘机	PC200	场地清理、渣土转运
全套管全回转钻机	DTR2106H	土层钻进
履带起重机	三一 90t	吊装
多功能潜孔锤钻机	SWSD2512	潜孔锤施工桩架
潜孔锤钻头	SH 系列大口径	岩层钻进
空压机	DSR-100A	高压气体输出
储气罐	Y180M-4	高压气体临时存储
起拔机	自制	套管灌注混凝土后起拔

2.4.8 质量控制

1. 工序质量控制

（1）施工技术交底：建立规范的分级技术质量交底制度，技术负责人对项目管理人员进行交底，管理人员对班组作业人员进行交底。施工管理人员及作业人员按操作规程、作业指导书和技术交底进行施工。

（2）工序检验符合规定，查出质量缺陷按不合格品控制程序及时处理。

2. 全回转钻进垂直度控制

（1）在套管四周选取两个相互垂直的方向（X 及 Y 两个轴线方向），采用测锤配合经纬仪不断校核套管的垂直度，发现偏斜现象立即处理。

（2）上述垂直度检测工序贯穿整个成孔过程，同时在每一节套管对接前，用直尺及线锤进行孔内垂直度检查，检测合格后并做好记录方可进行下节套管对接。

（3）垂直度如出现偏斜，及时进行纠偏，主要纠偏措施：起始入土时（5m 左右），若出现轻微偏斜现象，可通过升降全套管全回转钻机四个支腿油缸调整套管垂直度；入土深度过深时，通过调节全套管全回转钻机支腿油缸已无法进行垂直度调整，此时进行管内回填，一边回填一边起拔套管，将套管起拔至上次检查垂直度合格位置，调整套管垂直后，重新下压施工。

3. 潜孔锤破岩成孔

（1）供气装置与施工钻机的距离控制在 100m 范围内，以避免压力及气量下降。

（2）破岩成孔过程中，定期对潜孔锤锤身外壁进行检查，检查是否存在局部位置有严重磨损现象。

4. 钢筋笼安装

（1）在吊装钢筋笼前，对钢筋笼进行检查，检查内容包括长度、直径、焊点等。

（2）成孔检查合格后，进行安放钢筋笼工作；吊装采用双钩多点缓慢起吊，吊运时防止扭转、弯曲，缓慢下放，避免碰撞钢护筒壁。

（3）钢筋笼就位后进行固定。

5. 灌注桩身混凝土

（1）利用水下导管灌注，导管口距混凝土上升面的高度始终保持在 2m 以内，施工中连续灌注。

（2）混凝土采用商品混凝土，每罐混凝土到场后，进行坍落度检测，符合要求后进行灌注。

（3）灌注时，提前预计上部护筒拔出后混凝土面下降的高度，混凝土实际浇筑标高比设计超灌高度高出 10～30cm。

2.4.9 安全措施

1. 受限区域施工

（1）吊车操作手听从司索工指挥，在确认区域内无关人员全部退场后，由司索工发出信号，开始钢筋笼吊装作业，平稳提升或下降，避免紧急制动或冲击。

（2）由于吊车起吊高度低，当吊重物时严禁超负荷起吊。

（3）对于在地铁高架桥下施工，在桥身限高位置张贴警示标识，具体见图 2.4-42。

（4）侧向受限安全保护区域设置醒目的反光标识和防撞轮胎，时时提醒注意操作安全，防止发生碰撞，并设置相应的自动报警装置，确保地铁安全运营。具体见图 2.4-43、图 2.4-44。

图 2.4-42 地铁高架桥上安全标识

图 2.4-43 反光安全标识及桥墩下部防撞轮胎

图 2.4-44 反光安全标识和自动报警装置

2. 潜孔锤钻进

（1）空压机组和施工班组操作人员提前 30min 交接班，认真做好开机前的准备工作，检查钻机各部位性能及零部件是否完好，机油是否到位，检查电压、电流是否正常。

（2）空压机严格按操作流程作业，首先关闭空压机的进气阀和风压管道的闸阀，然后启动空压机；此时注意听机器运转的声音是否正常；若发现异常应立即停机检查，若无异常慢慢打开空压机的进气阀，空压机正常工作。

（3）高压气管安装过程中，不扭曲胶管，胶管受到轻微扭转就有可能使其强度降低和松脱接头，装配时将接头拧紧在胶管上。

（4）在正式开始施工前，检查各段气体输送管道完整性以及接头处的气密性和连接稳固性。

3. 灌注成桩施工

（1）施工时，在作业区挂严禁非施工人员入内的标牌。

（2）灌注起吊作业由专人指挥。

（3）拆卸灌注导管时，孔口与吊车密切配合，集中堆放。

2.4.10　环保措施

1. 场地优化布置

（1）严格按现场平面布置要求规划，做到场容整洁、封闭施工。

（2）施工场地进出口设置专门洗车池，并配置高压水枪和三级沉淀系统，派专人对进出场车辆进行冲洗，严禁带泥及污染物上路。

（3）施工现场合理布置，流水作业。

（4）施工现场各种料具分类堆放整齐，工完料清，机械设备按施工平面图指定位置存放；不再使用的材料、工具和机械设备及时清退出场。

2. 噪声、钻渣、污水排放

（1）施工现场采取适当的隔声、降噪措施，使用低噪声空压机，并根据工序要求和施工现场周边条件合理安排施工作业时间，严禁噪声扰民；施工场地的噪声符合现行国家标准《建筑施工场界环境噪声排放标准》GB 12523—2011 的规定。

（2）场地内四周设置排水沟、集水井和三级沉淀池，及时排除场内积水，尽量做到干燥施工。

（3）所有施工机械设备注意保养，并定期检查其液压系统，防止漏油污染。

（4）潜孔锤钻进前，在孔口放置自制的钻渣收纳箱，防止钻渣四溅污染环境，具体见图 2.4-45。

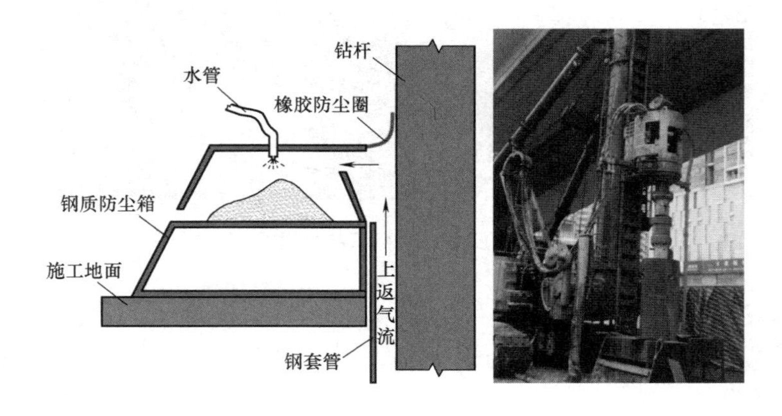

图 2.4-45　潜孔锤钻进孔口钻渣收纳箱原理与现场配置

（5）硬岩钻进过程中，潜孔锤高频高风压冲击，如孔内存在泥浆时会溅出污染周边环境，则采用帆布在周围进行遮挡。具体见图 2.4-46。

图 2.4-46 潜孔锤钻进时采用帆布遮挡防止污染

(6) 全回转钻进时，冲抓抓取的钻渣，集中堆放在订制的泥渣箱内，并定期外运，防止钻渣污染施工场地，具体见图 2.4-47。

图 2.4-47 全回转抓斗抓取的孔内钻渣集中在钻渣箱内

第3章 全套管全回转灌注桩施工新技术

3.1 全套管全回转灌注桩套管内气举反循环清孔施工技术

3.1.1 引言

全套管全回转钻机是一种可以驱动套管做360°回转的全套管施工设备，已广泛用于复杂地层条件下的灌注桩施工。全套管全回转钻机利用回转装置边回转套管边压入，同时利用冲抓斗挖掘取土，直至套管下沉至桩端持力层为止；钻进至满足设计要求深度后，用捞渣斗清除孔内虚土，使沉渣厚度满足要求；终孔确认后吊放钢筋笼、灌注导管，灌注前再次测量孔底沉渣，沉渣厚度满足设计要求后灌注混凝土成桩。

在地下水不丰富地层使用全套管全回转钻机主要为干孔钻进，可采用人工入孔清渣，或使用捞渣斗将孔底沉渣清除。但当处于地下水丰富地层时，套管内泥浆使采用捞渣斗清孔较困难，尤其当套管底部未完全跟进至孔底时，会出现清孔时间较长，或难以满足设计和规范对沉渣厚度的要求。为满足设计要求，在灌注混凝土前，采取气举反循环进行二次循环清孔。但由于全套管全回转钻机操作平台高出地面3.0m左右，现场采用套管内泥浆气举反循环清孔操作，循环管路布设较为困难，需要布设泥浆池、空压机及循环管路等，现场安装时间长，需要使用吊车辅助作业，大大影响施工效率。

深圳市龙岗区新林荟邑项目桩基础工程场地处于岩溶发育区，采用全套管全回转钻机施工，针对上述问题，综合项目实际条件及施工特点，开展“全套管全回转灌注桩套管内气举反循环清孔施工技术”研究，通过在套管内进行气举反循环的清渣桶一次清孔、清渣头二次悬浮沉渣清孔，达到了清孔便利、操作简单、清孔速度快、成桩质量好的效果，并形成了施工新技术，取得显著的社会效益和经济效益，实现了质量保证，经济便捷，安全可靠的目标。

3.1.2 工程实例

1. 工程概况

新霖荟邑项目位于深圳市龙岗区仙田路与新城路交汇处东北侧，项目占地面积约33200m^2，拟建5栋90.1m^{2}的住宅楼、1栋87.2m^{2}的住宅楼、1处14.65m^{2}的幼儿园及5.09～8.00m^{2}附属裙楼，地下室为2层。桩基工程设计采用灌注桩，桩型为端承桩，桩数580根，桩径为1.0m，设计桩身混凝土强度等级为C35。

2. 地层分布

根据地勘资料，该场区自上而下为填土层、粉质黏土、含砂粉质黏土，场地内下伏基岩为白云质灰岩，岩溶发育，钻孔见洞率66.7%；以单层、多层溶洞分布，洞高最大超过 8.80m；灰岩面起伏较大，相邻钻孔间基岩高差大于 5m。

3. 施工过程情况

本项目前期对桩基施工工艺做了充分的市场调研和技术论证，最终选择采用旋挖和全套管全回转钻进工艺施工。本项目灌注桩施工采取的工艺技术措施主要包括：

（1）旋挖钻进主要针对溶洞不发育（洞高 2～3m）的桩孔，开动 3 台旋挖钻机，共完成 382 根桩；全套管全回转工艺主要针对施工溶洞发育地层（洞高大于 3m 左右）的桩孔施工，开动 4 台全套管全回转钻机，共完成 198 根溶洞桩施工。

（2）在溶洞集中分布的片区，采用全套管全回转工艺，选择溶洞最深、多层溶洞的位置钻进，然后在套管内注入水泥浆，再慢慢起拔套管，使水泥浆在全回转钻机高水头压力下渗入各层溶洞中，静置 10d 左右再行钻进施工，这种预处理措施减小了后期溶洞处理的难度，效果明显。

（3）旋挖钻机遇特殊溶洞分布的桩孔，尤其在溶洞段出现缩径造成无法成孔的情况时，则改用全套管全回转工艺施工；全套管全回转钻进时，遇到极硬岩穿越困难时，改用旋挖钻机凿穿硬岩；项目施工过程中，多次使用上述组合钻进方法，顺利完成部分困难桩孔的钻进，这种优势互补的钻进工艺，有效地加快了施工进度。

（4）对于全套管全回转钻进施工的清孔，采用清渣桶一次清孔、清渣头二次清孔方法，确保了孔底沉渣厚度满足设计要求，加快了施工进度，便捷高效地实现了在钻机平台上的一次清孔和二次清孔，使成桩质量得到有效保证。

（5）对于溶洞段灌注桩身混凝土，对钢筋笼包制单层或双层密目钢丝网和尼龙网，以及控制混凝土灌注速度等多重保护和工艺措施，使溶洞发育桩孔的混凝土充盈系数得到有效控制。

（6）桩基工程于 2019 年 10 月 8 日开始正式施工，于 2020 年 1 月 18 日完成桩基施工。

现场全套管全回转钻机施工见图 3.1-1，一次清孔清渣桶见图 3.1-2，二次清孔清渣头见图 3.1-3，技术人员现场研发活动见图 3.1-4。

图 3.1-1　现场全套管全回转钻机施工

图 3.1-2　一次清孔清渣桶

图 3.1-3　二次清孔清渣头

图 3.1-4　技术人员现场研发活动

4. 桩基检测情况

基坑开挖后，采用抽芯、低应变、超声波检测等对灌注桩进行了现场检测，桩身完整性、孔底沉渣、混凝土强度等全部满足设计及规范要求。

3.1.3　工艺特点

1. 清孔设备便捷

本工艺采用的一次清孔清渣桶和二次清孔清渣头，根据全套管全回转灌注桩施工特点制作，体积小、重量轻，设计制作简单；只需与空压机风管连接，安装简便；使用时采用吊装作业，安放和倒渣方便，现场操作容易，清孔过程中使用便捷。

2. 沉渣清理效果好

本工艺结合终孔后全回转全套管钻进的捞渣斗清渣，并在套管内采用清渣桶实施气举反循环清渣，高风压能将孔底沉渣反复循环，并通过清渣桶不断排出，可确保一次清孔的效果；当孔内安放钢筋笼和灌注导管后，如果孔底沉渣超标，则采用特制的二次清孔清渣头将沉渣悬浮，并迅速灌注桩身混凝土，可确保桩底沉渣满足设计和规范要求。

3. 降低施工成本

采用本工艺进行清孔，清孔机具制作经济，操作中不使用大型的清孔设备，产生泥浆量少，清孔时间短，总体施工综合成本低。

4. 保证现场文明施工

本工艺通过套管气举内循环清孔，与传统气举反循环相比，可避免挖设泥浆循环系统与因泥浆乱喷而导致的施工场地泥泞。

3.1.4　适用范围

适用于全套管全回转灌注桩一次清孔、二次清孔，适用于采用旋挖钻机、冲孔钻机、回转钻机施工的灌注桩清孔。

3.1.5　工艺原理

本工艺在常规气举反循环清孔原理的基础上，采用一种在套管内进行气举反循环清渣桶一次清孔捞渣和清渣头二次清孔悬浮沉渣的方法。

1. 套管内气举反循环清渣桶一次清孔

（1）工艺原理

一次清孔在全回转钻进至设计深度后进行，清孔时将接有高压风管的清渣桶吊入孔底上方附近，开启空压机，将高压空气送入孔底与孔底处的泥浆混合，其重度小于孔内泥浆的重度，产生套管内外泥浆重度差，在清渣桶底附近产生低压区，连续充气内外压差不断增大，当达到一定的压力差后，气液混合体沿清渣桶与套管间的间隙上升流动，由于上返未形成封闭空间，在上返一定高度后气液混合体失去进一步的动能，则下降至清渣桶内和孔底，大部分沉渣积聚在清渣桶内，这样就形成了套管内气举反循环式清孔。

孔内泥浆携带孔底沉渣在套管内进行气举反循环，沉渣不断落入清渣桶内盛存，气举反循环每次运行约 15min、间歇停止 15min，再将清渣桶提出孔口倒渣；经过多次循环、存渣、倒渣循环操作，直至将孔底沉渣清除干净。

清渣桶一次清孔工艺原理见图 3.1-5、气举反循环清渣桶一次清孔现场操作见图 3.1-6。

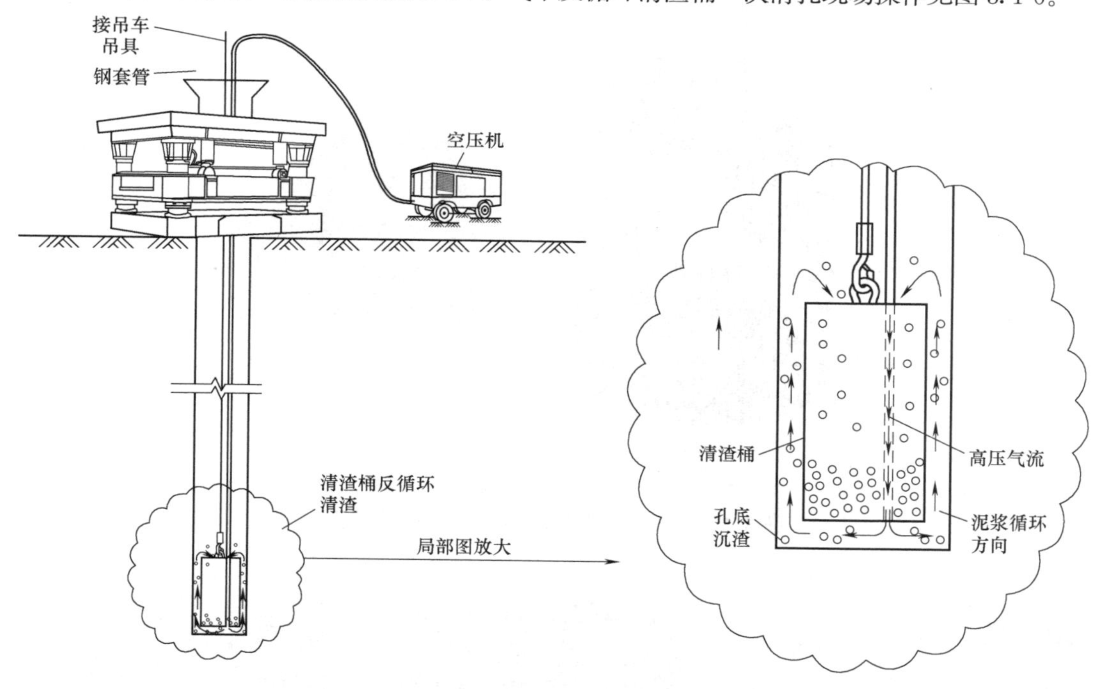

图 3.1-5 全套管全回转气举套管内循环清渣桶一次清孔工艺原理图

（2）清渣桶结构

1）清渣桶由铸钢制造，高度 1300mm、外径 900mm、桶壁厚 25mm，桶底设有两根钢制高风压管，两根气管与桶底孔口焊接。气举反循环清渣桶平视和俯视见图 3.1-7，气举反循环清渣桶实物见图 3.1-8，清渣桶钢制气管与桶底焊接情况见图 3.1-9。

2）将两根直径分别为 25mm、20mm 钢制高风压管与桶底对应大小的孔口焊接，两根高压风管均高出桶身 20cm，高压风管在管口处设置与空压机气管连接的螺纹连接头。高压风管见图 3.1-10。

图 3.1-6　气举反循环清渣桶一次清孔

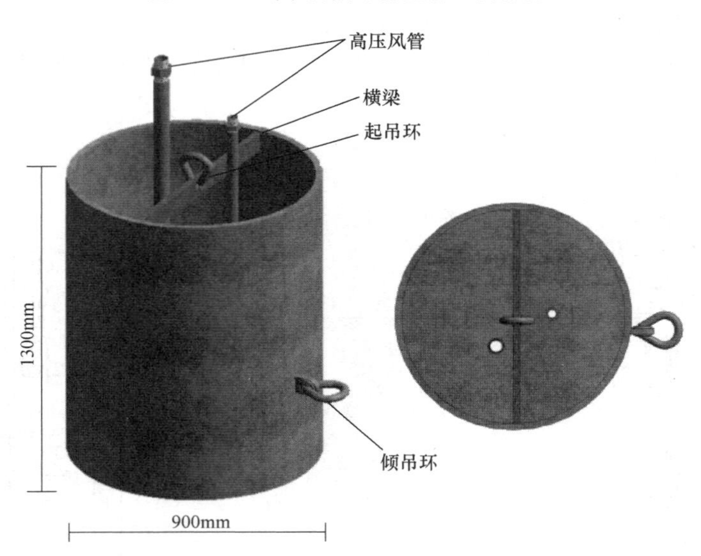

图 3.1-7　气举反循环清渣桶平视图和俯视图

图 3.1-8　气举反循环清渣桶实物

图 3.1-9　钢制气管与桶底焊接

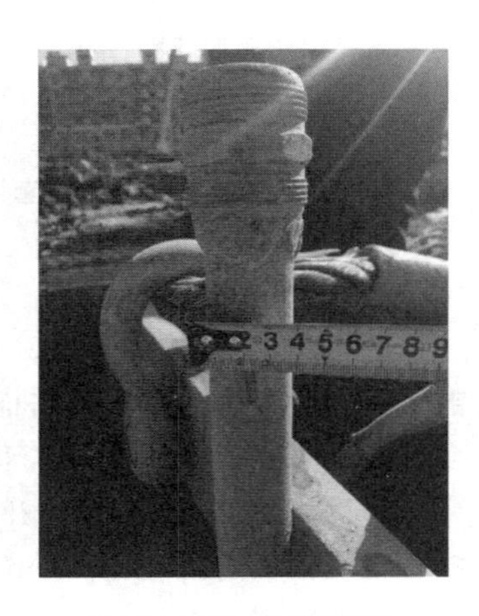

图 3.1-10　高压风管

3）在清渣桶桶口横梁处切割出一个圆孔，根据桶身重量约 0.7t，选择 WLL 12T 卸扣从此孔穿过与清渣桶连接在一起形成起吊环装置。清渣桶起吊环、起吊环连接钢丝绳见图 3.1-11。

4）在清渣桶桶身外侧壁焊接圆环，圆环外径为 6cm、内径为 3cm，圆环焊接位置在距桶底 20cm 左右，使用卸扣从圆孔中穿过形成倾吊环装置。使用倾吊环倾倒泥浆见图 3.1-12。

图 3.1-11　清渣桶起吊环起吊

图 3.1-12　使用倾吊环倾倒泥浆

2. 清渣头悬浮沉渣二次清孔

（1）工艺原理

在钢筋笼、灌注导管安放就位后，灌注混凝土前，再次测量孔底沉渣厚度；如果测量的沉渣厚度超过设计要求，则按规范要求进行二次清孔。本工艺所述的二次清孔方法，是将接有高压风管的清渣头通过灌注导管下至孔底附近，启动空压机形成套管内气举反循环（原理同上述一次清孔），循环泥浆将沉淀在孔底的沉渣在套管内悬浮；当沉渣完全悬浮后，迅速灌注桩身混凝土成桩。

在采用清渣桶气举套管内循环一次清孔满足要求的情况下，二次清渣头的清孔主要是将孔底的沉渣通过气举循环方式，达到沉渣悬浮的效果。全套管全回转气举内循环清渣头二次清孔工艺原理见图 3.1-13。

（2）清渣头结构

1）清渣头由铸铁制成，为实体高度 1200mm、外径 180mm、壁厚 50mm 的中空结构，中空洞内径 80mm。

2）顶部与高压气管接头焊接，中空洞作为风管的延续，将高风压送至孔底。

3）顶部设起吊环。

气举内循环清渣结构见图 3.1-14～图 3.1-16。

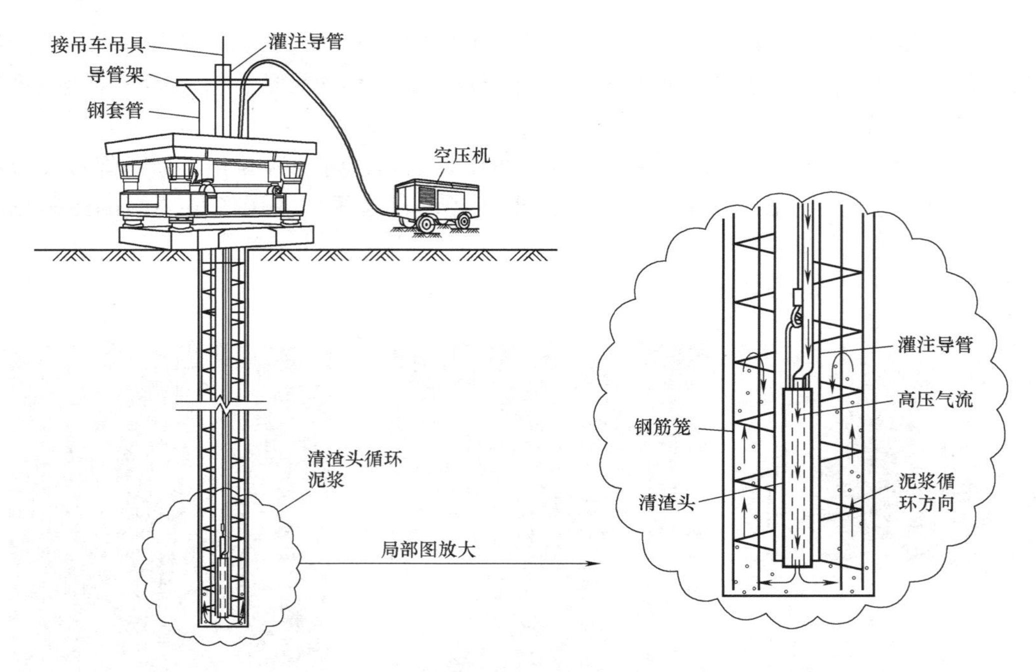

图 3.1-13　全套管全回转气举内循环清渣头二次清孔工艺原理图

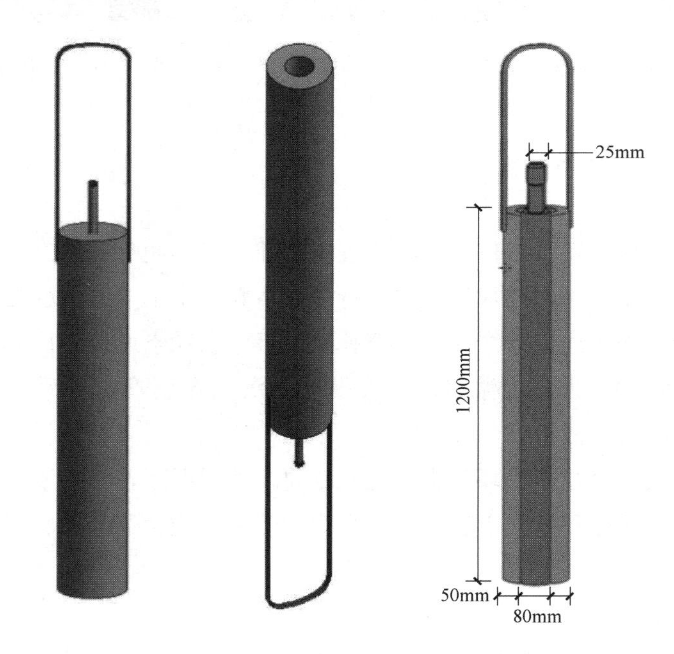

图 3.1-14　气举内循环清渣头结构图

3.1.6　施工工艺流程

全套管全回转灌注桩套管内气举反循环清孔施工工艺流程见图 3.1-17。

图 3.1-15　气举内循环清渣头实物

图 3.1-16　清渣头吊放入灌注导管

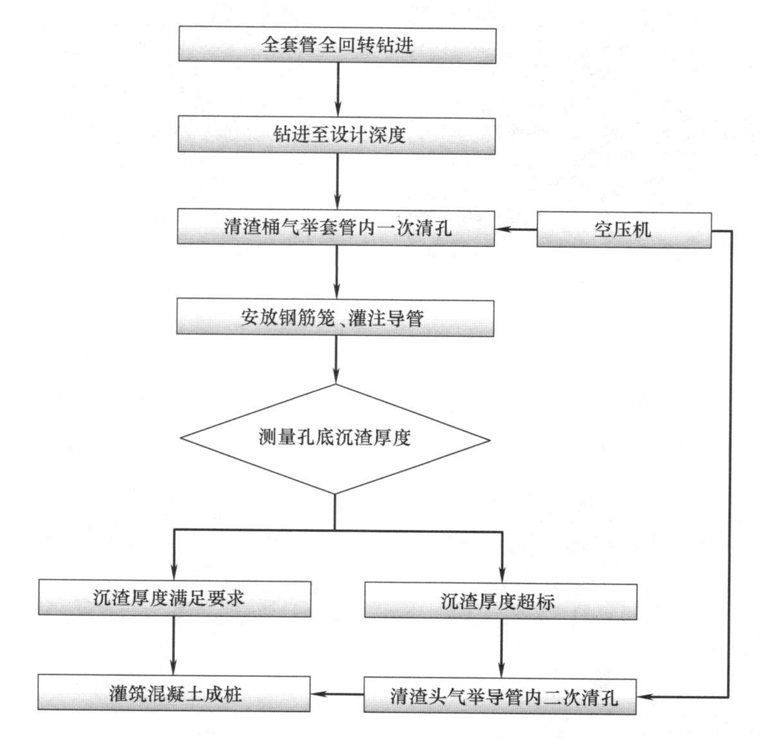

图 3.1-17　全套管全回转灌注桩套管内气举反循环清孔施工工艺流程图

3.1.7　工序操作要点

1. 全套管全回转钻进

(1) 采用景安重工 JAR260H 全回转钻机与特制钢套管，套管直径 ϕ1000，配套 120 型履带吊车、220 型挖掘机等。全套管全回转钻机及配套设备见图 3.1-18、图 3.1-19。

图 3.1-18 全套管全回转钻机及配套设备

图 3.1-19 全回转套管及合金管靴

（2）使用全套管全回转钻机与专门配备的液压动力站，将带特制刀头钢套管回转切入，同时使用冲抓斗反复抓取全套管内的土进行取土；遇块石、孤石或硬质夹层时，使用十字冲锤冲碎后再进行抓取。全套管全回转抓斗取土见图 3.1-20、十字冲锤见图 3.1-21。

图 3.1-20 全套管全回转钻进抓斗取土

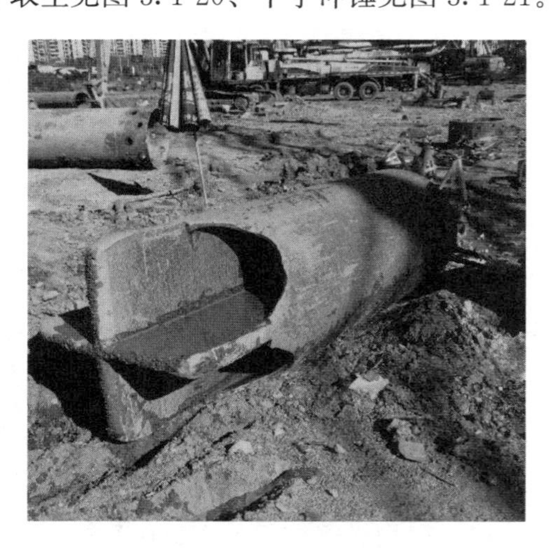

图 3.1-21 十字冲锤实物图

(3) 抓斗取土时需保证套管超过成孔深度 2m 左右，当每节套管压入桩孔内至在钻机平台上剩余 50cm 时，及时接入下一节套管以满足成孔需求。套管吊装孔口连接见图 3.1-22。

图 3.1-22 套管吊装孔口连接

2. 钻进至设计深度

(1) 使用抓斗反复取土与全套管全回转旋挖切入，直至达到设计持力岩层上方附近。

(2) 接近设计持力层深度位置时，采用十字冲锤对岩层进行冲碎后，使用抓斗抓取岩样，并与勘察、设计、监理等进行入岩判定；在完成岩层判定后，继续使用十字冲锤对岩层进行破碎，直至达到设计入岩深度，并进行终孔验收。

(3) 终孔验收后，使用捞渣斗进行孔内捞渣。十字冲锤破碎岩层、捞渣斗捞渣见图 3.1-23。

图 3.1-23 全套管全回转钻进十字冲锤和捞渣斗清渣

3. 清渣桶气举套管内一次清孔

(1) 捞渣斗捞渣后，孔底仍会存在沉渣，此时采用清渣桶捞渣法进行一次清孔。

（2）进行气举反循环清孔时，根据孔深、空压机容量选择清渣桶高压风管，当孔深小于50m、KSDY-12.5/10空压机时，选择清渣桶20mm高压风管；当孔深大于50m，则选择清渣桶25mm高压风管。

图3.1-24　清渣桶高压风管连接

（3）空压机气管与清渣桶高压风管连接完毕后开启空压机，观察空压机气管有无渗漏、异常声响，若发生异常立即停机检查维修，若无异常将清渣吊入套管内。清渣桶高压风管与空压机气管连接、清渣桶与钢丝绳连接起吊见图3.1-24、图3.1-25。

（4）用吊车将清渣桶下放至套管内，先将清渣桶放至孔底，并记录入孔深度；再将清渣桶上提50cm左右位置，开始清渣。清渣桶吊放入桩孔见图3.1-26。

（5）选用排气量12.5m^3/min、排气压力1.0MPa的KSDY-12.5/10空压机与清渣桶连接进行套管内反循环；循环过程注意套管内反循环情况，根据泥浆上涌量及时增大或减小气压。空压机技术参数见表3.1-1，空压机现场实物见图3.1-27。

图3.1-25　清渣桶与钢丝绳连接起吊

图3.1-26　清渣桶吊放入桩孔

KSDY-12.5/10空压机技术参数表　　表3.1-1

指　标	量　值	指　标	量　值
排气量	12.5m^3/min	额定排气压力	1.0MPa
最高排气压力	1.0MPa	机组输入比功率	8.7kW(m^3/min)
电机功率	75kW	外形尺寸	2700mm×1700mm×1700mm
额定转速	2975r/min	重量	1750kg

(6) 清渣桶清渣时，派专人观察套管内气举反循环状况，对于套管内泥浆较少时及时加清水入套管内，保持套管内泥浆液面位置不少于套管总长的 1/3，保证套管内正常循环；清渣桶气举反循环 15min 后间歇，待桶内沉渣沉淀后，吊出清渣桶并倒出桶内的沉渣。套管内气举反循环监控见图 3.1-28、清渣桶提升出孔口并吊至指定地点见图 3.1-29、倾倒沉渣见图 3.1-30。

图 3.1-27 清孔空压机

图 3.1-28 套管内气举反循环观察监控

图 3.1-29 清渣桶提升出孔口并吊至指定地点

(7) 倾倒沉渣完毕后，使用清水清洗清渣桶后再次吊入套管内，反复进行反循环清渣，至清渣桶无沉渣。清水清洗清渣桶见图 3.1-31。

4. 安放钢筋笼、灌注导管

(1) 钢筋笼按设计要求制作，经监理工程师现场隐蔽验收合格后吊放入孔。

(2) 钢筋笼使用吊车起吊，对需接笼的钢筋笼则在全回转钻机上进行焊接，焊接长度需满足设计要求，钢筋笼制作、吊装见图 3.1-32。

图 3.1-30　清渣桶倾倒桶内沉渣

图 3.1-31　清水清洗清渣桶

图 3.1-32　钢筋笼制作与安放

图 3.1-33　灌注导管孔口安装

（3）钢筋笼安放完毕后，安放灌注导管，采用直径 $\phi300$ 导管，下放至距孔底 30～50cm 位置。灌注导管安装见图 3.1-33。

5. 测量孔底沉渣厚度

（1）导管下放完毕，混凝土罐车到达现场后，再次采用测绳测量桩孔孔底沉渣厚度，确定是否满足设计要求。

（2）若沉渣厚度满足要求，则上报监理下达灌注令；若沉渣厚度不满足要求，则进行二次清孔。

6. 清渣头气举反循环导管内二次清孔

（1）孔底沉渣厚度不满足设计要求时，采用气举反循环清渣头对孔底沉渣进行二次清孔。

（2）清渣头二次清孔的实质是将孔底沉渣悬浮，操作时将清渣头的高压风管口与空压机气管连接，采用吊车将清渣头放入灌注导管内，直至孔底位置，然后再上提 30～50cm。

（3）开启空压机，开始套管内泥浆气举反循环；泥浆循环过程中，派专人在操作平台上观察套管内泥浆循环情况；循环期间，可上下移动清渣头的位置，确保清渣悬浮效果。

（4）在二次清孔约 10～15min 后，关闭空压机，将测量绳放入孔底测量沉渣厚度，孔底沉渣厚度满足要求后，将清渣头吊出孔，并立即灌注混凝土。

清渣头安装见图 3.1-34，清渣头吊入灌注导管见图 3.1-35，清渣头循环完毕吊出导管见图 3.1-36。

图 3.1-34 清渣头安装

图 3.1-35 清渣头吊入导管

图 3.1-36 清渣头吊出导管

7. 灌注混凝土

（1）孔底沉渣厚度满足要求后，快速完成孔口灌注斗安装，立即开始灌注混凝土，最大限度地缩短准备时间。

（2）采用强度等级为 C35 的商品混凝土进行水下灌注。

（3）灌注混凝土采用料斗吊灌，初灌斗容量为 $3m^3$，保证初灌混凝土面上升高度超过导管底部 0.5m 以上。灌注桩身混凝土见图 3.1-37。

（4）灌注混凝土时，在每辆混凝土罐车卸料完毕后，对桩孔内混凝土面上升高度进行测量，根据埋管深度及时拆管，确保灌注时导管埋深 2～4m，最大不超过 6m。

（5）边灌注混凝土边拔出套管，在拔出每节套管后及时测量混凝土面高度，保证套管最下端在混凝土面以下足够的深度；由于本项目处于岩溶发育区，套管最下端在混凝土面以下不少于 8m，避免混凝土在溶洞段渗漏而造成孔内灌注事故。

图 3.1-37 灌注桩身混凝土

3.1.8　材料与设备

1. 材料

本工艺所使用的材料主要有：卸扣、钢丝绳、风管。

2. 主要机械设备

本工艺所涉及设备主要有全回转钻机、履带吊、清渣筒、清渣头、空压机、冲抓斗、捞渣斗、十字冲锤等，详见表3.1-2。

主要机械设备配置表　　表3.1-2

设备名称	型　号	数　量	备　注
全回转钻机	JAR260H	1台	灌注桩成孔
履带吊	120	1台	配合全回转钻机成孔、清渣、灌注混凝土
清渣筒		1个	一次清孔
清渣头		1个	二次清孔悬浮沉渣
空压机	KSDY-12.5/10	1台	配合清渣桶、清渣头在套管内清渣
冲抓斗		1个	抓取套管内桩土
捞渣斗		1个	捞取套管内虚土
十字冲锤		1个	冲碎孤石、硬岩

3.1.9　质量控制

1. 全套管全回转成孔

(1) 测量人员测放桩位中心点，用全套管全回转钻机对准中心点后，再次进行测量复核，复核结果满足要求方可进行钻进施工。

(2) 全套管全回转钻机施工时，采用自动调节装置调整钻机水平，并在钻机旁边安置铅垂线或经纬仪，随时进行套管垂直度校正，保证成孔垂直度满足设计要求。

(3) 全回转成孔时，由专人记录成孔深度并根据深度及时连接下一节套管，保证套管深度比当前成孔深度长2m。

(4) 钢套管采用螺栓连接，连接采用初拧，复拧，保证连接牢固。

(5) 遇孤石时采用十字冲锤破碎后再使用冲抓斗抓取。

2. 清渣桶套管内一次清孔

(1) 孔深大于50m，选择清渣桶25mm高压风管；孔深小于50m，选择20mm高压风管。

(2) 清渣桶高压气管连接空压机气管后开启空压机，观察空压机气管有无渗漏、异常声响，无异常方可将清渣桶吊入套管内进行清孔。

(3) 清渣桶在套管内清孔时，由专人监控，根据反循环情况及时调整气压大小。

(4) 套管内泥浆较少时及时加清水入套管内，保证套管内正常进行循环。

(5) 清渣桶在套管内循环15min后间歇，静止沉淀后将沉渣倒出，倒出沉渣后用清水将清渣桶清洗干净。

(6) 清渣多次循环清渣、倒渣直至无沉渣后，再进行下一道工序。

3. 清渣头套管内二次清孔

（1）清渣头高压气管连接空压机后开启空压机，观察空压机气管有无渗漏、异常声响，无异常方可将清渣桶吊入套管内进行清孔。

（2）清渣头进行反循环过程中可上下移动清渣头的位置，确保沉渣悬浮效果。

（3）清渣头反循环约 5～10min 后，关闭空压机，将钢筋头放至孔底测量沉渣厚度，沉渣厚度满足要求立即灌注混凝土。

3.1.10 安全措施

1. 全套管全回转作业

（1）履带吊、全套管全回转钻机由持证专业人员操作。

（2）履带吊施工时，严禁无关人员在履带吊施工半径内。

（3）套管接长和钢筋笼吊装操作时，指派专人现场指挥。

（4）全回转钻机孔口平台设置安全护栏，确保平台上作业人员的安全。

（5）每天班前对冲抓斗配置的钢丝绳进行检查，对不合格钢丝绳及时进行更换。

2. 清孔作业

（1）清孔时，选用适量的空压机，确保清孔效果。

（2）空压机由专业人员现场操作。

（3）每次使用空压机进行清孔前，对空压机气管进行漏气检查，对有漏气现象的气管进行更换，更换过后再次检查有无漏气现象。

3.2 无充填溶洞全回转钻进灌注桩钢筋笼双套网成桩技术

3.2.1 引言

在喀斯特岩溶发育区，一般地质结构比较复杂，溶洞、裂隙普遍发育。溶洞一般有单个、多层（串珠状）溶洞，有小溶洞（洞高≤3m）、大溶洞（洞高＞3m），有全充填、半充填、无充填溶洞；裂隙发育表现为溶沟、溶槽、石笋、石芽发育，具体特征为岩面倾斜较大。在岩溶发育区灌注桩施工，一般最常见采用冲击和旋挖钻进成孔工艺，在成孔过程中由于岩面倾斜常造成钻头受力不均匀，易发生斜孔、卡钻、掉钻，冲击钻进需要反复回填块石、黏土进行纠偏，旋挖钻进时则需要采用灌注混凝土处理偏孔，造成钻进成孔困难；而当遇到溶洞尤其是无充填的大溶洞时，易发生泥浆渗漏、垮孔，严重的甚至造成地面塌陷；另外，在灌注桩身混凝土时，混凝土易沿溶洞发生充填，造成混凝土超灌量大，混凝土浪费造成施工费用高。以上这些因素，使得在岩溶发育区灌注桩成孔、成桩不可预见因素增多，既影响质量、进度，又存在较大的安全隐患。

2019 年 10 月，龙岗新霖荟邑花园桩基础工程开工，地勘资料显示，该场区为岩溶发育地层，勘察钻孔溶洞见洞率高达 66.7%，以单层、多层串珠溶洞分布，洞高小于 3m 的占 45%，洞高大于 3m 的占 55%，洞高最大 8.80m，桩基施工难度极大。针对上述问题，综合项目实际条件及施工特点，项目开展“喀斯特无充填溶洞灌注桩全回转钻进、钢筋笼双套网综合成桩施工技术”研究，通过使用全套管全回转钻进成孔，在钢筋笼外侧安装镀锌钢丝网与尼龙网，达到了成孔速度快、成桩质量好、混凝土灌注量控制好的效果，并形成了施工新技术，取得显著的社会效益和经济效益，实现了质量保证，经济便捷，安全可靠的目标。

3.2.2 工艺特点

1. 钻进效率高

本工艺针对岩溶发育区的特点，采用全套管全回转钻机成孔，一次性解决钻孔护壁、溶洞漏浆、钻孔垂直度、斜岩处理、清孔等关键技术难题，无需反复处理，钻进成孔效率高。

2. 成桩质量好

本工艺采用全套管全回转钻进，全孔钢套管护壁，确保了溶洞段不漏浆，钻孔垂直度控制好，清孔效果好；钢筋笼采用镀锌钢丝网、密目尼龙网结构，有效解决了溶洞段套管起拔后灌注混凝土的大量扩散流失问题，成桩质量好。

3. 综合成本控制好

本工艺采用全套管全回转钻进，成孔效率高，节省了大量溶洞处理时间，保证了工期；同时采用钢筋笼双套管结构，有效控制了灌注混凝土流失，节省了大量的材料，总体综合成本控制好。

4. 保证现场文明施工

本工艺采用全套管全回转施工，现场不必预先准备大量的块石、黏土回填处理溶洞；采用全套管护壁，不必采用泥浆护壁，减小了泥浆循环系统的布设，以及泥浆的使用量；全回转冲抓捞取的渣土含水量低，便于及时外运，为现场文明施工创造了条件。

3.2.3 适用范围

适用于岩溶发育地区灌注桩成孔、灌注成桩施工，尤其适用于溶洞高度大于3m、无充填、串珠溶洞的灌注桩施工。

3.2.4 工艺原理

本工艺所述的岩溶发育区灌注桩施工方法，其关键技术主要包括以下两部分，一是采用全套管全回转钻机成孔，用全套管护壁，避免溶洞漏失对成孔的影响；二是在钢筋笼外侧安装钢丝网、密目尼龙网的双套网结构，在护筒起拔后能有效阻挡混凝土的大量扩散，确保桩身混凝土的有限超灌量，保证桩身质量。

1. 全套管全回转钻进

全套管全回转钻进是利用钻机具有的强大扭矩驱动钢套管钻进，利用套管底部的高强刀头对土体进行切割，并利用全回转钻机下压功能将套管下压，同时采用冲抓斗挖掘并将套管内的渣土掏出，并始终保持套管底超出开挖面，套管钻进同时又成为钢护筒全过程护壁，有效阻隔了钻孔过程中溶洞的影响。

当钻进至溶洞顶灰岩面时，采用冲击与冲抓相结合的取土工艺，即采用冲锤在套管内冲击碎岩，并采用冲抓斗捞渣；反复冲击破碎修孔，并用钻机回转钻进、下压套管，直至套管下至桩端持力层。

钻孔完成后，立即测量孔深、确认持力层，满足要求后进行一次捞渣斗清孔，安装钢筋笼和灌注导管后，采用气举反循环工艺二次清孔，最后灌注混凝土成桩；灌注桩身混凝土的过程中，利用全回转钻机的起拔力将钢套管分段拔出。

全套管全回转工艺原理见图 3.2-1～图 3.2-8。

图 3.2-1　钻机就位、套管吊装

图 3.2-2　回转钻机、下压套管

图 3.2-3　冲抓斗抓取套管内渣土

图 3.2-4　套管扣接驳加长

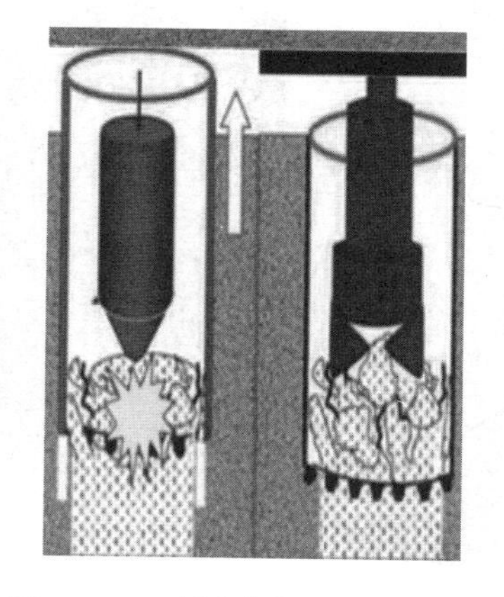

图 3.2-5　冲锤破岩、冲抓斗掏渣

图 3.2-6　全套管钻进至设计深度

图 3.2-7　套管内灌注桩身混凝土

图 3.2-8　钻机起拔护壁套管

2. 钢筋笼外侧安装双套网

由于受溶洞分布的影响，在灌注桩身混凝土时，尽管混凝土可通过添加速凝剂减缓其流动扩散，但水下混凝土具备一定的坍落度，灌注时溶洞段混凝土将向溶洞的空间进行扩散。为避免在护壁套管起拔后，桩身灌注混凝土的快速流失，本技术采用在钻孔溶洞分布段桩身钢筋笼外侧，设置了镀锌钢丝网、尼龙网两层结构，以有效减缓混凝土的快速扩散，减少混凝土的流失。

（1）镀锌钢丝网结构

钢筋笼制作按设计图纸加工，制作完成后根据成孔显示的溶洞顶、底埋深，按溶洞顶向上、溶洞底向下各延伸 1m 安装镀锌钢丝网，以确保阻隔混凝土扩散的有效性。钢筋笼安装镀锌铁见图 3.2-9。

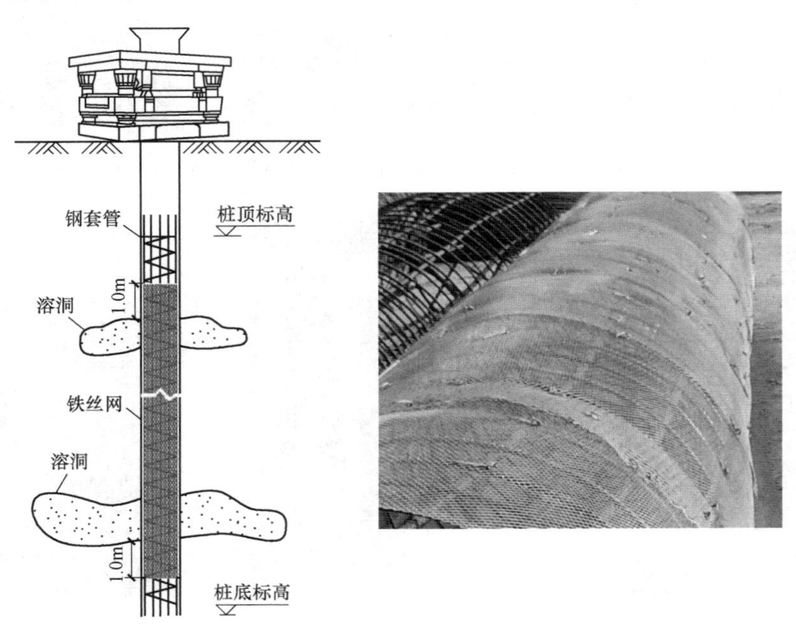

图 3.2-9 钢筋笼安装镀锌铁

（2）镀锌钢丝网选材

选用优质低碳钢丝，其通过精密的自动化机械技术电焊热镀锌加工制成，网面平滑整齐，结构坚固均匀，整体性能好；同时，钢丝网具有良好的柔韧性和可塑性，即使镀锌钢丝网局部裁截或局部承受压力也不致发生脱焊现象，依然可以有效阻挡混凝土的扩散；另外，镀锌后耐腐蚀性好，安全性高，耐久性强，满足其成为桩身混凝土内材料的要求。本技术选用热镀锌钢丝网，网孔呈菱形，丝径 0.9mm。镀锌钢丝网实物图与尺寸标识见图 3.2-10、图 3.2-11。

（3）镀锌钢丝网安装

镀锌钢丝网采用 20 号钢丝直接绑扎在钢筋笼上，梅花式绑扎，横向和竖向搭接处覆盖 20cm。

3. 密目尼龙网

（1）钢筋笼安装镀锌钢网能有效减少溶洞段混凝土粗粒碎石向钢筋笼外侧扩散，但水

图 3.2-10 镀锌钢丝网实物图

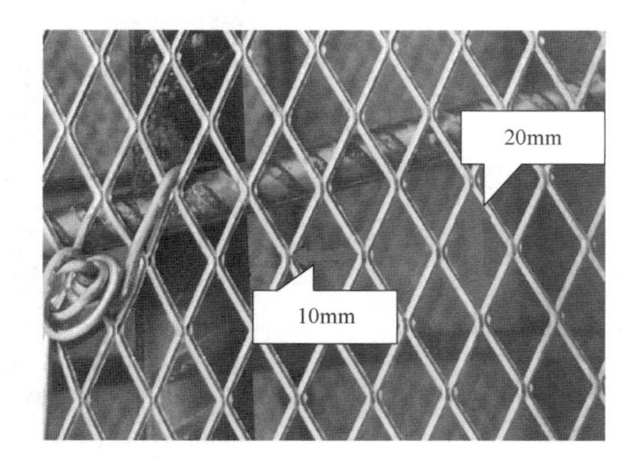

图 3.2-11 镀锌钢尺寸标识图

泥浆、砂、碎石等细粒径材料容易外流，造成混凝土离析。为此，在镀锌钢丝网外侧加设一层密目尼龙网，以进一步阻隔混凝土向钢筋笼外侧流动，保证钢筋笼内混凝土的整体性和桩身完整性。

（2）密目尼龙网材质为 HDPE 高密度聚乙烯，网目密度为 2000 目/100cm^2，具有韧性高、弹性好、耐腐蚀特点。

（3）尼龙网安装采用兜底法包裹钢筋笼和镀锌钢丝网，并采用钢丝按 2m 间距将尼龙网固定在镀锌钢丝网上，尼龙网的安装长度为钢筋笼底至镀锌钢丝网顶端齐平。尼龙网安装及灌注混凝土效果示意见图 3.2-12，现场安装见图 3.2-13、图 3.2-14。

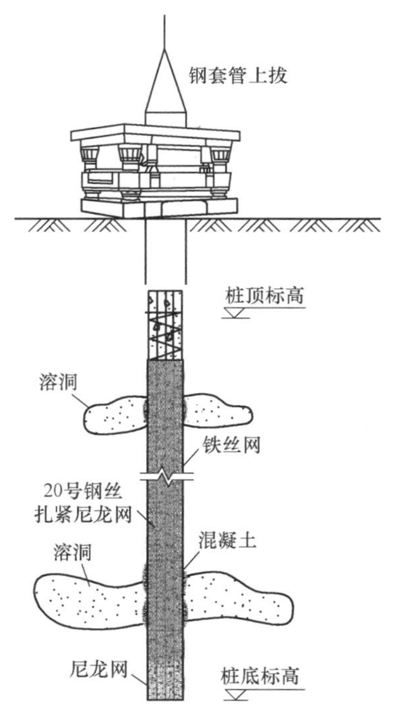

图 3.2-12 尼龙网安装及灌注混凝土效果示意图

图 3.2-13 钢筋笼镀锌钢网外侧安装密目网

图 3.2-14　密目网安装完成实物

3.2.5　施工工艺流程

喀斯特无充填溶洞全回转钻进灌注桩钢筋笼双套网综合成桩施工工艺流程见图 3.2-15。

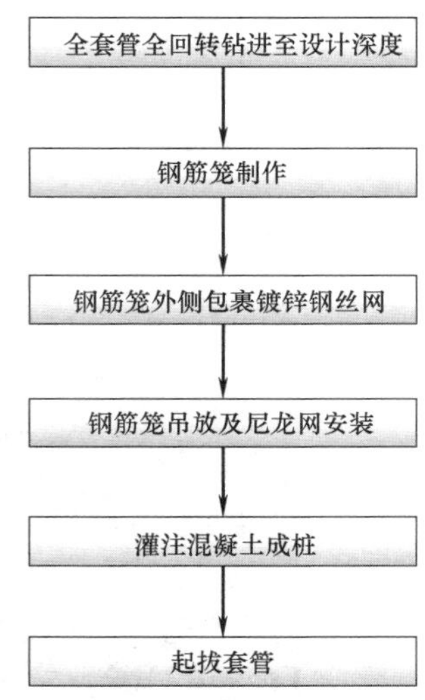

图 3.2-15　无充填溶洞全回转钻进灌注桩钢筋笼双套网成桩施工工艺流程图

3.2.6　操作要点

1. 全套管全回转钻进

（1）采用景安重工 JAR260H 全回转钻机与特制钢套管，套管直径 ϕ1000，配套 120 型履带吊车、220 型挖掘机等。全套管全回转钻机及配套设备见图 3.2-16、图 3.2-17。

图 3.2-16　全套管全回转钻机及配套设备

图 3.2-17　全回转套管及合金管靴

（2）使用全套管全回转钻机与专门配备的液压动力站，将带特制刀头钢套管回转切入，同时使用冲抓斗取土；遇块石、孤石或硬质夹层时，使用十字冲锤冲碎后再使用冲抓进行抓取。全套管全回转抓斗取土见图 3.2-18、十字冲锤实物见图 3.2-19、套管内抓取的灰岩和溶洞内填充物见图 3.2-20。

图 3.2-18　全套管全回转钻进冲抓斗取土

图 3.2-19　十字冲锤实物图

图 3.2-20　套管内抓取的灰岩和溶洞内填充物

（3）抓斗取土时保证套管超过成孔深度 2m 左右，当每节套管压入桩孔内到在钻机平台上剩余 50cm 时，及时接入下一节套管以满足成孔需求。套管吊装孔口连接见图 3.2-21。

（4）在钻进至溶洞附近时放慢成孔速度，使用全回转钻机夹紧套管以防止套管下沉；钻进过程专人记录溶洞位置，并计算出钢筋笼需安装镀锌钢网及密目网长度；穿过溶洞后，继续成孔至持力层面，在完成岩层判定后，成孔直至达到设计入岩深度，并与监理、业主等单位进行终孔验收；终孔验收后，使用捞渣斗进行孔内捞渣，捞渣斗捞渣见图 3.2-22。

图 3.2-21　套管吊装孔口连接

图 3.2-22　全套管全回转钻进捞渣斗清渣

2. 钢筋笼制作

（1）为便于吊装，底笼长度小于 24m，根据实际成孔深度确定钢筋笼总长度后制作剩余钢筋笼；钢筋笼制作完毕后，由监理、业主进行质量验收，合格后安装镀锌钢网。钢筋笼制作见图 3.2-23。

（2）钢筋笼底笼底部采用钢筋焊接成井字形，初灌混凝土可完全覆盖底部网状结构，有效防止灌注混凝土时的钢筋笼上浮现象。钢筋笼底部防止上浮井字形结构见图 3.2-24。

（3）为确保钢筋笼保护层厚度，采用在钢筋笼体分段设置混凝土保护层垫块，每层 3 块，确保钢筋笼居中安放。钢筋笼安装垫块与垫块实物见图 3.2-25。

3. 钢筋笼外侧安装镀锌钢网

（1）钢筋笼验收合格后，根据实际成孔计算出所需安装镀锌钢网长度，在钢筋笼外侧

图 3.2-23 钢筋笼制作

图 3.2-24 钢筋笼底部防止上浮井字形结构

图 3.2-25 钢筋笼安装垫块

进行安装；如 493 号桩，其勘察资料显示在 10.0m 与 25.5m 处有溶洞，根据终孔资料确定在钢筋笼上安装 18.0m 长镀锌钢丝网。493 号桩钻孔现场施工记录见图 3.2-26，钢筋笼安装镀锌网设置见图 3.2-27。

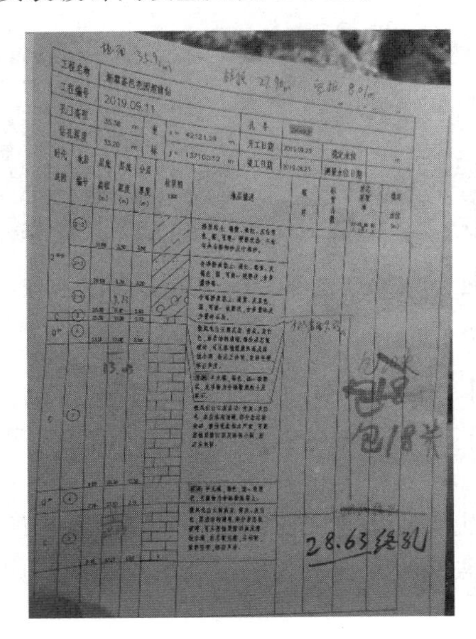

图 3.2-26 493 号桩钻孔终孔技术参数

图 3.2-27　493 号桩孔钢筋笼镀锌钢丝网

（2）镀锌钢丝网制作时，采用电动剪根据需要裁剪。

（3）采用 20 号钢丝将镀锌钢网固定在钢筋笼外侧，以梅花形点状绑扎。

（4）钢丝网分段搭接处采用重叠安装，重叠不少于 20cm，具体见图 3.2-28。

（5）对于现场揭示无充填的大溶洞，根据现场实际经验，可采用双层钢丝网结构，最大限度地减少混凝土扩散至溶洞。双层钢丝网安装设置见图 3.2-29。

图 3.2-28　钢丝网重叠搭设

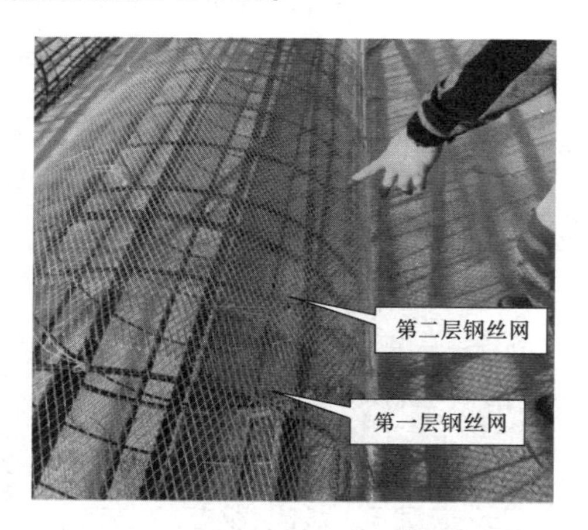

图 3.2-29　大溶洞段钢筋笼安装两层钢丝网

4. 钢筋笼吊放及尼龙网安装

（1）钢筋笼制作完成后，采用吊车吊放，见图 3.2-30；钢筋笼吊钩位置处，采用开口设置，并预留封口镀锌钢丝网，待吊钩卸除后进行封闭，避免钢丝网缺失。钢筋笼吊放见图 3.2-31。

（2）钢筋笼吊放入孔之前，根据实际成孔计算出密目尼龙网安装长度，并剪裁出所需密目尼龙网套在套管孔口；尼龙网采用兜住钢筋笼底同步全程包裹设置，尼龙网间采用穿钢丝线连接密封，孔口尼龙网铺设见图 3.2-32。

（3）将钢筋笼吊放到套管内下放，下放的同时伴随尼龙网同步下放；钢筋笼下放至吊

图 3.2-30　钢筋笼吊钩处设置

图 3.2-31　钢筋笼吊放

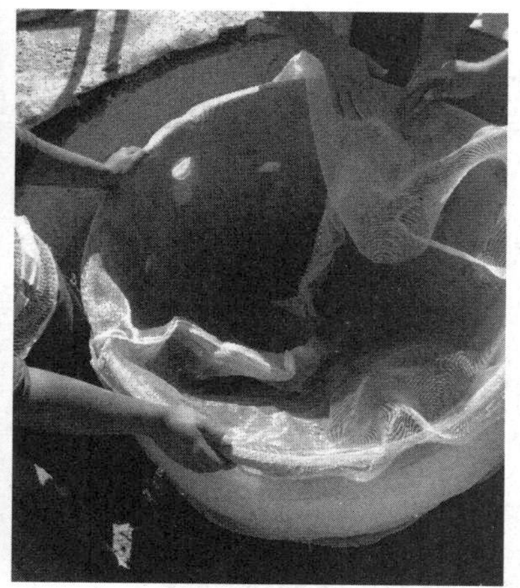

图 3.2-32　孔口尼龙网铺设

钩处时，采用吊车辅助作业将吊钩卸除，并恢复吊钩处钢丝网覆盖、密封，避免出现漏洞造成混凝土漏失。钢筋笼吊钩处恢复钢丝网见图 3.2-33。

图 3.2-33　钢筋笼套管内下放至吊钩处卸钩恢复钢丝网

图 3.2-34　尼龙网绑扎固定在钢筋笼上套口绑扎固定

（4）钢筋笼在套管内持续下放，尼龙网连续包裹钢丝网，钢筋笼下放至镀锌钢丝网顶端位置后，停止下放，并用钢丝将尼龙网四周绑扎在钢筋笼上。钢丝网顶部尼龙网绑扎固定见图 3.2-34。

（5）密目网上部套口扎紧后将钢筋笼缓慢向上提起，每隔 2m 用钢丝将密目网四周绑扎在钢筋笼上，避免灌注混凝土上拔套管时在溶洞段产生混凝土渗漏，并观察钢筋笼底部的包裹情况，有多节钢筋笼时，预留出钢筋连接处不安装镀锌钢网，在钢筋笼搭接完成后再安装；全部钢筋笼吊放并安装尼龙网后，再将钢筋笼下放至孔内。钢筋笼上每隔 2m 间距用钢丝绑扎固定尼龙网见图 3.2-35，钢筋笼底部检查尼龙网包裹情况见图 3.2-36。

图 3.2-35　尼龙网钢丝绑扎固定

图 3.2-36　钢筋笼底部尼龙网包裹

5. 灌注混凝土成桩

（1）为避免钢筋笼安装钢丝网后，混凝土粗骨料被钢丝网阻挡造成混凝土离析，搅拌站严格按配合比配制混凝土，控制好细石粗骨料的用量和粒径，现场对每罐车混凝土进行检查，保证灌注质量。

（2）钢筋笼下放完毕并测量孔底沉渣厚度满足要求后，快速完成孔口灌注斗安装，立即开始灌注混凝土，最大限度的缩短准备时间。

（3）采用强度等级为 C35、坍落度为 18～22cm、抗渗等级为 P8 的细石混凝土进行水下灌注，混凝土可适量添加速凝剂，减少混凝土的流动。

（4）灌注混凝土用料斗吊灌，根据桩径及导管埋设深度采用 $3m^3$ 初灌斗灌注，以确保初灌时混凝土面上升高度超过导管底部 0.8m 以上。灌注桩身混凝土见图 3.2-37。

（5）混凝土灌注时，控制混凝土灌注速度，尤其在溶洞分布段，采用慢速回顶灌注法，并定时观察、测量套管内混凝土面的上升高度，在每辆混凝土罐车卸料完毕后，对桩孔内混凝土面上升高度进行测量，根据埋管深度及时拆管，确保灌注时导管埋深 2～4m，最大不超过 6m。

（6）混凝土灌注过程中，保持连续作业，防止堵管；至桩顶标高时，超灌 80～100cm，以确保桩顶混凝土强度满足设计要求。

6. 起拔套管

（1）边灌注混凝土边拔出套管，在拔出每节套管后及时测量混凝土面高度，保证套管最下端在混凝土面以下足够的深度，尤其在溶洞分布段，套管最下端在混凝土面以下埋管深度要求不少于 10m，避免混凝土在溶洞段渗漏而造成孔内灌注事故。

（2）起拔套管采用全套管全回转钻机自带的顶力起拔，并使用吊车辅助起拔，套管起拔见图 3.2-38。

图 3.2-37 桩身混凝土大斗初灌

图 3.2-38 全套管全回转灌注起拔套管

3.2.7 材料与设备

1. 材料

本工艺所使用的材料主要有：钢丝网、尼龙网、钢丝。

2. 主要机械设备

本工艺所涉及设备主要有全回转钻机、履带吊、挖机、空压机、电焊机、冲抓斗、捞渣斗、十字冲锤等，详见表 3.2-1。

主要机械设备配置表 **表 3.2-1**

设备名称	型号	数量	备注
全回转钻机	JAR260H	1 台	灌注桩成孔
履带吊	120	1 台	配合全回转钻机成孔、清渣、灌注混凝土
挖机	220 型	1 台	转运成孔渣土

续表

设备名称	型　　号	数　　量	备　　注
空压机	KSDY-12.5/10	1台	配合清渣桶、清渣头在套管内清渣
电焊机	ZX7-400	6台	焊接钢筋笼
冲抓斗	直径1m	1个	抓取套管内桩土
捞渣斗	直径1m	1个	捞取套管内虚土
十字冲锤	直径1m	1个	冲碎孤石

3.2.8　质量控制

1. 全套管全回转成孔

（1）测量人员测放桩位中心点，用全回转钻机底盘中心点对准桩位后，再次进行测量复核，复核结果满足要求后进行钻进施工。

（2）全套管全回转钻机施工时，采用自动调节装置调整钻机水平，并在钻机旁边安置铅垂线或经纬仪进行套管垂直度校正，保证成孔垂直度满足设计要求。

（3）全回转成孔时，由专人记录成孔深度并根据深度及时连接下一节套管，保证套管深度比当前成孔深度长2m。

（4）钢套管采用螺栓连接，连接采用初拧、复拧，保证连接牢固。

（5）遇孤石时采用十字冲锤破碎后再使用冲抓斗抓取。

2. 钢筋笼安装镀锌钢丝网

（1）根据现场实际成孔记录溶洞位置，计算所需钢丝网长度。

（2）根据现场实际成孔、溶洞大小确定钢筋笼外侧装一层或双层钢丝网。

（3）钢丝网在钢筋笼上安装时，采用铁丝进行梅花形点状绑扎。

（4）钢丝网重叠部分绑扎牢固。

（5）根据钢筋笼长度确定吊点后，钢丝网在吊点处进行开口设置，待钢筋笼下放至桩孔内卸除吊钩后进行封闭处理。

（6）钢筋笼有多节时，提前预留出钢筋笼对接区域不安装钢丝网，待钢筋笼在孔口处对接完毕后再安装钢丝网。

3. 钢筋笼安装尼龙网

（1）根据现场实际成孔记录溶洞位置并严格计算好所需尼龙网长度。

（2）钢筋笼吊放至桩孔时采用兜底法安装尼龙网。

（3）钢筋笼下放至钢丝网顶端距离孔口1m时，将尼龙网用钢丝扎紧在钢筋笼上，扎紧完毕后提升钢筋笼，每隔2m用钢丝将尼龙网在钢筋笼上扎紧。

4. 灌注桩身混凝土

（1）初灌混凝土量满足导管埋深要求。

（2）灌注至桩孔溶洞段时，控制灌注速度，并定期测量套管内混凝土上升面，计算导管埋管深度，确保灌注时套管埋管不少于10m，防止溶洞段扩散混凝土快速下降，造成断桩。

（3）套管起拔时，采用慢速间歇起拔，防止混凝土对钢丝网和尼龙网的瞬时压力过大。

3.2.9　安全措施

1. 全套管全回转成孔

（1）全回转钻机操作人员、履带吊操作人员进行技术交底与专项培训后持证上岗。

（2）履带吊吊装作业时严禁无关人员在履带吊施工半径内，吊装需由起重机司索工指挥方可起吊。

（3）冲抓斗在指定地点卸土时，做好警示隔离，无关人员禁止进入。

（4）施工现场有雷电、中雨及以上时，立即停止全回转成孔、钢筋笼下放桩孔、混凝土灌注等施工作业，并用防雨布盖在桩孔上。

（5）每日施工前检查履带吊等设备钢丝绳是否有破损，对有破损的钢丝绳及时更换。

（6）在全套管全回转钻机上作业时，钻机平台四周设置安全防护栏，无关人员严禁登机。

2. 钢筋笼安装镀锌钢丝网

（1）钢筋笼外侧安装镀锌钢丝网在钢筋笼验收后进行，严禁边焊接螺旋筋边安装镀锌钢丝网。

（2）根据钢筋笼长度计算出吊点位置，在镀锌钢丝网上开口留出吊点位置，待钢筋笼下放后再安装镀锌钢丝网。

（3）镀锌钢丝网安装完毕后由司索工指挥起吊。

（4）有多节钢筋笼时，在孔口焊接对接，由专业焊工操作。

3. 钢筋笼安装尼龙网

（1）尼龙网在钢筋笼吊装前在套管口安装，严禁将钢筋笼吊装至孔口上方时再安装尼龙网。

（2）尼龙网跟随钢筋笼同步下放时全程由司索工指挥。

3.3　旋挖与全回转钻组合装配式辅助钢结构平台钻进技术

3.3.1　引言

全套管全回转钻机是一种新型、环保、高效的钻进技术，其工作原理是利用回转装置边回转套管边压入，同时利用冲抓斗挖掘取土，直至套管下沉至桩端持力层为止，近年来已得到了广泛应用。

全套管全回转钻机在施工时，通常采用钢丝绳提升冲抓斗出土，对于深度较大的桩孔出土耗费时间太长，效率大大受限；同时，对于硬岩钻进，全回转钻机需要先采用冲锤破碎，再用冲抓斗出渣，破碎速度慢、综合效率较低。为了提高全套管全回转钻机的施工效率，实际施工中采用旋挖钻机配合，在套管内钻进取土的施工工艺。但由于全套管全回转钻机整体高度在 2～3m，使得旋挖机与全回转钻机工作面存在较大的高差，不利于旋挖机操作。

为提高全套管全回转钻进效率，解决旋挖钻机与全回转钻机组合施工存在的作业面高差问题，现场多采用以下三种作业方式。

1. 填土垫高旋挖钻机作业面

在施工现场采用挖掘机填土堆高，修筑临时旋挖钻机作业平台，以满足旋挖钻机作业需求；这种方法需要反复挖填，重复工作量大，耗时耗工，且临时填土修筑的平台稳定性差，不益于旋挖钻机平稳作业。具体堆填旋挖钻机作业情况见图 3.3-1。

图 3.3-1 填土堆高修筑临时旋挖钻机作业平台

2. 降低全回转钻机位置

在施工现场采用挖掘机开挖，有效降低全回转钻机的高度，用以满足旋挖机作业需求；这种下沉式挖坑降低标高的方法简单易行，但形成的下沉坑容易积水，使场地填土泡水发生变形而影响全套管垂直度，也造成现场文明施工条件差。具体挖坑下沉降低全回转钻机标高的情况见图 3.3-2。

图 3.3-2 挖坑降低全回转钻机标高

3. 自制临时平台

专门设计一种旋挖钻机配合全回转钻进的临时平台，以满足现场旋挖钻机作业需求；这种平台采用角钢、槽钢焊接制作，但属于临时构件，旋挖钻机爬升坡面短、角度较大，且作业面宽度较小，存在一定的安全隐患，具体见图 3.3-3。

为确保旋挖钻机配合全回转钻进作业的安全，我们设计制作了一种装配式钢结构作业平台，经各种作业条件工况的实际使用，达到安全、稳定、经济的效果，见图 3.3-4。

图 3.3-3 旋挖钻机配合全回转钻机作业平台

图 3.3-4 旋挖钻机配合全回转钻机作业的钢结构平台

3.3.2 工艺特点

1. 安全稳定性好

(1) 本平台采用钢结构、桁架式设计，结构安全可靠，承重能力强。

(2) 采用缓坡设计，满足旋挖钻机爬坡安全要求。

(3) 平台与地面接触面积是履带的 1.5 倍以上，可以提升旋挖机作业时的稳定性，不易倾覆，自身稳定性好、安全可靠。

2. 制作、使用便利

(1) 本平台采用标准的工字钢、钢管和钢板焊接而成，可在施工现场进行制作。

(2) 本平台采用模块装配式设计，钢管法兰连接，安装、拆卸方便；组装完成后重量轻，两侧设计有吊环，可通过吊车移位，使用简便。

3. 经济性好

(1) 本平台用钢量 26t，作业平台总造价 10 万元。

(2) 本平台通过简单拆卸即可装车，总长度 15m，道路运输费用低。

(3) 能重复使用，具有较高的经济性。

3.3.3 平台结构

1. 技术线路

旋挖钻机配合全套管全回转钻机钻进作业，其工艺特征是利用全套管全回转钻机下入护壁钢套管护筒，采用旋挖钻机在套管内钻进，充分发挥旋挖钻进速度快、地层适应性强的特点和优势，提升钻进综合效率，是一种组合配套施工新技术。

本技术主要是为了解决旋挖钻机和全套管全回转钻机的工作面存在较大高差，影响旋挖机操作的问题。为此，设想发明一种作业平台，技术路线如下：

(1) 设计一种旋挖钻机配合全套管全回转钻机钻进作业的平台，旋挖钻机在平台上作业，提升其作业面高度，保持与全套管全回转钻机孔口位置适当。

(2) 平台采用钢结构设计，确保作业平台的结构稳定和使用安全；平台结构与旋挖钻机两条行走履带结构相对应，两个履带平台通过钢管连接使用；履带平台采用钢板、型钢制作，采用无缝钢管螺栓连接，其结构设计除满足旋挖机的设备自重荷载外，还需满足施工过程中提升阻力和载土重量等附加荷载。

(3) 履带平台由钻机斜坡爬升段和平直工作段组成，旋挖机可以行驶爬坡至工作平台上，爬坡角度满足旋挖机安全坡度要求。

(4) 履带平台平直段的尺寸，比旋挖钻机履带宽度和长度略大，确保旋挖钻机完全坐落在履带平台上作业。

(5) 平台采用模块式、装配式设计，方便现场安装、拆除、转场运输。

拟设计的钢结构平台见图 3.3-5，钢结构平台实物见图 3.3-6。

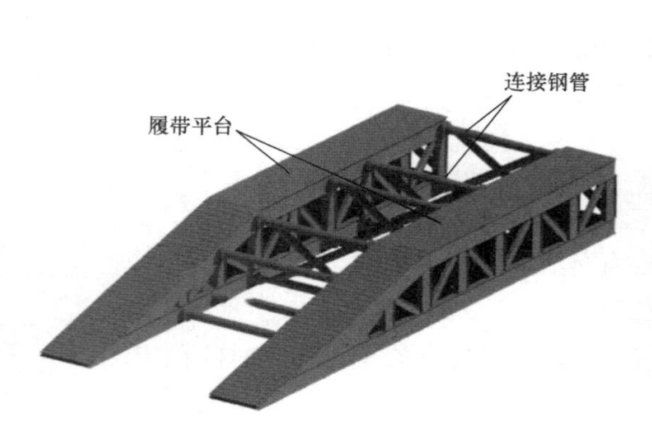

图 3.3-5 旋挖与全套管全回转钻机组合钻进作业的装配式钢结构平台 3D 示意图

图 3.3-6 旋挖与全套管全回转钻机组合钻进作业的装配式钢结构平台实物

2. 平台设计依据

(1) 常见设备技术参数

全套管全回转钻机以徐州景安重工 JAR260H 为例，其设备高度 3.295m，见图 3.3-7；配合使用的旋挖机以市场常用的山河智能、三一重工、德国宝峨为参考，工作最大荷载为旋挖机自重与工作时最大荷载之和除以履带受力面积，相关机械参数见表 3.3-1。

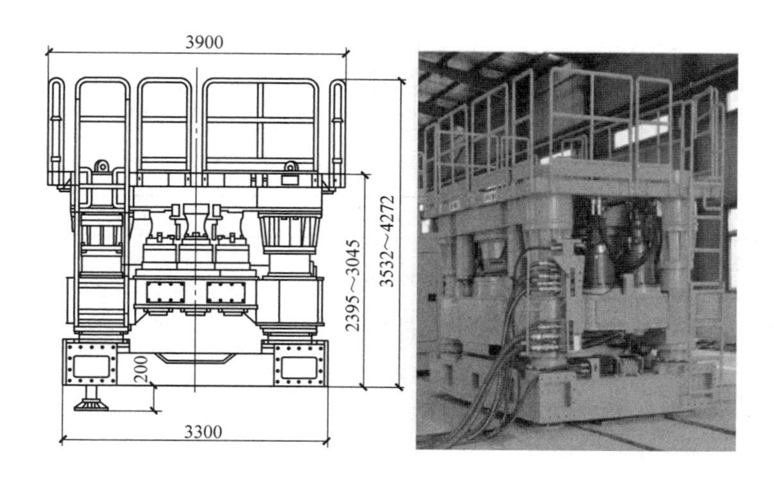

图 3.3-7 景安 JAR260H 全套管全回转钻机尺寸及实物图

常用旋挖钻机技术参数表 **表 3.3-1**

参数 型号	工作重量（t）	最大提升力（kN）	最大爬坡角度（°）	履带参数				工作最大荷载（kN/m²）
				长度（m）	宽度（m）	高度（m）	工作展开宽度（m）	
山河智能 SWDM550	202	600	15	7.64	1	3.1	6	168.82
山河智能 SWDM450	158	480	15	7.03	0.9	3.1	5	160.30
三一重工 SR485R	174	600	15	6.6	0.9	3.1	4.9	194.04
三一重工 SR445R	162	560	15	6.6	0.8	1.0	4.9	203.37
宝峨 BG55	160	450	15	6.9	0.9	3.1	5	162.48
宝峨 BG45	138	380	15	6.7	0.8	1.0	4.8	161.60

（2）旋挖钻机最大技术参数

为使工作平台最大限度的满足各类型旋挖钻机的正常使用，根据表 3.3-1 所列出的常用旋挖钻机的各项技术参数，选择各参数最大值作为平台的基础额定参考值，具体见表 3.3-2。

旋挖钻机设备最大参数值 **表 3.3-2**

序号	旋挖钻机设备最大特征值	取值	备　注
1	旋挖钻机最大荷载	203.37kN/m²	工作最大荷载为三一重工 SR445R，计算式：(162×9.8+560)/(6.6×0.8×2)=203.37kN/m²
2	旋挖机履带长度	7.64m	
3	旋挖机履带高度	1m	
4	全回转钻机高度	3m	按平均高度计
5	旋挖机履带宽度	1m	
6	旋挖机最大展开宽度	6m	两条履带外边之间的距离
7	旋挖机爬坡行驶安全角度	不大于 15°	

(3) 平台设计参数选择

根据表3.3-1相关设备的技术数据，为确保工作平台能最大限度地满足不同型号设备的使用需求，本平台需满足相应的设备特征值及设计数据，主要参数选取见表3.3-3。

工作平台能力设计参数表　　表3.3-3

序号	平台设计参数	取　值	备　注
1	最大荷载	630.45kN/m²	203.37×3.1=630.45kN/m² (3.1为安全系数)
2	履带平台工作段和爬坡段长	8m	
3	平台高度	2m	
4	平台钻机履带行驶宽度	1.5m	
5	平台整体宽度	6.5m	根据钻机类型，通过连接钢管调整
6	旋挖机爬坡安全角度	不大于15°	

3. 平台结构设计

(1) 平台组成

该平台由两个履带平台通过若干连接钢管组成，具体见图3.3-8、图3.3-9。

图3.3-8　履带平台

图3.3-9　平台连接钢管

(2) 履带平台结构设计

按表 3.3-3 的设计参数，设计履带平台总长度 15.1m（其中工作段长度 8m），宽度 1.5m、高度 2m、坡度为 15°；履带平台由底层、支撑层、面层组成，其制作材料面层和底层均为 2cm 钢板，中间支撑层由 45b、20b 工字钢焊接而成。履带平台结构如图 3.3-10 所示。

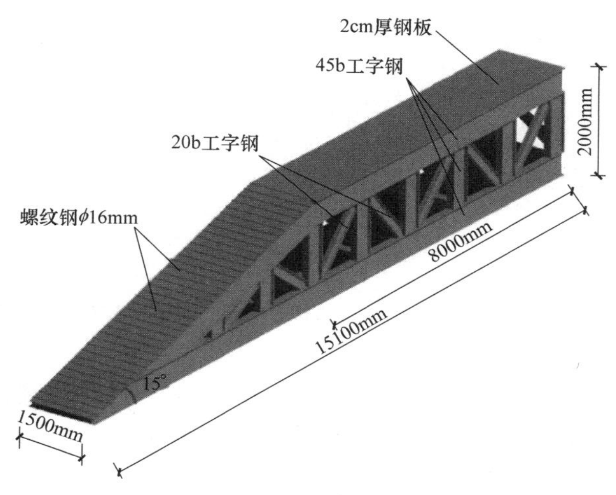

图 3.3-10 履带平台组成设计示意图

(3) 履带平台材料组成

按照履带平台结构设计，其制作流程及材料组成见图 3.3-11、表 3.3-4。

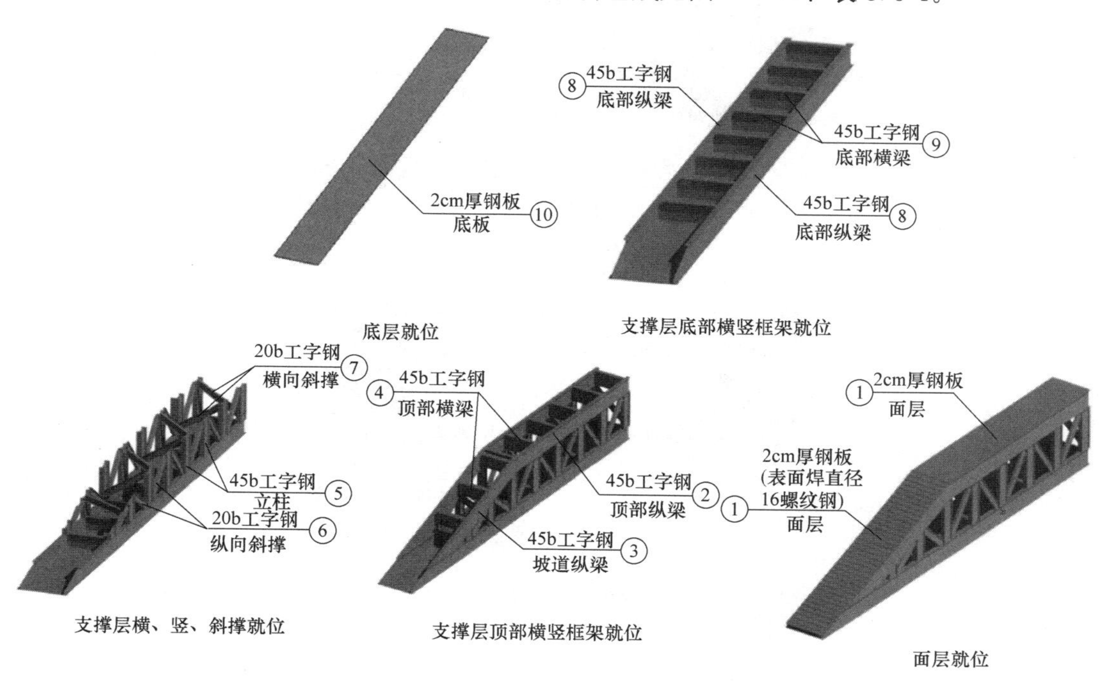

图 3.3-11 履带平台制作流程及材料组成分解示意图

单个履带平台材料统计表　　　　表 3.3-4

组成		编号	材料	使用部位	数量	备注
面层		①	20mm 厚钢板	面层	2	坡道表面焊接 ϕ16 螺纹钢筋
支撑层	顶部横竖框架	②	45b 工字钢	顶部纵梁	2	
		③	45b 工字钢	坡道纵梁	2	
		④	45b 工字钢	顶部横梁	9	
	横、竖、斜撑	⑤	45b 工字钢	立柱	16	
		⑥	20b 工字钢	纵向加固斜撑	14	
		⑦	20b 工字钢	横向加固斜撑	7	
	底部横竖框架	⑧	45b 工字钢	底部纵梁	2	
		⑨	45b 工字钢	底部横梁	9	
底层		⑩	20mm 厚钢板	底层	1	

（4）连接钢管结构设计

连接钢管内径 200mm、壁厚 10mm，两侧采用法兰与平台相连。为提高平台工作段整体强度，上下连接钢管采用同规格钢管做剪刀撑加强，其材料组成见图 3.3-12、图 3.3-13 及表 3.3-5。

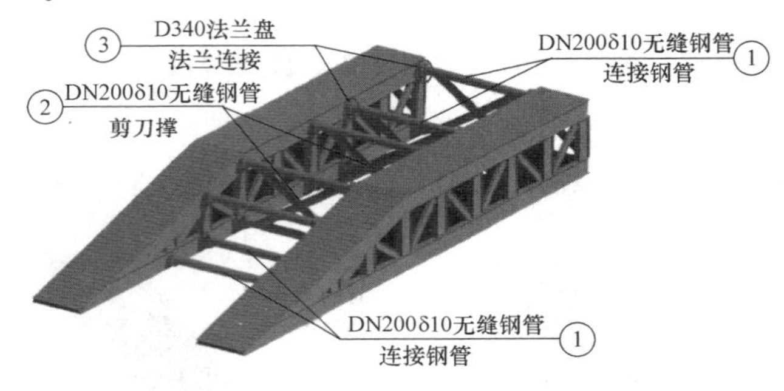

图 3.3-12　连接钢管 3D 示意图

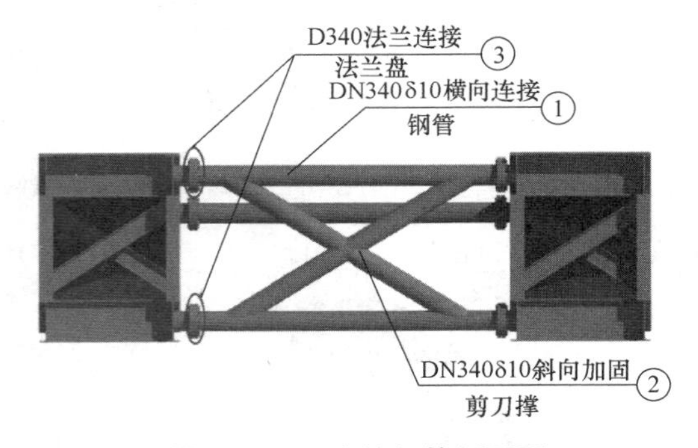

图 3.3-13　连接钢管剖面图

连接钢管材料统计表　　　　表 3.3-5

编号	材料	型号	使用部位	数量	备注
①	钢管	DN200δ10	横向连接	11	
②	钢管	DN200δ10	剪刀撑	4	

续表

编号	材料	型号	使用部位	数量	备注
③	法兰盘	DN200δ10	钢管连接	22	
④	螺栓	M20×80	法兰连接	176	每个法兰 8 个螺栓

3.3.4 适用范围

本平台适用于山河智能 SWDM550、三一重工 SR485R、宝峨 BG55 及以下型号的旋挖机，配合全套管全回转钻机最大高度不超过 3m。

3.3.5 平台使用操作要点

1. 准备工作

(1) 进场前，对平台就位场地进行平整、压实，或现场进行硬底化处理，确保承载力满足施工要求。

(2) 根据现场钻孔位置和全套管全回转钻机就位情况，定位操作平台现场位置，并做好标识。

2. 组装

(1) 平台进场后，用起重机配合将平台进行吊装。

(2) 连接两个履带平台的钢管法兰螺栓拧紧，并对称进行操作。

(3) 现场吊装时由专人指挥。

3. 旋挖钻机平台就位

(1) 操作平台组装完成后，在坡道端头铺垫适量砂土、压实，旋挖钻机正对工作平台坡道缓慢向上行驶。

(2) 旋挖钻机行驶过程中，派专人指挥，切忌急走急停，以防倾覆。

(3) 旋挖钻机就位时，尽量在履带平台顶层居中位置，确保钻进过程旋挖钻机的稳定和安全。

4. 旋挖钻机钻进

(1) 旋挖钻机就位后，进行试钻进，钻进状态良好后开始正式钻进施工。

(2) 钻进过程中，定期观察平台状况，如平台产生较大异响和变形，则立即停机检查，消除隐患后方可继续作业。

5. 旋挖钻机撤平台

(1) 钻进完成后，旋挖钻机缓慢匀速后撤退下平台。

(2) 旋挖钻机撤退行驶过程中，派专人现场指挥，保持与操作司机的联络。

6. 移位

(1) 每完成一个桩位，用起重机将平台吊运至下一个桩位。

(2) 起吊时，采用多点起吊，保持起吊平衡，防止连接钢管由于受力不均出现变形。

(3) 起吊前，复核吊车起吊能力，检查起吊钢丝绳、吊钩、吊点、起重机无异常后正式起吊。

第 4 章　地下连续墙施工新技术

4.1　管线下地下连续墙一幅三序二笼入岩成槽综合施工技术

4.1.1　引言

在城市中心区或老旧改造区施工地下连续墙时，容易出现地下管线密集分布的情况，需要进行大量的管线改迁工作，当遇到由于各种特殊原因无法进行改迁改造的特殊管线时，将会对地下连续墙施工带来极大的困扰。目前，解决地下连续墙穿越地下管线的成槽施工，常用的方法有以下两种，一是在地下管线影响区域一定范围内施工高压旋喷桩，对管线下方位置进行局部加固处理，但存在墙体局部支护薄弱的情况，开挖后可能有渗漏安全隐患；二是通过在地下连续墙成槽抓斗上加装侧向斗齿来加宽抓斗宽度（图 4.1-1），使斗体竖直入槽并紧靠管线侧壁分次挖除管线正下方土体，具体施工流程见图 4.1-2，但该方法直接影响抓斗能力，成槽速度慢，且改装费用高。

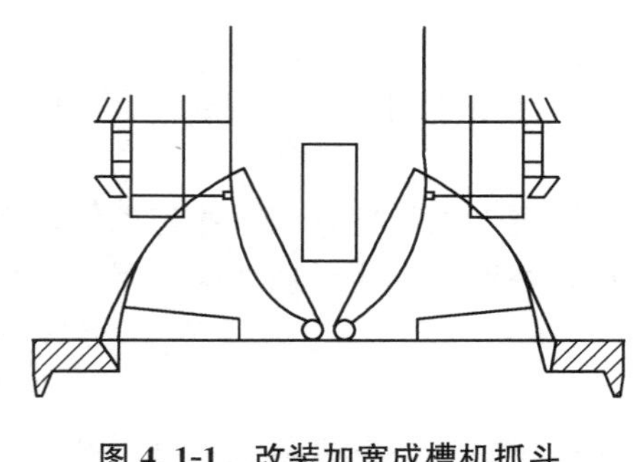

图 4.1-1　改装加宽成槽机抓斗

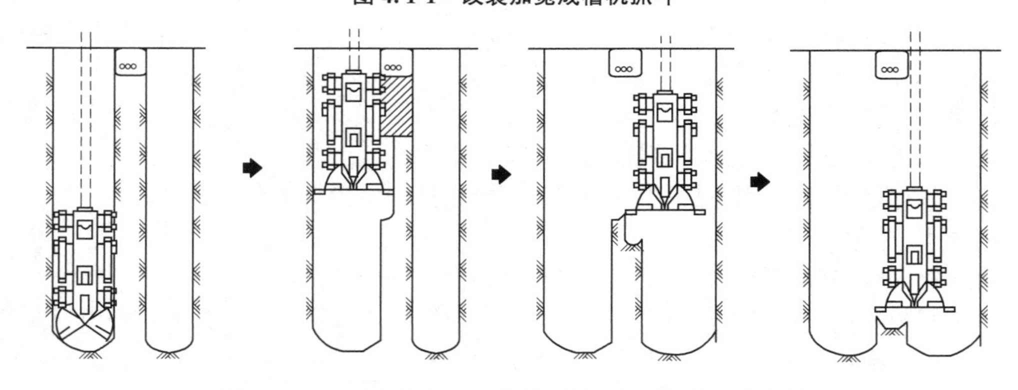

图 4.1-2　改装液压抓斗用于地下连续墙成槽施工示意图

针对上述问题，我司研究形成了管线下地下连续墙一幅三序二笼入岩成槽综合施工工艺，成功应用于深圳城轨 13 号线白芒站、12 号线永和站等项目地下管线穿越影响地下连续墙的施工中，通过重新调整穿管地下连续墙幅宽，形成“一幅三序”式抓土，槽底岩层采用冲孔桩机分管线两段冲击钻进，对钢筋笼改造呈“鱼头笼”“鱼尾笼”入槽嵌入式对接完成“一幅二笼”施工，达到安全可靠、节省成本、缩短工期的目的，取得显著效果。

4.1.2 工艺特点

1. 无需改迁管线

通过采用管线下地下连续墙一幅三序二笼入岩成槽综合施工工艺，可以在不改迁改造线缆的情况下，完成线缆下方槽段开挖，形成封闭的止水帷幕，避免了改迁管线造成的工期延误及费用增加问题。

2. 无需改装机械

传统的施工方法往往需要对成槽设备进行改装，该方法受机械生产厂家配合程度、设备改装时间及费用的制约，实际操作上易受限；本工艺的出发点是基于现有施工机械设备，合理安排工序，优化施工手段形成的最优方案。

3. 无需其他设备辅助

关于解决管线下方土体开挖难题，还有一种常见做法是采取下方侧向潜孔锤的方式取土成槽。本工艺不需要任何设备辅助，完全依靠原有设备进行施工，方便快捷。

4. 节省成本及工期

地下线缆穿越围护结构是在城市基坑建设中常见的施工难题，通常情况下，管线改迁成本高、工期长、审批手续办理难，往往造成巨大的经济和时间投入；本工艺在不增加成本的前提下，仍然保持了原有的施工进度，确保了工期。

4.1.3 适用范围

适用于宽度不大于 1.5m、埋深 2m 以内的地下管线横穿地下连续墙施工；当地下连续墙成槽入岩时，地下管线宽度不超过 0.8m。

4.1.4 工艺原理

以深圳市城市轨道交通 13 号线 13101 标段白芒站项目地下连续墙支护工程及现场管线分布情况为例。白芒站项目地下连续墙标准幅宽 6m，墙厚 1000mm，设计入中风化岩层 2.5m，墙深 34.3m；1-C08 幅地下连续墙被 3 根埋深 0.2m 的 10kV 电力管线穿越，每根管线直径 ϕ120mm，电缆从西侧侵入 1-C08 幅地下连续墙 0.85m，线缆整体套管保护后宽度 0.5m。

1. 根据液压抓斗尺寸划定成槽分段

白芒站项目地下连续墙采用宝峨 GB46 液压抓斗成槽施工，斗体高 7.72m、宽 2.65m，抓斗中间钢丝绳间距宽 0.8m；挖斗斗宽 2.8m。如横穿管线宽度过大，可从管线两边分别下入抓斗进行抓土成槽，由此通过尺寸分析得到本工艺适用于管线下方区域宽度不大于 1.9m 的地下连续墙施工，管线区域两侧抓土成槽段的宽度则根据挖斗斗宽 2.8m 划定，具体见图 4.1-3。

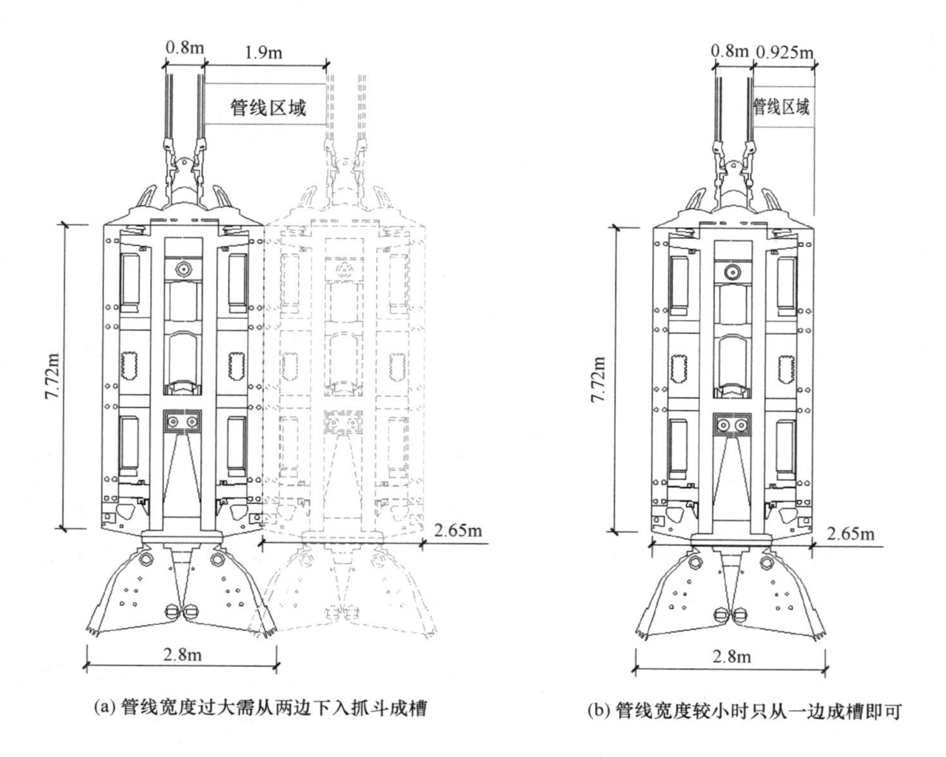

(a) 管线宽度过大需从两边下入抓斗成槽　　(b) 管线宽度较小时只从一边成槽即可

图 4.1-3　根据 GB46 液压抓斗尺寸推算适用管线区域宽度

2. 地下连续墙分三序抓土成槽

（1）为满足管线段墙的施工，重新对基坑支护的地下连续墙槽段幅宽进行调整。将本段管线地下连续墙分为 C1、C2、C3 三序开挖成槽，其中 C2 为线缆套管保护加固后沿地下连续墙幅宽方向向两边外扩 20cm 的安全保护范围；C1、C3 为开挖线缆的两侧槽段，宽度均为 2.8m，则 C1、C2、C3 三个部分形成新的槽幅。开挖顺序为先两侧（C1、C3）、后中间（C2），具体划分槽段平面示意图见图 4.1-4、图 4.1-5。

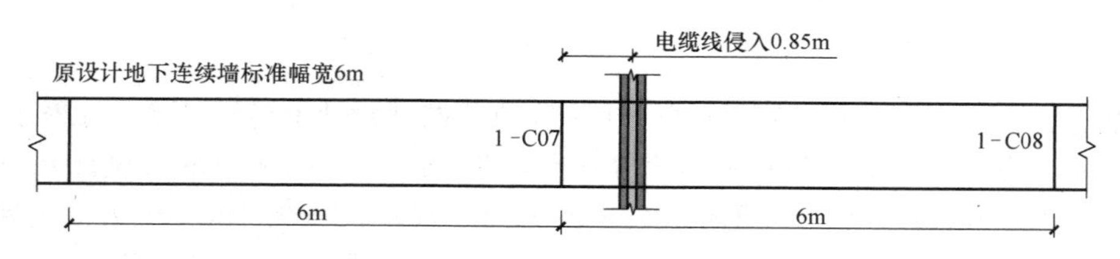

图 4.1-4　原设计地下连续墙分幅示意图

（2）人工开挖探明并采取相关措施加固保护地下线缆后，首先对 C1 及 C3 段开挖出深度 3m 的导向槽，以免后续下放液压抓斗可能因晃动造成管线损坏，然后采用地下连续墙成槽机进行 C1、C3 段的常规抓土成槽施工。

（3）针对管线下方 C2 段土体，在 C1 或 C3 槽内置入液压抓斗后，通过斗体横向移动撞击管线下方土体，使土体松散后抓取出槽，直到 C2 段土体挖除至管线正下方空间深度大于 9m 后，使斗体整体置入 C2 段正下方区域，然后向下挖除该部分土体；在提升抓斗

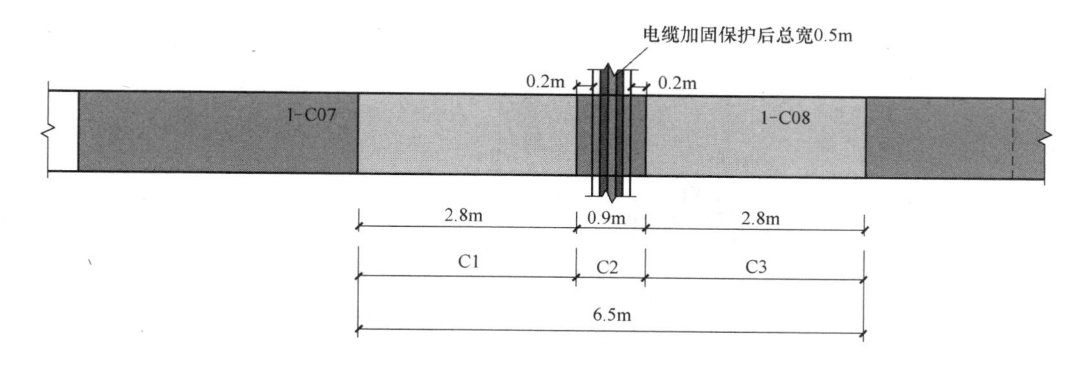

图 4.1-5 管线地下连续墙槽段幅宽调整示意图

前，先横向移动使斗体完全离开管线下方区域再提起，防止斗体出槽时碰撞损坏管线，如此反复挖掘至该幅穿管地下连续墙槽段内土体完全挖除。施工流程示意图见图 4.1-6。

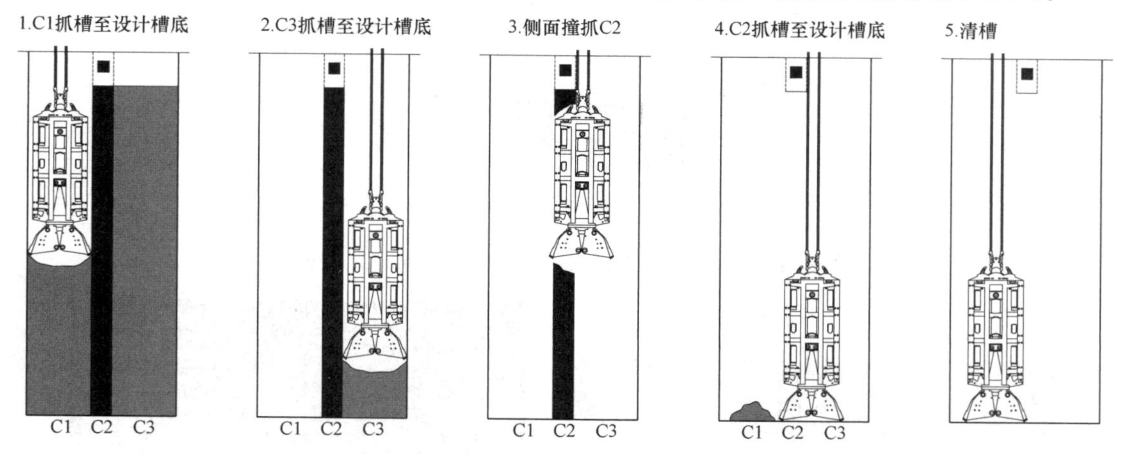

图 4.1-6 地下连续墙"一幅三序"抓土开挖成槽流程示意图

3. 孔底入岩冲孔

（1）上部土层抓槽完成后，槽底入岩改用冲孔桩机冲击破岩。

（2）C2 段线缆套管保护加固后宽度为 0.5m，加上两侧各 20cm 的安全保护距离，整体宽度 0.9m；白芒站项目地下连续墙厚 1000mm，冲锤直径 ϕ1000mm，冲孔桩机分别在 C1、C3 段按常规操作置入槽内施工，施工顺序从远离管线端向靠近管线端分段移动冲击，C1、C3 段冲击钻进分别完成 C2 段 50%的入岩施工。

（3）管线下方冲击成槽时，提升冲锤与线缆保持高差不小于 2m，C2 段入岩冲槽施工见图 4.1-7；冲击入岩时，低锤密击将底部岩层破碎，岩屑通过泥浆循环返回至地面。

4. 钢筋笼"一幅二笼"式制安

由于地下连续墙钢筋笼受管线穿越的影响，无法整体制作吊放入槽。因此，将钢筋笼分成左右两个部分制作。两幅钢筋笼的宽度根据管线穿越位置确定，分幅时钢筋笼纵向主筋不变，最外层箍筋在靠近管线一侧做成嵌入式结构，以此实现分幅钢筋笼的嵌入式连接，见图 4.1-8、图 4.1-9。

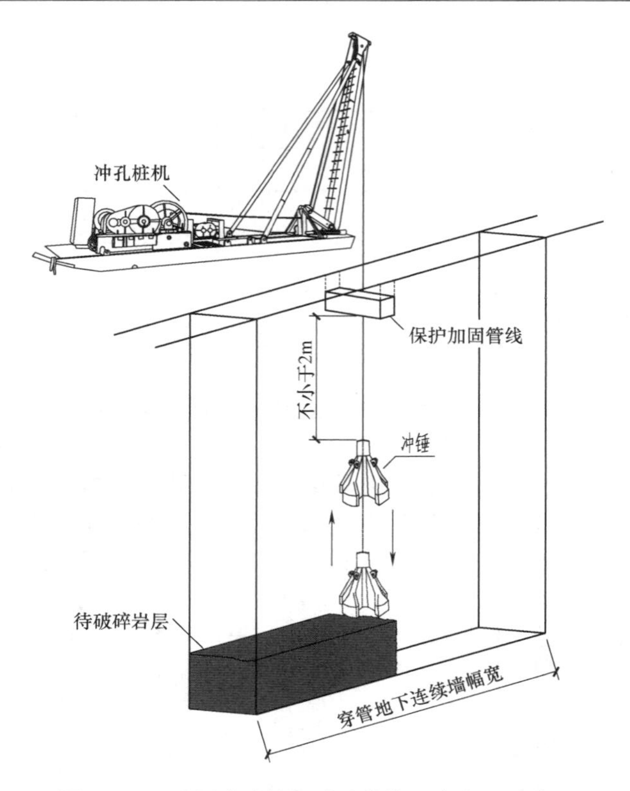

图 4.1-7　采用冲孔桩机破碎管线下方岩层示意图

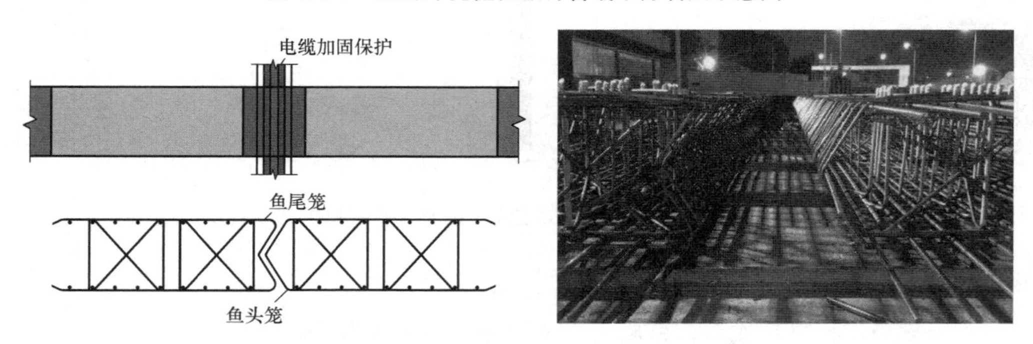

图 4.1-8　白芒站地下连续墙分幅鱼尾、鱼头钢筋笼结构

图 4.1-9　地铁永和站地下连续墙钢筋笼嵌入式二笼结构

4.1.5 施工工艺流程

管线下地下连续墙一幅三序二笼入岩成槽综合施工工艺流程见图 4.1-10。

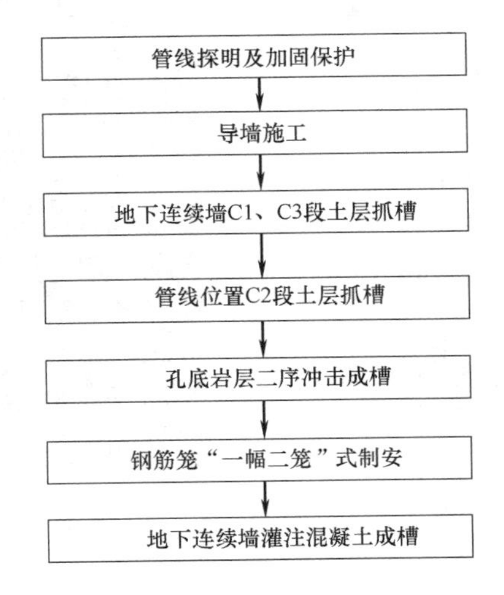

图 4.1-10 管线下地下连续墙一幅三序二笼入岩成槽综合施工工艺流程图

4.1.6 工序操作要点

以深圳市城市轨道交通 13 号线 13101 标段白芒站项目为例说明。

1. 管线探明及加固保护

(1) 采用人工方式对管线周边进行局部开挖，开挖时缓慢作业，避免对线缆造成破坏，由此探明 3 条 10kV 电缆埋深 0.2m，为软质管线，每根管线直径 ϕ120mm，电缆从西侧侵入 1-C08 幅地下连续墙 0.85m，见图 4.1-11。

(2) 在管线外围套 1cm 厚胶皮保护管，并在四周焊接厚 2cm、长 1.4m 的保护钢板，形成截面尺寸 0.5m×0.5m 正方形保护外壳，操作顺序为先焊接好侧面及底面成凹槽状将管线置入其中，再进行顶面封闭焊接，这样能够有效避免焊接火星或焊接温度过高导致的管线破坏。线缆加固保护示意图见图 4.1-12，线缆加固保护施工见图 4.1-13。

图 4.1-11 开挖探明地下管线

2. 导墙施工

(1) 完成线缆套管加固后进行导墙挖设施工，本工程导墙采用“倒 L”形，为现浇钢筋混凝土结构，混凝土强度等级为 C20；导墙顶面和立面厚 200mm，配筋为 ϕ12@200 单层钢筋网片，导墙断面尺寸及配筋具体见图 4.1-14。

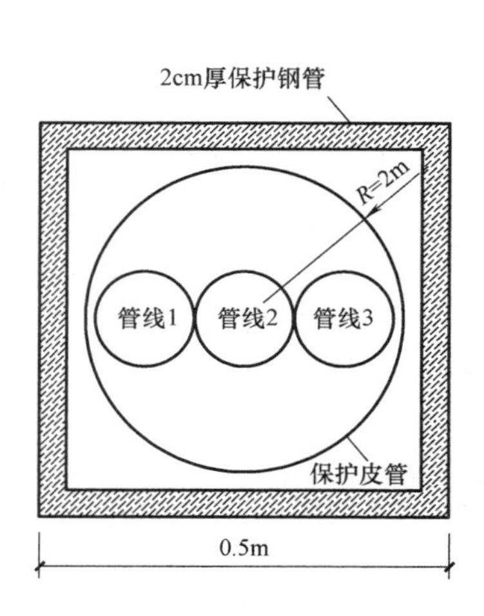

图 4.1-12 线缆保护示意图

图 4.1-13 线缆加固保护

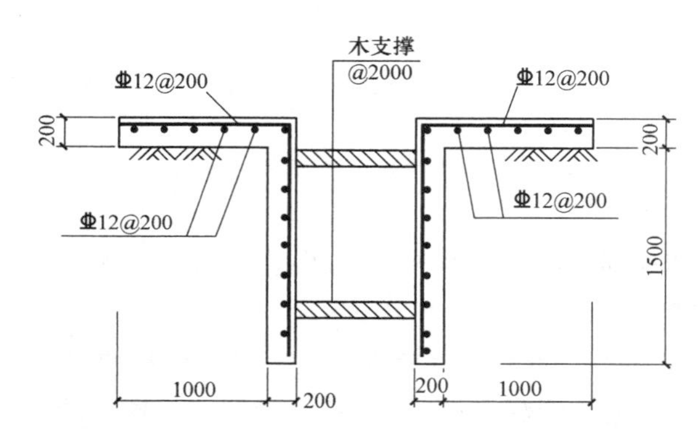

图 4.1-14 白芒站项目地下连续墙导墙大样图

(2) 将管线保护钢板的两端各伸入 20cm 锚固于导墙内，以避免施工时机械碰撞破坏；管线浇筑导墙混凝土，管线保护钢板与导墙形成一个稳固的整体，进一步加强线缆保护，见图 4.1-15。

图 4.1-15 保护钢板两端伸入导墙中

3. 地下连续墙C1、C3段土层抓槽

（1）导墙施工完成后，对该幅穿管地下连续墙进行三段划分，先对保护管线两侧增加20cm安全距离，形成C2段开挖槽段，再向两边外扩2.8m形成C1、C3段开挖槽段，如图4.1-16所示。

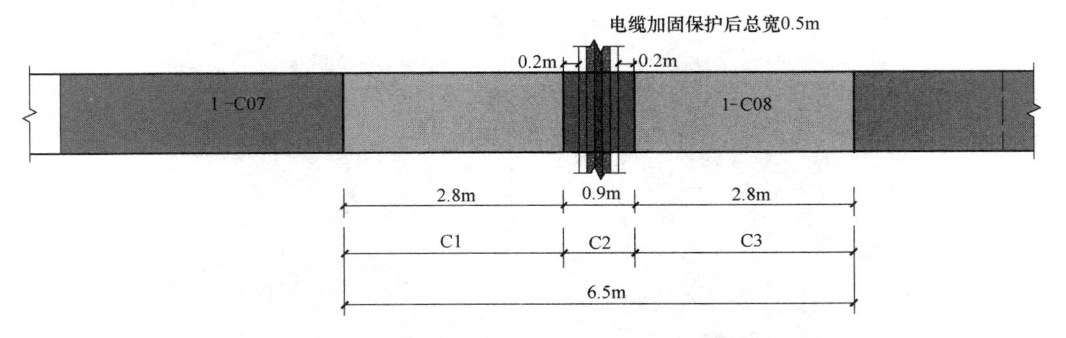

图4.1-16　穿管地下连续墙划分C1、C2、C3三段成槽示意图

（2）由于成槽机抓斗入槽时会出现晃动，先采用小型挖掘机在C1、C3段中开挖导向槽，本工程实际向下挖土深度为1.3m，以确保抓斗按照计划位置准确入槽。

（3）导向槽施工完成，抓斗入槽加速进行导向槽下方C1、C3段土体开挖。

（4）采用地下连续墙成槽机抓土开挖过程中，抓斗离管线距离较近，全程安排专人看守指挥。

4. 管线位置C2段土层抓槽

（1）待管线两侧C1、C3段土层抓槽完成，开始管线下方C2段开挖；将抓斗斗体完全下放至C3槽段的线缆下方，沿地下连续墙幅宽方向缓慢向C2方向平移斗体撞碰管线下方土，撞碰的同时不断开闭抓斗，使C2段土体松散后抓取装入斗内准备提起。

（2）在提升抓斗前，先将斗体平移至管线以外位置再缓慢提起，以防抓斗出槽碰撞损坏线缆。

（3）如此反复挖掘至C2段管线正下方空间深度大于9m后（此时可使整个抓斗斗体进入管线下方），沿地下连续墙幅宽方向横向移动使斗体完全置入C2段正下方，然后向下挖除该部分剩余土体。

（4）完成C2段成槽出土后，由于抓斗侧向撞碰C2段会使管线下方一部分土体掉落在相邻段，因此还需再次对C1、C3段进行清底复抓，以减少孔底沉渣。

地下连续墙抓土开挖成槽见图4.1-17。

5. 孔底岩层二序冲击成槽

（1）完成抓土成槽后，孔底岩层采用冲孔桩机低锤密击破碎成槽，岩屑通过泥浆循环返回至地面。

（2）冲孔桩机分别在C1、C3段按常规操作置入槽内施工，施工顺序从远离管线端向靠近管线端移动冲击，在C1、C3段的冲击钻进分别完成C2段50%的入岩施工。

（3）冲锤在进入管线位置C2段入岩冲槽时，缓慢移动冲孔桩机，将冲锤移动至C2段管线区一侧的下方位置；提升冲锤时，与C2段管线控制高差不小于2m；冲击时，严格控制提升高度，并及时收绳，防止钢丝绳过长甩碰管线保护钢板。

图 4.1-17　地下连续墙分三序抓土开挖成槽

（4）最后起锤时注意缓慢操作，避免因锤头碰撞管线导致损坏情况的发生。

冲孔桩机破碎孔底岩层见图 4.1-18、图 4.1-19。

图 4.1-18　将冲锤吊入地下连续墙槽内

图 4.1-19　冲孔桩机施工破碎槽底岩层

6. 钢筋笼“一幅二笼”式制安

（1）地下连续墙钢筋笼受管线横穿影响无法整体吊放入槽，因此采取“一幅二笼”方案施工。

（2）根据地下连续墙重新分幅的情况及管线穿越的具体位置，将钢筋笼分两段加工制作：西侧钢筋笼宽 3.3m，一侧设置工字钢接头，另一侧设置“鱼尾状”接头，即凹三角形封口筋；东侧钢筋笼宽 3.2m，一侧设置工字钢接头，另一侧设置“鱼头状”接头，即凸三角形封口筋；两个钢筋笼的接头通过封口筋的凹凸设置形成咬合，见图 4.1-20、图 4.1-21。

（3）“鱼尾笼”和“鱼头笼”依次吊装入槽，由于西侧“鱼尾笼”宽度稍小，先下放“鱼尾笼”。

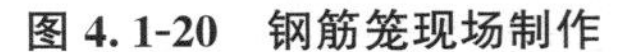

图 4.1-20　钢筋笼现场制作

图 4.1-21　两幅钢筋笼接头咬合结构

（4）因钢筋笼距离管线较近，为避免钢筋笼下放过程中由于摆动对管线产生碰撞造成损坏，先将钢筋笼整体下放至线缆以下且未抵达孔底的位置处，再缓慢摆动吊车大臂，向管线方向水平移动笼体，一边平移一边下放，直至钢筋笼下放到设计孔底位置。

（5）完成西侧笼下放后，按照上述要点进行东侧“鱼头笼”下放，使两个笼体完成嵌入式咬合对接。

钢筋笼下放入槽见图 4.1-22、图 4.1-23。

图 4.1-22　钢筋笼起吊下放入槽

7. 地下连续墙灌注混凝土成槽

（1）地下连续墙混凝土浇灌采用履带吊配合混凝土导管完成，导管在第一次使用前先在地面进行水密封试验并完成拼接。

（2）开始浇灌时，先在导管内放置隔水球以便混凝土浇灌时能将管内泥浆从管底排出。

（3）混凝土浇灌保持连续均匀下料，混凝土面上升速度控制在 4～5m/h，灌注过程中随时观察、测量混凝土面标高和导管的埋深。

图 4.1-23　钢筋笼置入槽内与线缆位置关系

（4）对采用 2 根导管灌注的地下连续墙，2 根导管轮流进行混凝土浇灌，确保混凝土面均匀上升，防止因混凝土面高差过大产生夹层现象。

4.1.7　材料与设备

1. 材料

本工艺所用材料及器具主要为水泥、膨润土、钢筋、混凝土等。

2. 主要机械设备

本工艺现场施工主要机械设备见表 4.1-1。

主要机械设备配置表　　表 4.1-1

名　称	型　号	指标参数	功　用
地下连续墙液压抓斗	宝峨 GB46	槽宽 0.4～1.5m、槽深 75m、卷扬单绳拉力 230kN、额定输出功率 224kW@2000r/min	地下连续墙土层抓槽
空气压缩机	W-2.8/5	排气量 2.8m^3/min、排气压力 0.5MPa、气缸直径 115mm×3(数量)、功率 14.7kW	气举反循环清孔
冲孔桩机（带锤头）	CK-2000	深度 100m、主卷扬机拉力 100kN、副卷扬拉力 20kN、冲击次数 5～6 次/min	地下连续墙岩层冲槽
泥浆泵	3PN	流量 151m^3/h、扬程 15m、转速 1470r/min	冲孔正循环清渣
钢筋切断机	GQ40	转速 2880r/min、电机功率 2.2/3kW、连续切断次数 32 次/min	地下连续墙钢筋笼制作
剥肋滚压直螺纹机	GHG40	长 1200mm×宽 600mm×高 1200mm、主电机功率 4kW、工作电压 380V/50Hz	地下连续墙钢筋笼制作
直流电焊机	ZX7 400GT	额定输入功率 18.2kW、空载电压 68V、空载损耗 80W、功率因数 0.93	地下连续墙钢筋笼制作
履带起重机	QUY260	最大额定起重量 260t、发动机功率 242kW、最大回转速度 1.22r/min	地下连续墙钢筋笼吊装

续表

名　称	型　号	指标参数	功　用
履带起重机	SCC550E	最大额定起重量55t、额定功率132kW	地下连续墙钢筋笼吊装
超声波钻孔侧壁检测仪	DM-604R	测量精度为满量程的±2%、最大测试深度100m、绞车升降速度0～20m/min	成槽质量检验

4.1.8 质量控制

1. 管线加固保护

(1) 穿管下地下连续墙正式施工前，对管线探明开挖工人、加固焊接工人、挖掘机机手、成槽机机手、冲孔桩机机手等相关作业人员进行管线相关的技术交底，包括管线的平面位置、埋深、类型、材质等，确保施工全过程不对线缆造成破坏。

(2) 对地下线缆进行人工开挖探明，操作全程应缓慢谨慎，避免出现损坏管线的情况。

(3) 线缆四周焊接保护钢板的顺序为先侧面、后底面，形成凹槽状将管线置入其中，最后顶面封闭，这样能够有效避免焊接火星或焊接温度过高导致的管线破坏。

(4) 保护钢板焊缝不得有烧穿、弧坑、咬边、未焊满等缺陷，且焊缝外形均匀，焊道平滑，完成焊接后注意将焊渣清除干净，确保钢板四面焊接稳固，保证线缆在钢板内得到有效的加固保护。

2. 土层抓槽

(1) 采用挖掘机开挖导向槽时，派专人指挥，避免因导向槽较深，挖掘机机手无法准确把握管线方位时可能出现的操作失误。

(2) 地下连续墙开挖成槽选用优质膨润土配置泥浆，保证护壁效果；抓斗抓取槽内泥土提离导墙后，泥浆面随之下降，此时及时补充泥浆，确保泥浆液面满足护壁要求。

(3) 液压抓斗成槽过程中严格控制垂直度，如发现偏差及时进行纠偏。

(4) 管线下方土体抓槽时，提升抓斗前先将斗体平移至管线以外位置再缓慢提起，以防抓斗出槽碰撞损坏管线。

(5) 抓槽过程随时观察成槽机可视化数字显示屏，分析液压抓斗在槽内的空间位置，对可能出现碰撞管线的情况，及时通过抓斗上的定位导向板进行抓斗位置调整，确保成槽操作不对管线产生破坏。

3. 入岩冲槽

(1) 冲孔桩机靠近管线端冲击槽底岩层时，注意协调各方位冲击的位置关系，既要保证岩层冲击破碎彻底，又要保证接近C2段施工时对管线不产生较大扰动。

(2) 靠近C2段冲槽时，提升冲锤操作应注意与管线控制高差不小于2m，并及时收绳，防止钢丝绳过长甩碰管线保护钢板；冲槽钻进全程缓慢操作，避免因锤头碰撞管线导致损坏情况的发生。

(3) 为保证最终成槽质量，冲槽完成后采用气举反循环进行槽底清渣，以确保沉渣厚度满足设计和相关规范要求，并及时调整槽中泥浆指标。

（4）地下连续墙成槽后进行超声波侧壁检测，检验成槽质量是否符合设计和相关规范标准。

4. 钢筋笼制安、灌注混凝土成槽

（1）地下连续墙“鱼头笼”“鱼尾笼”网片严格按照设计和相关规范要求制作，并进行隐蔽工程验收，合格后起吊安放入槽。

（2）地下连续墙两笼均采用2台履带式起重机起吊下槽，下槽时使用经纬仪和水平仪跟踪测量，确保钢筋笼安装精度，并注意垂直度控制，防止笼体下入摆动刮撞槽壁。

（3）槽段混凝土采用水下回顶法灌注，2套灌注导管在地下管线两侧同时浇灌，初灌时灌注量满足埋管要求，灌注过程中严格控制导管埋深，防止堵管或导管拔出混凝土面。

4.1.9　安全措施

1. 土层抓槽

（1）施工过程中，对地下连续墙范围内地下管线进行定期监测，并制定相关保护措施和应急预案，确保管线设施的安全。

（2）下放成槽抓斗过程中需有专人看护，避免抓斗碰撞线槽。

（3）成槽中如需暂停作业，将抓斗提出地面停放。

（4）抓斗出槽泥土及时转运。

2. 入岩冲槽

（1）采用冲孔桩机冲击钻进施工的过程中，如遇卡锤现象，切勿使用冲桩机提升卷扬强行起拔，缓慢下放上提锤头反复尝试。

（2）采用冲孔桩机冲击槽段底部岩层时，注意控制冲程和及时收绳。

（3）对已施工完成的地下连续墙槽段，采用槽口覆盖等方式进行防护，防止人员坠入孔洞受伤。

（4）如遇6级及以上大风、大雾及雷暴雨等不良天气时，立即停止现场作业，将履带式起重机、液压抓斗、冲孔桩机机械桅杆卸下平放于施工场地内并做好防护遮挡及固定，以确保现场安全。

3. 钢筋笼制作与安放

（1）现场用电电缆驾空2.0m以上，严禁拖地和埋压土中电缆。

（2）钢筋笼加工电焊机设有专用电源控制开关。

（3）加工好的钢筋按规格、尺寸、形状堆放整齐、下垫枕木、标识清楚。

（4）吊装钢筋笼时，注意对管线的保护。

（5）钢筋笼吊装过程中设专门司索工进行吊装指挥，钢筋笼吊点设置合理，起吊前做好临时加固措施，防止钢筋笼吊运下放时变形。

4. 灌注混凝土成槽

（1）浇筑混凝土前，进行槽段验收，合格后进入灌注工序操作。

（2）混凝土灌注导管采用起重机吊装，作业时吊车回转半径内人员全部撤离施工现场。

（3）灌注水下混凝土结束后，槽内混凝土顶面低于现状地面时，采用回填或设置护栏和安全标志。

（4）夜间施工现场设置保证施工安全要求的夜间照明。

4.2　地下防空洞区地下连续墙堵、填、钻、铣综合成槽施工技术

4.2.1　引言

在二十世纪六七十年代为备战和防御需要，我国各大中城市普遍开展了群众性的挖防空洞活动，在那个特殊时期地下防空洞对保护人身财产安全起到了积极作用。如今，随着城市现代化建设高速发展，建设项目如雨后春笋一样拔地而起，在基础工程施工中经常遇到以前遗留的废弃地下防空洞，给施工带来极大的困难。

当深基坑支护的地下连续墙施工遇地下防空洞时，墙身段需要穿越地下洞室和巷道，防空洞贯通分布使得成槽泥浆发生漏失，造成无法护壁成槽；同时，防空洞段的钢筋混凝土结构坚硬，成槽时混凝土结构破碎难；另外，即便将防空洞灌满泥浆，但在灌注槽段混凝土时将发生巨量的超灌等。因此，在地下防空洞区地下连续墙施工时，需要采用快速有效、质量可靠、安全可控的成槽方法。

4.2.2　工程实例

2019 年 6 月，我司在广州承接了白鹅潭国际金融中心基坑支护与土方开挖工程项目，在基坑南侧导墙开挖过程中，发现地下分布钢筋混凝土构筑物，经现场查勘后，确认此构筑物为早年废弃的地下防空洞，直接影响 37 号、38 号、41 号、42 号共四幅地下连续墙的正常施工。经现场探测，测得防空洞主体洞口为一个自上而下的带楼梯的竖井，处于 37 号、38 号墙体段，竖井深度 22m；本洞室在垂向分布两条水平巷道，第一层巷道顶板距离地面 1.3m，巷道宽 1.8m、高 2.1m，自西向东延伸，穿越 41 号、42 号墙身；第二层巷道处于深度 20.0～22.0m，自西向东延伸，在主洞室底部向东延伸 8.89m，宽度 1.87m；洞内积水深度 8m 左右，底层 2m 为堆积物，主要为淤泥、砂及混凝土石块。经对竖井侧壁钢筋混凝土结构进行钻芯取样，测得壁厚 300mm，混凝土强度等级在 C35～C40。防空洞平面分布见图 4.2-1、竖向分布剖面见图 4.2-2。

施工过程中，结合现场条件及设计要求，通过实际工程的摸索、研究实践，我司项目课题组开展了“地下防空洞区地下连续墙堵、填、钻、铣综合成槽施工技术”研究，通过采用巷道砌砖封堵、防空洞回填混凝土、旋挖钻机引孔、双轮铣钻凿综合成槽施工方法，取得了显著成效，并形成了施工新技术，达到预期处理效果。

4.2.3　工艺特点

1. 安全有效

本工艺采用砌砖封堵巷道和低强度等级素混凝土回填主洞竖井，使防空洞成为有效的整体，避免了成槽施工过程中泥浆和混凝土的漏失，安全可靠。

2. 施工高效

本工艺对防空洞段和回填的混凝土，采用旋挖钻机进行引孔，消除了防空洞钢筋混凝土对成槽的影响；同时，采用双轮铣槽机从槽顶开始钻凿，配合反循环清渣，大大提升成

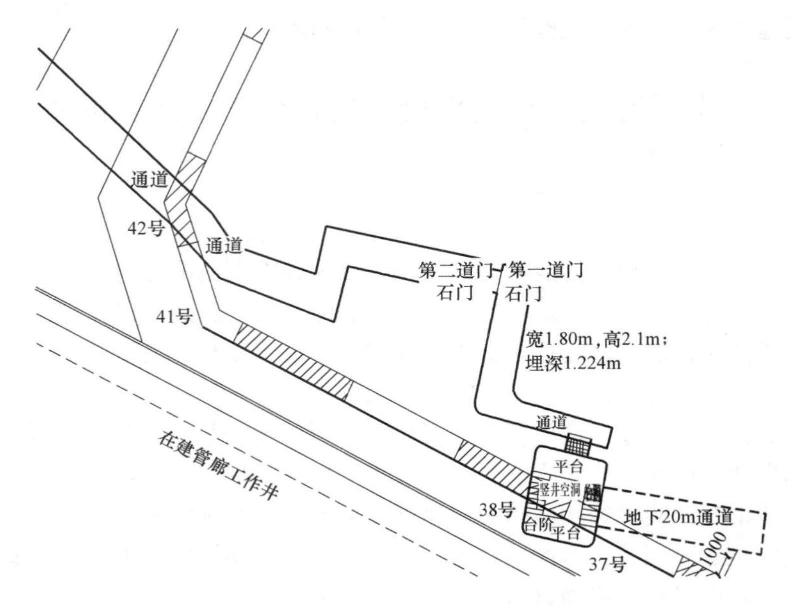

图 4.2-1　地下防空洞平面位置分布图

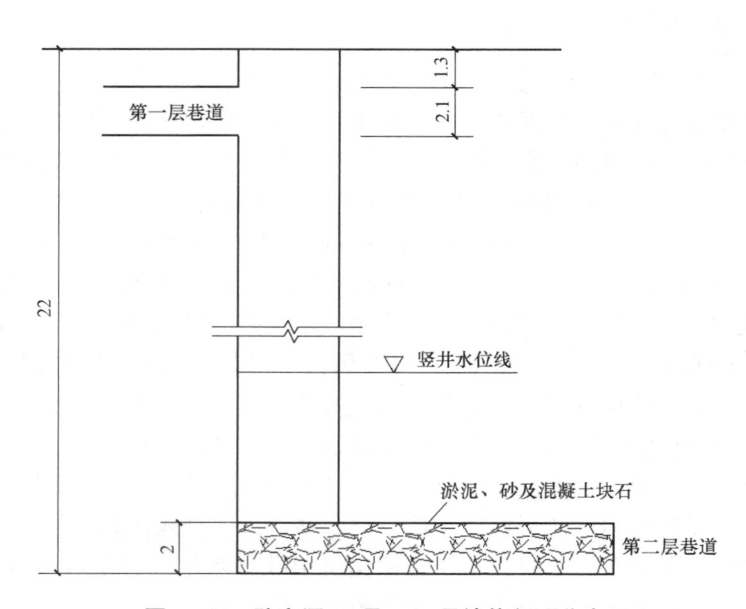

图 4.2-2　防空洞 37 号、38 号墙体剖面分布图

槽施工进度。

3. 质量可靠

本工艺采用堵、填、钻、铣综合成槽方法，堵、填技术消除了泥浆和混凝土流失，钻、铣技术采用旋挖机和双轮铣配合钻凿，确保了成槽垂直度，使成槽质量得以保障。

4. 降低施工成本

本工艺人工砌砖封堵经济有效，采用低强度等级素混凝土回填洞体造价相对低廉，采用双轮铣成孔高效工期短，节省施工时间，总体降低了施工成本。

4.2.4 适用范围

适用于地下防空洞范围内的地下连续墙成槽施工，适用于废弃地下建（构）筑物范围内地下连续墙的成槽施工。

4.2.5 工艺原理

本工艺关键技术主要是防空洞巷道封堵、防空洞回填混凝土、旋挖钻机对槽段混凝土及防空洞进行引孔至设计槽底标高，再采用双轮铣对已引孔部分进行凿岩并清渣的综合成槽施工。

以白鹅潭国际金融中心基坑支护工程及土方开挖项目为例。

1. 堵——防空洞巷道砌砖封堵

堵，即为封堵，根据地下防空洞的分布和走向，采用人工将洞体的第一层巷道用砖砌封堵，将主洞与巷道阻断，以解决抓槽时泥浆的渗漏和灌注时混凝土的漏失。

对受影响的37号、38号和41号、42号共四幅地下连续墙的第一层浅层巷道进行封堵，封堵采用砌筑37砖墙方式；为确保封堵墙的稳定性，在砌筑墙体前，在巷道内墙的内侧堆砌砂袋，增强墙体在成槽时所承受的泥浆和灌注混凝土时的抵抗力。封堵施工见图4.2-3。

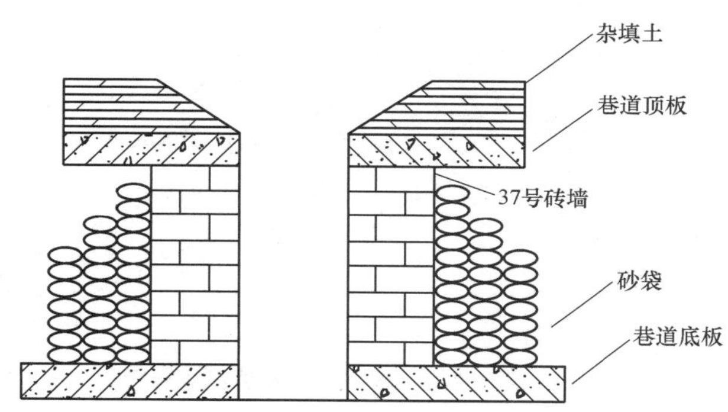

图4.2-3 第一层浅层巷道砌砖封堵示意图

2. 填——防空洞回填混凝土

填，即为回填，采用低强度等级素混凝土对防空洞体进行回填，使主洞空间形成实体，既可对底部第二层巷道进行封堵，低强度混凝土也便于下一步引孔和钻凿成槽。

回填时由于竖井底部含水，采用灌注导管水下混凝土灌注方法；由于竖井底部分布第二层巷道，其充填淤泥物，初灌时采用慢速灌注，使部分混凝土充填进第二层巷道内，同时又避免过量的混凝土扩散造成浪费。主洞竖井混凝土回填示意见图4.2-4。

3. 钻——旋挖机混凝土和防空洞体钻进引孔

钻，即为钻进引孔，采用大扭矩旋挖钻机对槽段回填混凝土和防空洞的钢筋混凝土体进行引孔，引孔深度至地下连续墙槽底标高位置，既作为对回填的混凝土和防空洞体钢筋混凝土的预先清除，也作为下一步双轮铣的主导向孔、副导向孔，提高双轮铣钻槽效率。

为消除钢筋对后续双轮铣及钢筋网片下放产生的影响，竖井段选用直径ϕ1200mm，布置孔数4个，具体见图4.2-5；37号、38号槽段混凝土部分，旋挖钻孔选用直径

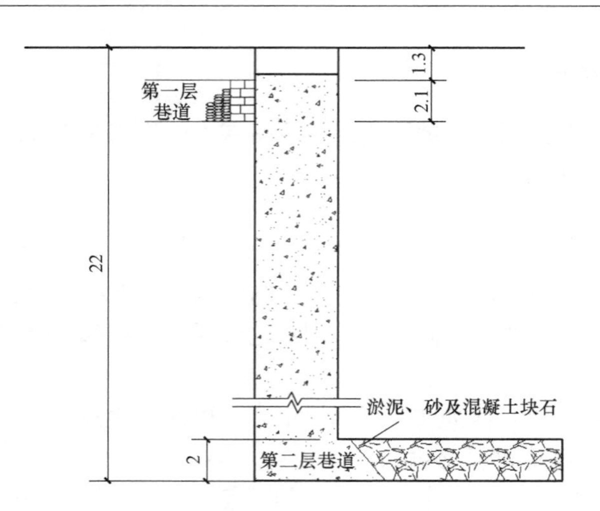

图 4.2-4　第二层深部巷道和主洞竖井混凝土回填示意图

ϕ1000mm，具体见图 4.2-6、图 4.2-7。

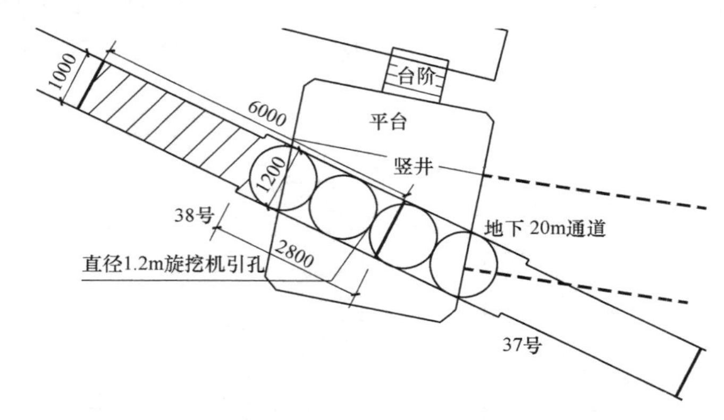

图 4.2-5　竖井引孔布置图

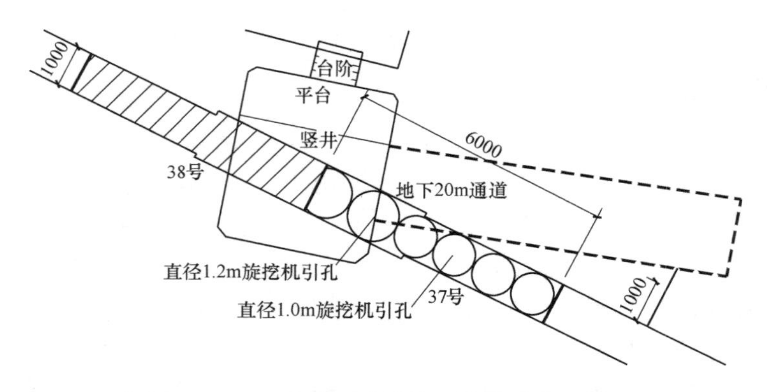

图 4.2-6　37 号地下连续墙旋挖钻引孔示意图

4. 铣——双轮铣凿岩清渣成槽

铣，即为铣槽，为避免地下防空洞钢筋混凝土结构和主洞竖井混凝土回填的影响，采用双轮铣成槽机对已引孔部分进行分三段凿岩成槽，在下入钢筋笼和灌注导管后，灌注混

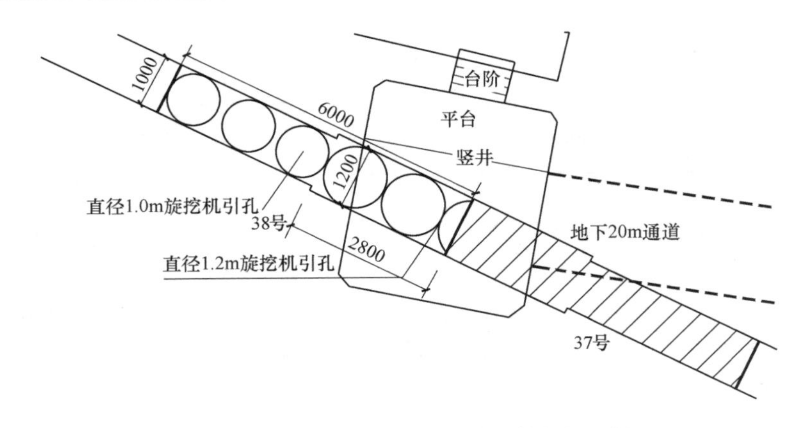

图 4.2-7 38 号地下连续墙旋挖钻引孔示意图

凝土成槽，双轮铣成槽顺序具体见图 4.2-8。

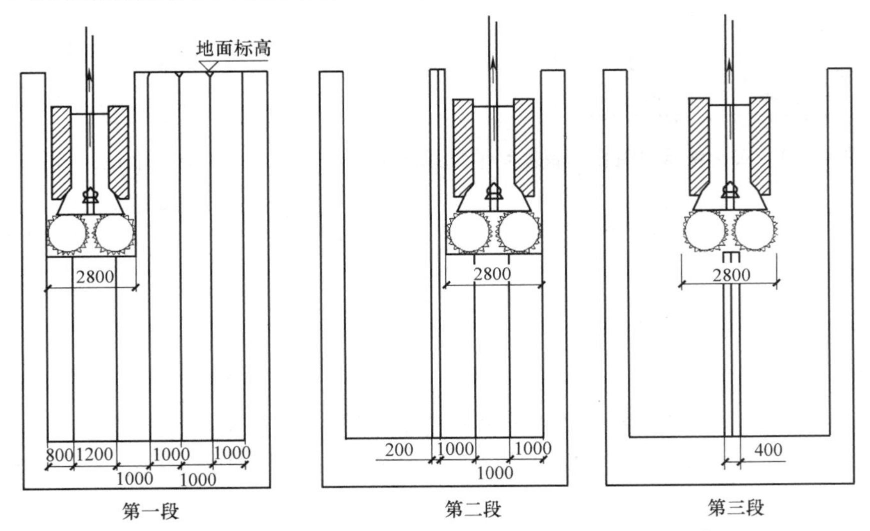

图 4.2-8 双轮铣三序成槽施工工艺示意图

双轮铣设备主要由四部分组成：起重设备、铣槽机、泥浆制备及筛分系统等，双轮铣设备的成槽原理是通过液压系统驱动下部两个轮轴转动，水平切削、破碎地层，采用反循环出渣。

双轮铣槽机的主要工作部件为铣刀架，高 12m、重 36t 带有液压和电气控制系统的钢制框架，下部安装 3 个水平向排列液压马达。两边马达分别驱动两个装有铣齿的铣轮；铣槽时，两个铣轮低速转动，方向相反，其铣齿将地层围岩铣削破碎，中间液压马达驱动泥浆泵，通过铣轮中间的吸砂口将钻掘出的岩渣与泥浆混合物排到地面泥浆站进行集中除砂处理，然后将净化后的泥浆返回槽段内，如此往复循环，直至终孔成槽。铣槽反循环清渣见图 4.2-9。

4.2.6 施工工艺流程

地下防空洞区地下连续墙堵、填、钻、铣综合成槽施工工艺流程见图 4.2-10。

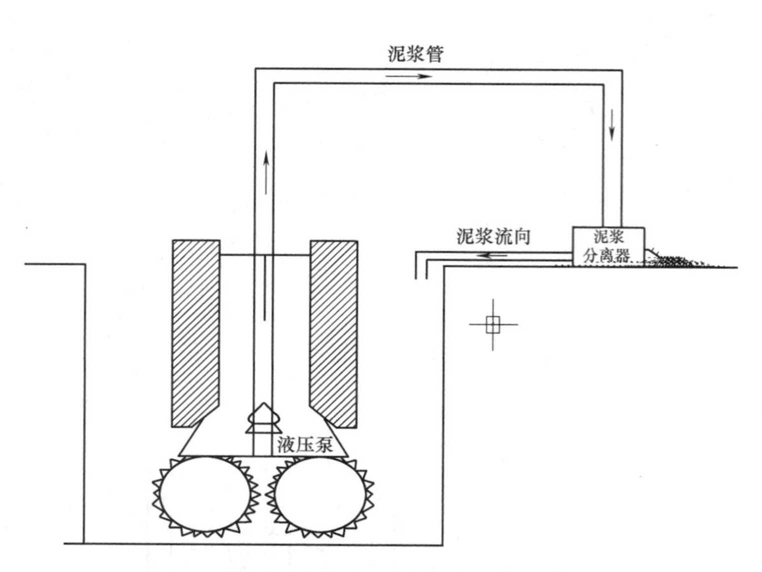

图 4.2-9 双轮铣槽机铣槽、反循环清渣原理图

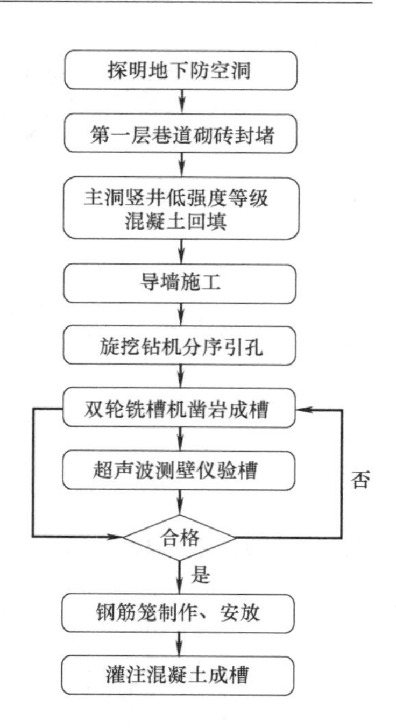

图 4.2-10 地下防空洞区地下连续墙堵、填、钻、铣综合成槽施工工艺流程图

4.2.7 工序操作要点

1. 探明地下防空洞

（1）采用开挖揭露、物探、尺量等手段对地下防空洞进行详细探测。

（2）查明地下防空洞主洞及巷道的位置、埋深、断面规格、走向等，并绘制平面、剖面图。

（3）地下防空洞处理前向辖区管委会、消防、人防、街道等政府部门报告。

地下防空洞探测见图 4.2-11～图 4.2-15。

图 4.2-11 地下防空洞洞口清理

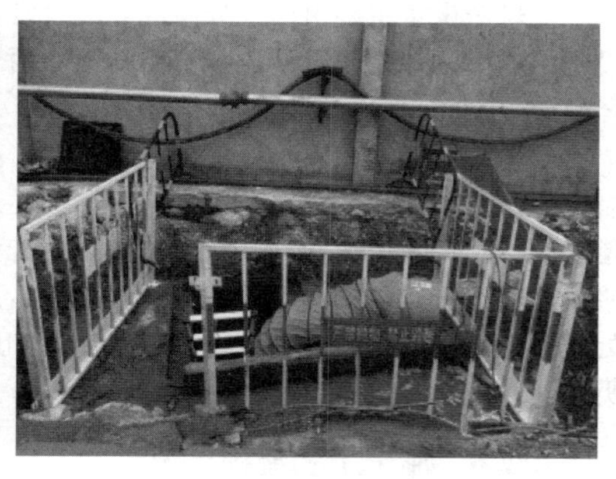

图 4.2-12 地下防空洞洞口维护与通风

图 4.2-13 探测洞深

图 4.2-14 主洞竖井

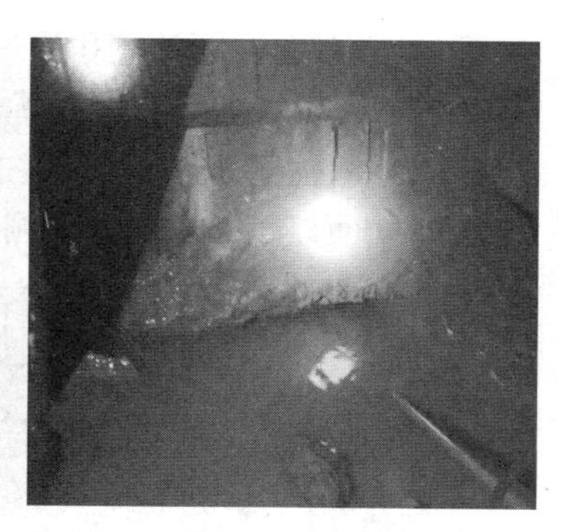

图 4.2-15 主洞底部积水

2. 第一层巷道砌砖封堵

（1）根据查明的主洞竖井和巷道的分布（图 4.2-16），对 37 号、38 号和 41 号、42 号的第一层巷道进行砌砖封堵。

（2）封堵采用人工砌筑，在砌筑墙体前，在巷道内墙的内侧人工装填砂袋码砌，以增强墙体稳定性。

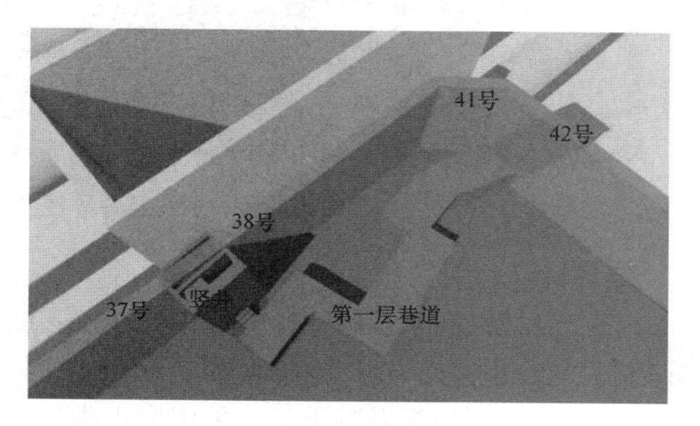

图 4.2-16 主洞第一层巷道封堵分布图

（3）砌筑采用专业水泥工操作，开始砌筑前对基层进行清理、清除杂物、打扫干净，按图放线；砌筑采用 37 墙，砌砖跟线、墙面平整；灰缝横平竖直，砂浆饱满度不小于 80%，水平竖向灰缝宽度控制在 12～15mm，防止出现渗漏。砖砌筑见图 4.2-17、图 4.2-18。

图 4.2-17 37 号、38 号墙第一层巷道封堵

图 4.2-18 砌筑砖封堵第一层巷道

3. 主洞竖井低强度等级混凝土回填

（1）主洞竖井 37 号、38 号地下连续墙第一道巷道在地下 1.3m 处、宽度 1.8m、高度 2.1m，将其封堵可消除对施工的影响。

（2）混凝土选择 C15 低强度等级混凝土，以利于后序施工。

（3）混凝土灌注采用水下导管回顶法施工，分两次灌注：第一次灌注至第二道巷道位置高出2m位置，采用慢速灌注，待混凝土面稳定后进行第二次灌注直至洞顶。

（4）灌注过程中，每灌注16m^{3}混凝土测量一次混凝土面，观察是否发生漏浆，直至浇筑到地面以下1m处。主洞竖井回填混凝土见图4.2-19。

图4.2-19　主洞竖井灌注低强度等级混凝土回填

4. 导墙施工

（1）受地下防空洞影响，考虑后续1.2m旋挖机引孔，37号、38号地下连续墙从距分幅线2.8m以内部分，导墙改为1.2m宽，其余部分按1.0m制作。

（2）导墙开挖至混凝土时，采用炮机凿除。

（3）墙开挖过程中，注意开挖深度，避免超挖；开挖完成后，再次放样复核，绑扎钢筋，支模并浇筑C25普通混凝土。导墙施工见图4.2-20、图4.2-21。

图4.2-20　防空洞段导墙开挖、混凝土凿除

图4.2-21　防空洞段导墙浇筑

5. 旋挖钻机分序引孔

（1）37号、38号槽段回填混凝土和主洞部分，采用宝峨BG30型旋挖钻机对槽段基岩进行引孔；宝峨BG30型旋挖钻机扭矩大、垂直精度高、施工效率高，在消除钢筋对后续双轮铣施工影响外，同时保障其成孔质量。

（2）旋挖机引孔时，先对竖井部分进行引孔ϕ1.2m、孔数4个，钻进至设计槽底标高；对于 38 号地下连续墙，从靠近 39 号地下连续墙部分（ϕ1.0m）往竖井方向施工至设计槽底标高。

（3）考虑到防空洞钢筋的影响，采用筒钻以及捞砂斗配合施工。

（4）在施工过程中，观察操作室侧斜仪变化，及时纠正垂直偏差，以确保引孔垂直精度。

旋挖机引孔及钢筋混凝土芯样见图 4.2-22、图 4.2-23。

图 4.2-22 宝峨 BG30 旋挖机引孔施工

图 4.2-23 旋挖机引孔取出钢筋混凝土芯

6. 双轮铣槽机凿岩成槽

（1）旋挖机引孔完成后，采用宝峨 BCS40 双轮铣对槽段岩层进行切割破碎、成槽。

（2）德国宝峨 BCS40 双轮铣适用于岩层较硬的地下连续墙施工，双轮铣系统主要由 BC 32 铣槽机、HSS 同步卷管系统、MT120 主机和 BE500 除砂机组成，机身带 B-Tronic 控制系统，可实时准确显示槽壁垂直度，便于纠偏，适用于岩层较硬的地下连续墙施工，德国宝峨 BCS40 双轮铣机见图 4.2-24。

（3）双轮铣施工流程分三序成槽，先铣两边、再铣中间，实际成槽宽度 6.0m。

图 4.2-24 宝峨 BCS40 双轮铣槽机在广州白鹅潭国际金融中心项目

(4) 双轮铣施工时，铣轮中心平面与导墙中心平面相吻合，悬吊铣轮的钢索呈垂直张紧状态，操作时及时纠正垂直偏差，以确保槽的垂直精度。

(5) 双轮铣施工至槽底时，用测绳测量实际槽深，避免少挖、超挖，双轮铣成槽具体见图 4.2-25。

图 4.2-25　宝峨 BCS40 双轮铣成槽

(6) 双轮铣在施工过程中边凿岩、边反循环清渣，确保凿岩时堆积的碎岩及时清理，提高凿岩的效率，同时保障泥浆的质量。双轮铣成槽泥浆净化具体见图 4.2-26。

(7) 双轮铣凿岩施工完成后，使用成槽机对槽段进行刷壁、清孔，施工顺序及操作要点与成槽机成槽相同，确保槽段尺寸及孔底沉渣符合设计要求，刷壁器见图 4.2-27。

图 4.2-26　泥浆分离器

图 4.2-27　刷壁器

7. 超声波测壁仪验槽

(1) 槽段刷壁及清孔完成后，使用超声波测壁仪对槽段检验，检测槽段厚度、宽度、深度、垂直度是否满足设计要求，具体见图 4.2-28。

(2) 检验结果直接打印，打印结果见图 4.2-29。

(3) 如检验合格，则完成成槽施工，进行下一步钢筋笼网片吊装、混凝土浇灌等工

图 4.2-28 超声波测壁仪检验成槽质量

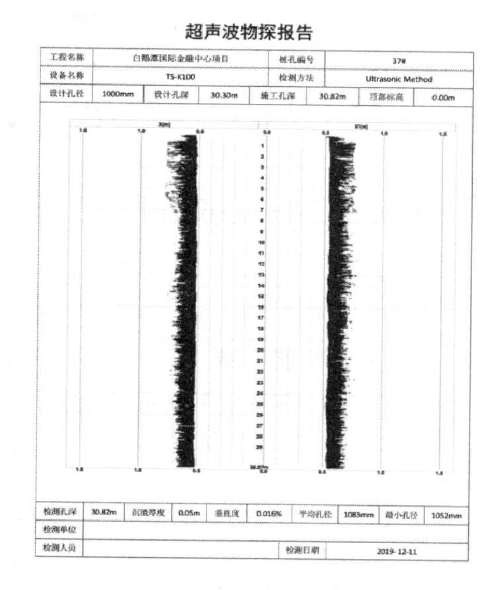

超声波物探报告

工程名称	白鹅潭国际金融中心项目			桩孔编号	37#		
设备名称	TS-K100			检测方法	Ultrasonic Method		
设计孔径	1000mm	设计孔深	30.30m	施工孔深	30.82m	顶部标高	0.00m

检测孔深	30.82m	沉渣厚度	0.05m	垂直度	0.016%	平均孔径	1083mm	最小孔径	1052mm
检测单位									
检测人员						检测日期	2019-12-11		

图 4.2-29 超声波测壁仪成槽结果打印图

序；如不合格，则再使用旋挖机、双轮铣槽机对槽段进行处理。

8. 钢筋笼制作、安放

（1）制作：铺设下层水平筋→焊制桁架和架力筋→铺设纵向钢筋并焊接→焊接下层保护垫块→桁架定位焊接→焊接上层纵向钢筋→铺设并焊接上层水平筋→焊接上下层闭合段的钢筋。

（2）钢筋笼网片起吊根据网片长度、重量，选择与之相匹配的履带式起重机，采用双机台吊的方法，在空中完成90°转身，后由主吊竖直吊立，再完成钢筋笼网片下放。

（3）吊装过程中，提前清除路障，钢筋笼网片下放时控制下放速度，并观察地下连续墙分幅界限，确保钢筋网片下放到位。钢筋笼制作见图 4.2-30，钢筋笼吊放见图 4.2-31。

图 4.2-30 钢筋笼制作

图 4.2-31 钢筋笼网片吊放

9. 灌注混凝土成槽

（1）混凝土灌注采用双导管法灌注施工，导管直径 ϕ300，用吊车将导管吊入槽段位置，导管顶部安装混凝土料斗。

（2）混凝土灌注过程中，定期测量混凝土面上升高度，及时拆卸导管，控制好埋管深度 2～4m。

（3）当灌注至第一巷道位置附近时，控制灌注速度，减缓灌注混凝土对巷道砌筑墙体的压力。

4.2.8　材料与设备

1. 材料

本工艺所使用的材料主要有：焊条、截齿、牙轮等。

2. 主要机械设备

本工艺现场施工主要机械设备见表 4.2-1。

主要机械设备配置表　　**表 4.2-1**

机械名称	型　号	备　注
旋挖机	宝峨 BG30	旋挖硬岩引孔
截齿/牙轮钻头	直径 1.0m、1.2m	旋挖硬岩引孔
捞砂斗	直径 1.0m、1.2m	捞渣
双轮铣槽机	宝峨 BCS40	成槽凿岩及清渣
泥浆净化系统	BE500	泥浆分离净化处理
超声波测壁仪	TS-K100QC	成孔检验
履带起重机	SCC1800C	吊装钢筋笼
履带起重机	SCC1250	吊装钢筋笼

4.2.9　质量控制

1. 旋挖钻机引孔

（1）旋挖钻机定位水平、稳固。

（2）开孔和换层时，采取轻压慢转；发现有地下障碍物，立即采取措施处理，不盲目强行钻进。

（3）发现钻孔偏斜时，采取纠斜措施，或用黏土回填，重新成孔。

（4）钻杆的垂直度采用钻机自身的水准仪控制，并辅以人工测斜来控制。

（5）在施工过程中，定期检测钻头直径，保证钻孔直径不小于设计桩径。

2. 双轮铣钻凿

（1）双轮铣凿岩时，确保双轮铣铣轮定位准确，并开启气举反循环装置，吸出碎岩、沉渣，保证铣轮凿岩效率。

（2）双轮铣成槽过程中，控制槽内泥浆液面高度不低于导墙高度以下 1m。并确保泥浆质量符合相关规范和标准，预防塌孔。

（3）在双轮铣施工过程中，随时观察双轮铣可视化数字显示屏，掌握铣头在槽中的位置，通过铣头的定位导向板及时选择双方向顶推进行液压抓斗的位置调整，以确保成槽质量。

（4）双轮铣的垂直度若出现偏差，机手可通过 X-X 轴纠偏、Y-Y 轴纠偏和控制成槽速度等方法进行调整。

(5) 槽深采用标定好的测绳测量，每幅根据其宽度测 2～3 点，同时根据导墙标高控制挖槽的深度。

(6) 成槽结束后，利用超声波监测仪检测垂直度，如发现垂直度没有达到设计和规范要求，及时进行修正。

(7) 成孔完成后进行清孔，调整槽中泥浆指标符合混凝土灌注标准。

3. 钢筋笼制作与吊放

(1) 钢筋笼制作时纵向应预留导管位置，并上下贯通。

(2) 钢筋笼底端在 0.5m 范围内的厚度方向上做收口处理，吊点焊接牢固，并保证钢筋笼起吊刚度。

(3) 钢筋笼设定位垫块，确保设计对保护层厚度的要求。

(4) 钢筋笼采用整幅成型起吊入槽，起吊点用 ϕ28mm 圆钢加固，转角槽段增加 ϕ32 钢筋支撑，每 4m 一根，并根据现场要求适当增加钢筋笼最上部第一根水平筋型号做剪刀撑以增加整体刚度。

(5) 吊放钢筋笼时如发现槽壁有塌方现象，则立即停止吊放，重新清槽后再吊放钢筋笼。

4. 灌注混凝土成槽

(1) 根据预留的导管位置下放灌注导管，导管连接密封不漏水，导管下口离槽底距离控制在 0.3～0.5m。

(2) 混凝土坍落度符合要求，混凝土严禁任意加水。

(3) 混凝土初灌量保证导管底部一次性埋入混凝土内 1.5m 以上。

(4) 浇筑上升速度不小于 2m/h，两根导管间混凝土面高差不大于 50cm。

(5) 灌注混凝土连续不断进行，及时测量孔内混凝土面高度，以指导导管的提升和拆除；灌注时，严格控制导管埋入混凝土中的深度。

(6) 混凝土浇筑过程中经常提动导管，使混凝土密实，防止出现蜂窝、孔洞，以及大面积湿迹和渗漏现象。

4.2.10 安全措施

1. 防空洞巷道封堵、回填

(1) 对竖井及第一层巷道通风处理，气体检测无害后，人员方可进行封堵工作，并持续保持通风。

(2) 人员下井时，经全面检查确认安全后方可下井。

(3) 主洞竖井回填混凝土时，搭设作业平台，采用水下导管灌注。

2. 旋挖钻机引孔

(1) 在桩机行走履带下铺设钢板，以保持旋挖桩机稳固。

(2) 旋挖桩施工时，在作业区挂严禁非打桩施工相关人员入内的标牌。

(3) 钻机成孔时如遇卡钻，立即停止下钻，未查明原因前，不得强行启动。

(4) 在软硬混凝土中钻进时，控制钻进速度。

3. 双轮铣钻凿

（1）双轮铣机械操作人员持证上岗，并严格遵守安全操作规程。

（2）铣槽时，定期检查和更换铣头截齿。

（3）铣槽过程中，保持气举反循环、泥浆系统的通畅。

（4）铣槽过程中及成槽后，对导墙沟槽加盖钢筋防护网。

4. 钢筋笼制作与吊放

（1）吊装前，对工人进行安全教育及安全技术交底。

（2）吊装前，检查钢筋笼各吊点焊接质量是否可靠，吊索具是否符合规范，严禁使用非标、不合格吊索具。

（3）两台起重机同时起吊，注意吊点负荷的分配，每台起重机分担质量的负荷不得超过该机允许负荷的80%。

（4）钢筋笼起吊时，对两台起重机进行统一指挥，使两台起重机动作协调相互配合。

（5）起吊时不能使钢筋笼在地面上拖拉，以防造成下端钢筋弯曲变形。

（6）起重机吊起钢筋笼时，先吊离地面200～500mm，检查并确认起重机的稳定性、制动器可靠性和绑扎牢固后，将钢筋笼转至吊机的正前方，控制钢筋笼的摆动。

（7）钢筋笼起吊旋转时，速度均匀平稳，以免钢筋笼在空中摆动发生危险。

（8）钢筋笼入槽时，严禁起重臂摆动而使钢筋笼产生横向摆动，造成槽壁坍塌。

5. 灌注混凝土成槽

（1）水下混凝土灌注制订合理的作业程序和机械车辆走行路线，现场设专人指挥、调度，并设立明显标志，防止相互干扰碰撞，机械作业相互保持安全距离，确保协调、安全施工。

（2）孔口料斗牢固固定于孔口，不得有晃动、摇摆等现象。

4.3 地下连续墙抓斗附挂式工字钢接头刷壁器刷壁施工技术

4.3.1 引言

地下连续墙成槽时，抓斗在一序槽段开挖时由槽段两端向外延伸超挖20～40cm，以便带有工字钢接头的钢筋笼顺利安放；在灌注墙体混凝土前，向两侧超挖处回填砂袋，以防止灌注混凝土时发生绕渗。实际施工过程中，灌注成槽时无法避免混凝土绕渗进入相邻的槽段内，并粘附在工字钢接头段，为此在相邻槽段施工时，需要对工字钢接头进行刷壁处理。

地下连续墙工字钢接头清刷质量的好坏，以及清刷效率的高低，直接影响到地下连续墙的止水效果及施工进度。通常的刷壁方法多采用冲击型刷壁法，如在冲击方形钻头或方形重锤的侧面自制钢丝刷，冲击刷除工字钢槽内附着的混凝土。刷壁时，采用吊车吊放刷壁器上下、反复冲刷，当钢丝刷遇到不规则分布的混凝土块时，悬吊的刷壁器容易发生顺层滑动，存在刷壁效果差、垂直度控制难，严重影响钢筋笼正常安放；同时，使用吊车需占用工位、更换施工机械、工序转换增加辅助作业时间；另外，刷壁耗时长、效率低，造成总体施工综合成本高。

为了解决地下连续墙工字钢接头清刷面临的诸多问题，通过对接头刷壁器钢毛刷进行改进，以及对刷壁器安装方式进行优化，将刷壁器附着自挂固定在成槽机抓斗架体外侧，利用成槽机的斗架体带动刷壁器进行上下运动，从而对地下连续墙工字钢接头面进行清理刷壁，使得刷壁效果得到了明显改善，解决了工字钢接头清刷的质量问题，直接利用成槽机大大减少了工序转换，节省了刷壁时间，提高了施工效率，取得了显著成效。

4.3.2　工艺特点

1. 刷壁效果好

由于成槽机的抓斗架重，刷壁器在遇到混凝土块时，能将其强制清除；同时，刷壁器采用硬质钢丝制作的毛刷刷壁，可压缩性好、有弹性、洗刷力强；另外，成槽机抓斗刷壁可通过操作室准确控制垂直度，可较好保证刷壁效果。

2. 刷壁效率高

成槽机上、下卷扬机的速度快，通过将刷壁器附挂安装固定在成槽机抓斗架上，可快速进行刷壁，采用传统刷壁器平均每幅槽刷壁需要 12 个小时，采用新型刷壁器平均每幅槽刷壁仅需 2 个小时，效率显著提升。

3. 操作简便

本刷壁器采用附着板自挂式和卡环、吊环、钢丝绳固定，用材简单，安装、拆卸操作便捷。

4. 刷壁成本低

由于本刷壁器使用成槽机操作刷壁，从而无需另外租赁吊机，节约了设备成本；同时，新型刷壁器重量只有 39kg 左右，与成槽机抓斗架固定连接在一起，可依靠斗架体的重量来完成刷壁，工作时能耗低；另外，刷壁器附挂板的加工成本低，钢丝毛刷可从现场废旧的钢丝绳中截取，总体刷壁成本低。

4.3.3　适用范围

适用于地下连续墙工字钢刷壁。

4.3.4　工艺原理

1. 抓斗附挂式工字钢接头刷壁器结构及原理

本工艺所述的刷壁器是以成槽机抓斗作为主体，在抓斗架体外侧设置紧贴的附着板，附着板上安设钢丝刷、抓斗卡扣和吊挂环，其与抓斗整体形成自挂式地下连续墙刷壁器，利用成槽机的斗架体带动刷壁器进行上下运动，对地下连续墙工字钢接头面进行清理刷壁，大大提高刷壁效果、减少刷壁时间。区别于传统刷壁器施工方法具有刷壁效果好、效率高、操作简便、刷壁成本低等优点。

附挂式地下连续墙刷壁器结构图见图 4.3-1、图 4.3-2，刷壁原理见图 4.3-3。

2. 刷壁器工艺参数

本工艺在原传统刷壁器刷壁施工方法基础上进行改进，采用耐磨钢板和钢丝绳为主要材料制作抓斗附挂式工字钢接头刷壁器，其主要结构由附挂板、吊环、卡扣、钢丝绳等构成。

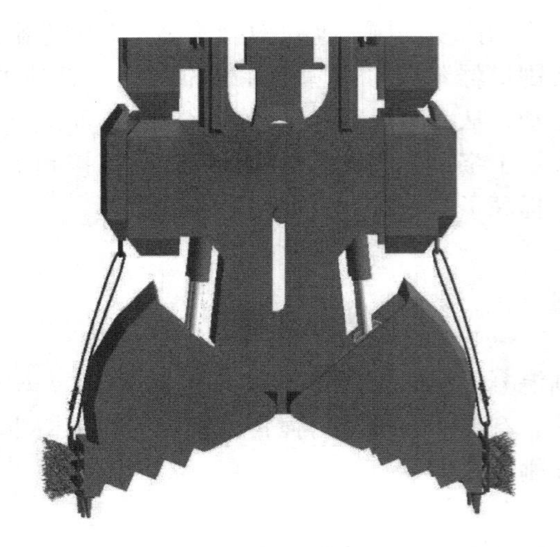

图 4.3-1　成槽机抓斗附挂式刷壁器（正视）

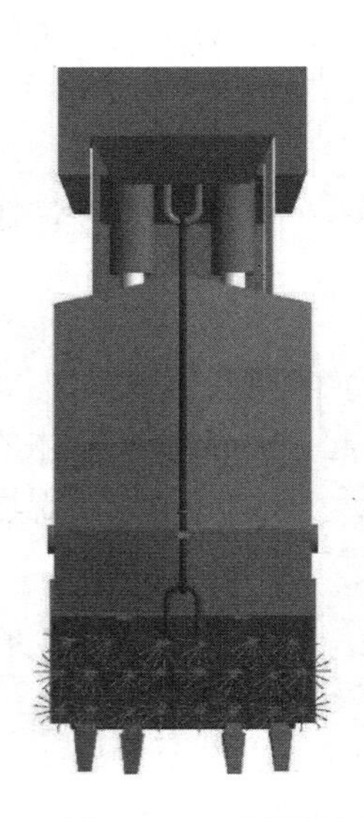

图 4.3-2　成槽机抓斗附挂式刷壁器（侧视）

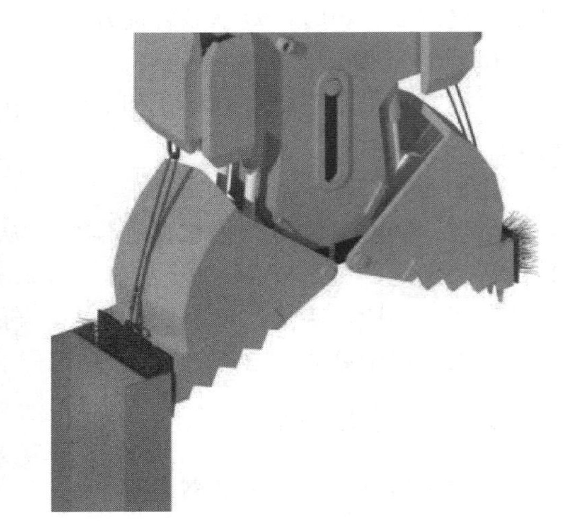

图 4.3-3　成槽机抓斗附挂式刷壁器工字钢接头刷壁原理示意图

地下连续墙宽800mm时，工字钢宽为720mm，其抓斗附挂式工字钢接头刷壁器工艺参数如下：

（1）附挂板尺寸设计为680mm×300mm（长×宽），附挂板选择采用耐磨钢板，钢板厚度15～20mm。

（2）为确保钢丝绳刷的刷壁效果，钢丝绳刷安装孔布设应最大限度地提升其密度和刚度，使刷壁时能充分地对工字钢进行冲刷。为此，在附挂板上每隔6～8cm间距，用氧焊烧割开设1个直径28～30mm钢毛刷安装孔，设三排，每排6个孔，孔间采用平行或梅花形布设。

（3）吊环和卡扣采用直径22～25mm钢筋制作。

（4）钢丝绳采用硬质型，可利用施工现场废弃的钢丝绳裁剪使用；钢丝绳6×7+FC

（6股，每股7根丝），外径25mm；钢丝绳每节长35cm，每节钢丝绳严禁出现断股。

4.3.5　施工工艺流程

地下连续墙抓斗附挂式工字钢接头刷壁器刷壁操作施工工艺流程见图4.3-4。

4.3.6　工序操作要点

本工艺操作要点以德国宝峨地下连续墙抓斗、设计墙厚800mm为例。

1. 地下连续墙抓斗成槽

（1）根据设计图纸和测量放线控制在导墙上精确划出分段标记线。

（2）槽段开挖时，地下连续墙抓斗每一抓宽度为2.8m，根据槽段分段标记，一般采用三序成槽，先挖两边、再挖中间。

（3）成槽过程中，实测槽壁变形、垂直度、泥浆液面高度，并控制抓斗上下移动速度。

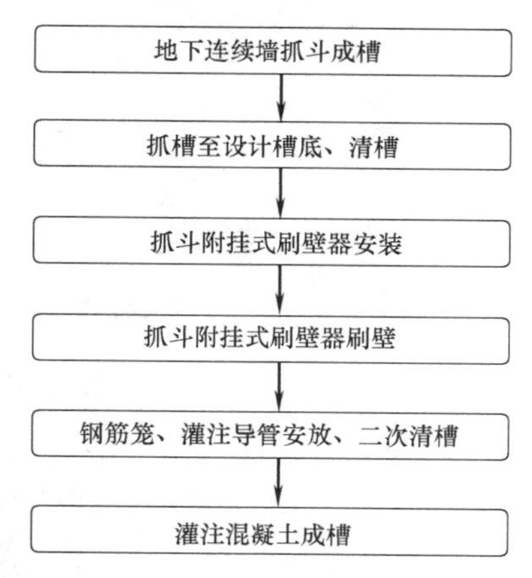

图4.3-4　地下连续墙刷壁器操作施工工艺流程示意图

（4）成槽施工中注意观察车载测斜仪器指针，发现偏斜随时采用纠偏导板来纠偏。

（5）成槽时，边开挖边向导墙内泵送泥浆，保持液面在导墙顶面下30～50cm，挖槽过程中随着孔深的向下延伸，随时向槽内补浆，使泥浆面始终位于泥浆面标高，直至成槽完成。

2. 抓槽至设计槽底、清槽

（1）抓槽至设计槽底后，检查槽位、槽深、槽宽及槽壁垂直度。

（2）成槽检验合格后，采用抓斗捞取沉淀物进行清槽。

3. 抓斗附挂式刷壁器安装

（1）钢丝刷安装：钢丝绳采用切割机按需要长度切割，在附挂板上两孔对穿，并保持外露长度一致，钢丝绳安装见图4.3-5～图4.3-7。

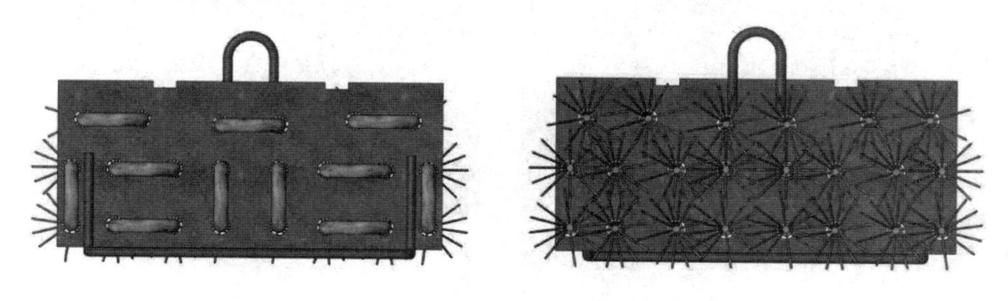

图4.3-5　附挂板钢丝刷安装正、反面示意图

（2）附挂板安装：附挂板安装钢丝刷后，将卡扣套入抓斗底部斗齿，并卡紧，具体见图4.3-8；安装时清除抓斗上的杂物，将附挂板紧贴抓斗侧面，具体见图4.3-9；采用钢丝绳将附挂板和抓斗的吊环相互连接，并拉紧钢丝绳，再用钢丝绳U形卡固定，具体操作见图4.3-10。

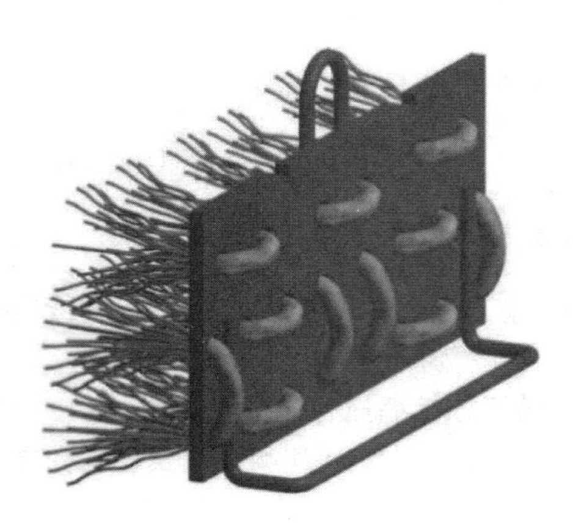

图 4.3-6　附挂板钢丝刷安装侧面示意图

图 4.3-7　附挂板钢丝刷安装实物

图 4.3-8　附挂板卡扣套入抓斗底部斗齿

4. 抓斗附挂式刷壁器刷壁

（1）附挂式刷壁器安装完成后，启动抓斗机入槽，沿着工字钢侧进行上下反复刷壁。

图 4.3-9 附挂板与抓斗侧面紧贴

图 4.3-10 附挂板与抓斗吊环钢丝绳连接固定

（2）刷壁时，通过移动抓斗紧贴工字钢，加大刷壁器的洗刷力，快速清理工字钢上残留的混凝土块。

（3）刷壁时，观察抓斗操作室的垂直度控制仪，当刷壁器钢丝刷接触残留的混凝土块时，垂直度仪表上会出现偏差，此时反复在该段位置洗刷，直至垂直度恢复。

（4）长时间刷壁后，钢丝刷毛会产生开叉弯卷，需及时进行钢丝毛刷的更换，以保持其洗刷效果。

5. 钢筋笼、灌注导管安放、二次清槽

（1）抓斗附挂式刷壁器刷壁清槽后，进行钢筋笼安放。

（2）司索工指挥吊机将扁担缓缓落至钢筋笼面层分布筋上，然后由装调工将扁担上钢丝绳用卸扣与吊环连接锁紧。

（3）起吊时，主钩起吊钢筋笼顶部，副钩起吊钢筋笼中部，多组葫芦主副钩同时工作，使钢筋笼缓慢吊离地面，控制钢筋笼垂直度，对准槽段位置缓慢入槽并控制标高。

（4）钢筋笼安放入槽后进行灌注导管安放，用吊车将导管调入槽段。

（5）钢筋笼、灌注导管安放过程中，如因时间过长导致槽底泥渣厚度超标，则采取气举反循环进行二次清槽。

6. 灌注混凝土成槽

（1）混凝土灌注采用水下导管回顶法施工，两组灌注导管同时灌注。

（2）混凝土灌注前测试坍落度，并做好试块。

（3）每幅槽段做一组抗渗试件、两组抗压试件。

4.3.7　材料与设备

1. 材料

本工艺所用材料主要为耐磨钢板、钢丝绳、直径22～25mm钢筋等。

2. 主要机械设备

本工艺主要机械设备配置见表4.3-1。

主要机械设备配置表　　表4.3-1

机械名称	型　号	备　注
地下连续墙抓斗	宝峨GB46	地下连续墙成槽及刷壁器附挂安装
履带起重机	260t	钢筋笼吊装
履带起重机	SCC500C	钢筋笼、灌注导管吊装

4.3.8　质量控制

1. 抓斗成槽

（1）根据设计图纸将地下连续墙分幅，幅长按设计布置，并在导墙上做好标识。

（2）成槽采用宝峨BG46，该机配有垂直度显示仪表和自动纠正偏差装置，成槽时观测其变化，并及时进行纠偏。

（3）成槽时，建立现场泥浆循环系统，调配好优质泥浆，并定期检测泥浆性能。

（4）抓槽至设计深度后，记录槽位、槽深、槽宽及槽壁垂直度等，并进行清槽。

2. 抓斗附挂式刷壁器安装

（1）检查附挂板尺寸，各参数指标符合配置要求。

（2）采用钢丝绳将附挂板和抓斗的吊环相互连接，并拉紧钢丝绳，再用钢丝绳U形卡固定，防止操作过程中附挂板脱落。

（3）附挂板上钢丝绳刷的钢丝绳采用硬质型，以保持刷壁效果。

3. 抓斗附挂式刷壁器刷壁

（1）附挂式刷壁器安装完成后，启动抓斗机入槽，沿着工字钢侧进行上下反复刷壁，注意控制抓斗上下移动速度。

（2）刷壁时通过移动抓斗紧贴工字钢内反复洗刷，加大刷壁器的洗刷能力。

（3）刷壁时观察抓斗操作室的垂直度控制仪，当刷壁器钢丝刷接触残留的混凝土块时，垂直度仪表上会出现偏差，此时反复在该段位置洗刷，直至垂直度恢复。

（4）长时间刷壁后，钢丝刷毛会产生开叉弯卷，此时应及时进行钢丝毛刷的更换，以保持其洗刷能力和效果。

4.3.9 安全措施

1. 刷壁器安装

（1）附挂板氧焊烧时，由专业人员操作。

（2）电焊机需设有可防雨、防潮、防晒的机棚，并备有消防器材。

（3）钢丝绳刷采用人工两孔对穿，操作人员穿戴好劳保用品，防止对穿过程中造成伤害。

2. 刷壁作业

（1）宝峨 GB46 成槽机操作人员需经过专业训练，熟悉机械操作性能，经专业管理部门考核取得成槽机操作证后凭证上岗。

（2）成槽机入槽前，检查刷壁器是否安装稳固。

（3）刷壁过程中，在导墙两侧设立警示标志，防止人员失足跌入沟槽。

4.4 地下连续墙大直径潜孔锤跟管咬合引孔成槽施工技术

4.4.1 引言

地下连续墙成槽施工遇到深厚岩层时，一般采用旋挖钻机分序取芯引孔，或采用冲孔桩机十字锤冲击引孔，再采用冲击方锤修孔。旋挖或冲击引孔存在二序孔垂直度控制难，偏孔处理时间长的问题；引孔数量少或引孔偏斜，给方锤冲击修孔带来更大的困难，总体表现为施工进度慢，综合成本高；尤其冲击引孔速度慢，为保持施工进度，一般一幅槽内会开动两台冲击钻机同时引孔或修孔，交叉作业带来较大的安全隐患。

深圳市城市轨道交通 13 号线 13101 标段（白芒站）项目围护结构地下连续墙施工，基坑平均深度 24m，地下连续墙共 12 幅，设计墙厚 800mm、墙深 24m，导墙宽 850mm，标准幅宽 6m；场地地层埋深 12m 之上为填土、砂层、砂质黏土，埋深 12m 之下为中、微风化花岗岩层，地下连续墙成槽需穿越 12m 的岩层。为克服上述深厚硬岩地下连续墙成槽施工过程中引孔出现的困难，我司发挥潜孔锤破岩的优势，利用大直径潜孔锤采用超设计桩径、小间距、全套管跟管、分序、咬合式引孔，引孔完成后直接采用抓斗清槽即可满足成槽技术要求，避免了通常需要用方锤修孔的工序操作，达到了引孔破岩效率高、成槽速度快、综合成本低、安全环保绿色施工的效果，取得了显著成效，并形成了施工新技术。

4.4.2 工艺特点

1. 成槽速度快

本工艺针对超厚硬岩，采用大直径潜孔锤钻进引孔成槽，潜孔锤在中风化岩层中单孔每小时可钻进 3～6m，在微风化岩层中单孔每小时可钻进 2～3m，效率是旋挖、冲击成孔的 5～10 倍；同时，采用本工艺引孔后无须再采用冲击方锤修孔，减少了工序操作，大大提升施工进度。

2. 成槽质量好

本工艺采用超设计桩径、分序孔小间距、全套管跟管、咬合式引孔，引孔后直径与设计桩径基本一致，跟管钻进确保了钻孔的垂直度，二序钻孔采用咬合引孔使得孔壁残留零星锯齿状硬岩较少，采用抓斗直接清槽即可满足成槽技术要求，相比旋挖取芯和冲击破岩引孔成槽质量更有保证。

3. 安全可靠

本工艺采用潜孔锤钻进引孔作业，无须泥浆循环系统布置、泥浆制作和外运，现场临时道路、设备摆放更加有序，减少了大量的冲孔桩机作业，相应的现场管理环节得到简化，避免了安全隐患，提升了现场安全文明水平。

4. 综合成本低

本工艺采用超设计桩径、小间距大咬合、套管跟管潜孔锤钻进引孔，一是破岩效率高、引孔速度快，加快了成槽进度；二是相比其他引孔方法减少了大量机械设备投入，无需再配置泥浆循环系统，减少了泥浆制作和废弃泥渣的外运，总体施工综合成本低。

4.4.3　适用范围

适用于墙宽 800～1200mm 地下连续墙硬岩引孔施工；适用于强度小于 100MPa 的硬质岩层钻进；适用于钻孔深度不超过 30m 的潜孔锤全套管跟管钻进。

4.4.4　工艺原理

本工艺原理主要是利用潜孔锤的高效破岩能力和优势，结合现场深厚硬岩分布情况，采用潜孔锤超设计桩径、分序孔小间距、全套管跟管、咬合式引孔，引孔完成后设计槽段范围内残留的岩质齿边少，采用带截齿的抓斗完成修槽、清槽；本工艺采用了我司多项具有知识产权的专利技术，为国内首创综合成槽技术。

以“深圳市城市轨道交通 13 号线 13101 标段白芒站项目围护结构地下连续墙施工项目”为例。

1. 一序孔潜孔锤套管护壁引孔

（1）一序引孔拟采用上部土层段全套管护壁，大直径潜孔锤钻进工艺。

（2）套管外径 816mm、长 12m、采用振动锤下入，套管底部下沉至岩层顶面。

（3）潜孔锤钻头采用高频直锤，直径 760mm，配置三台空压机，自孔口向下钻进引孔，穿越硬岩至孔深 24m 设计标高。

（4）引孔终孔后，拔出套管再进行相邻另外一序孔引孔；一序孔的孔间距 200mm，重复以上工序操作，完成一幅槽内的 7 个引孔。

一序孔标准槽宽引孔平面、剖面布设见图 4.4-1、图 4.4-2。

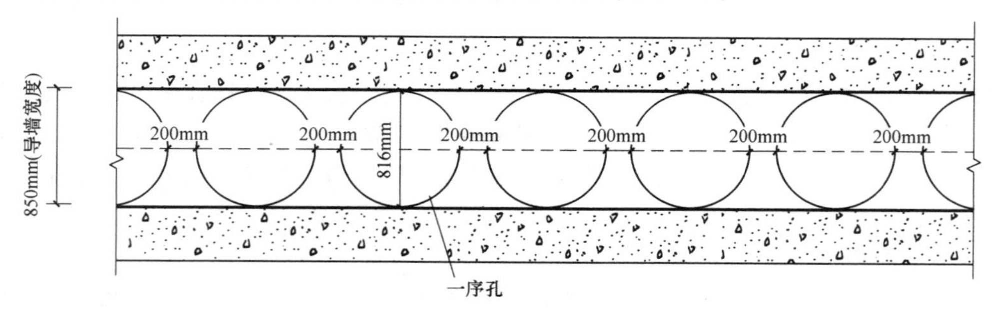

图 4.4-1　潜孔锤一序孔钻进引孔平面布置图

2. 二序孔全套管跟管钻进引孔

(1) 二序孔在槽段内一序孔全部引孔结束后进行。

(2) 二序孔拟采用潜孔锤咬合引孔，为确保二序孔的垂直度，采用潜孔锤全套管跟管钻进引孔二序孔，二序孔位置定位于两个一序孔孔间中心位置处，一序孔引孔平面布置见图 4.4-3。

(3) 跟管套管外径 816mm、长 24m，单节套管长 12m，采用孔口焊接连接，满足套管下沉至设计标高；套管底部设置有管靴结构，其独特凸出结构设计，使套管底部直径小于潜孔锤钻头顶部直径，确保潜孔锤钻头引孔时与套管同步钻进；潜孔锤全护筒跟管钻进的管靴结构为我司的专利技术，专利号：ZL 2014 2 0436322.6。套管管靴与潜孔锤钻进配合见图 4.4-4、图 4.4-5。

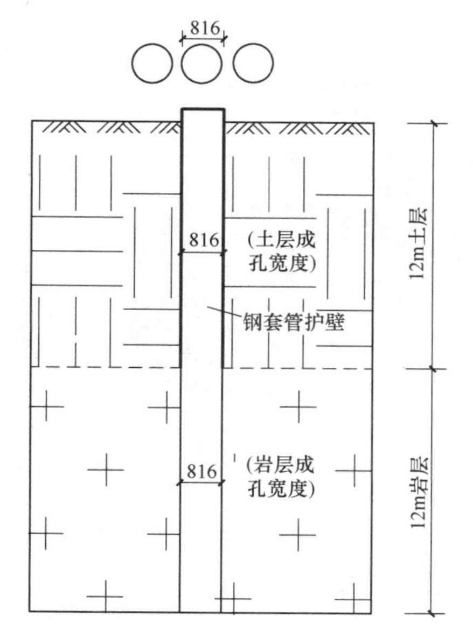

图 4.4-2 潜孔锤一序孔引孔剖面布置图

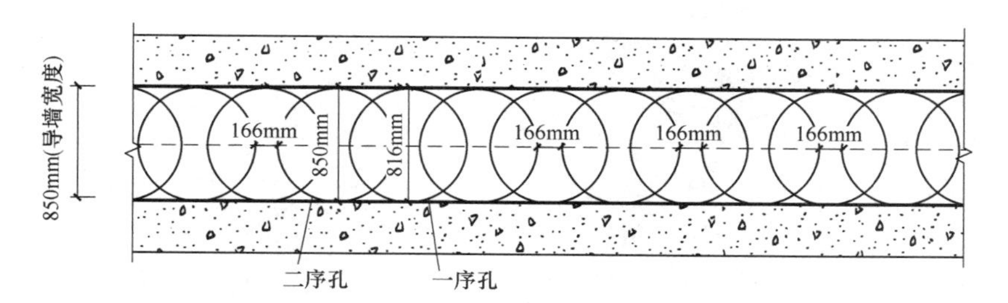

图 4.4-3 潜孔锤二序孔全套管跟管钻进引孔平面布置图

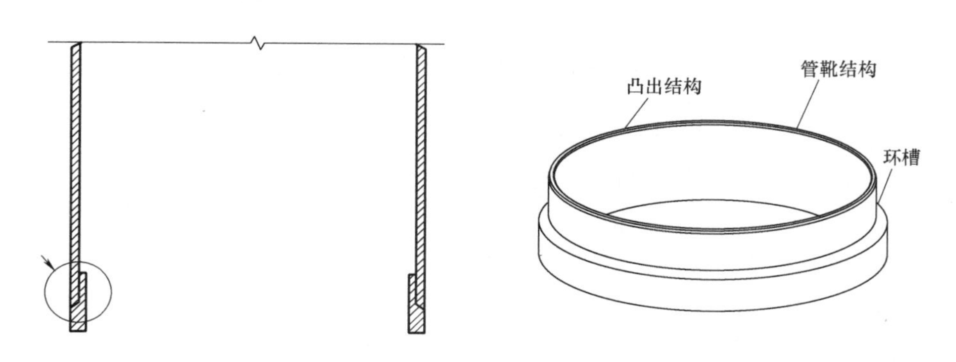

图 4.4-4 管靴结构示意图

(4) 潜孔锤钻头采用跟管钻头，钻头直径 760mm，配置三台空压机；钻进前潜孔锤携套管同步就位，启动空压机后，潜孔锤跟管钻头底部四块滑块受高风压向外的冲击力作用，沿钻头底部的滑动面滑出，形成直径约 850mm 钻孔钻进断面，外扩超出套管直径，在实现槽段大面积破岩的同时，套管顺利跟管钻进，直至钻进 24m 孔深位置。潜孔锤跟

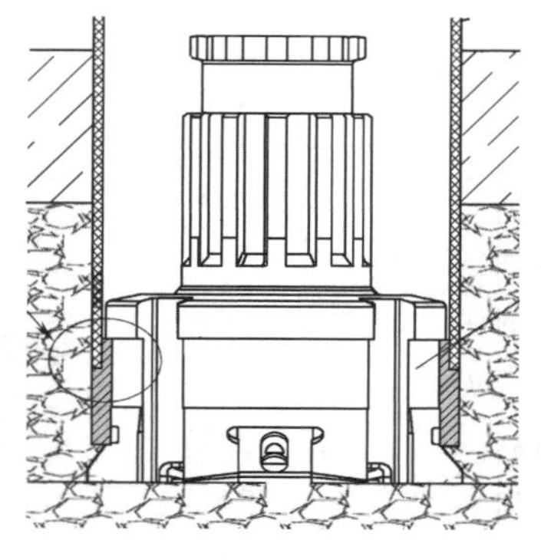

图 4.4-5　管靴结构与跟管潜孔锤

管钻头为我司的专利技术，专利号：ZL 2014 2 0870957.7。潜孔锤跟管滑块钻头、钻头与套管配合钻进情况见图 4.4-6。

图 4.4-6　钢护筒搭配管靴结构与潜孔锤连接

(5) 二序孔引孔终孔后，拔出套管再进行相邻孔引孔，重复以上工序操作，完成一幅槽内的 5 个孔和槽段间的另 2 个孔的引孔。二序孔引孔剖面见图 4.4-7，完成后平面效果见图 4.4-8。

3. 采用改进液压抓斗修槽、清槽

(1) 潜孔锤二序引孔后，由于采用的是大直径潜孔锤钻头、小间距咬合引孔，因此在设计幅宽的槽壁上残留的硬岩齿边少，无需采用冲击方锤修槽，此时采用一种改进式的液压抓斗修整槽壁残留齿边，使全断面达到设计尺寸成槽要求，确保槽段钢筋网片顺利安放到位。

(2) “带截齿的地下连续墙成槽机液压抓斗”是我司的专利技术，专利号：ZL 2017 2 0340463.1。其将旋挖钻具切割硬岩的截齿镶嵌在液压抓斗四周，发挥截齿破岩的能力，通过镶嵌在抓斗上的截齿对槽壁的残留齿边进行破除和抓取，大大提升了修槽效率，取得显著的清槽效果。带截齿的成槽机液压抓斗见图 4.4-9、图 4.4-10。

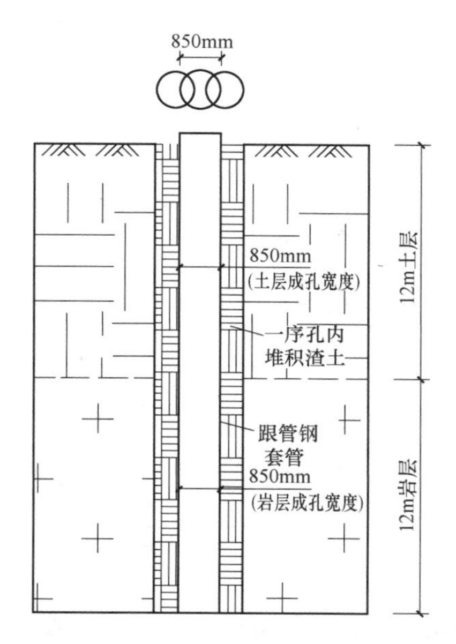

图 4.4-7　潜孔锤二序孔全套管跟管钻进引孔剖面图

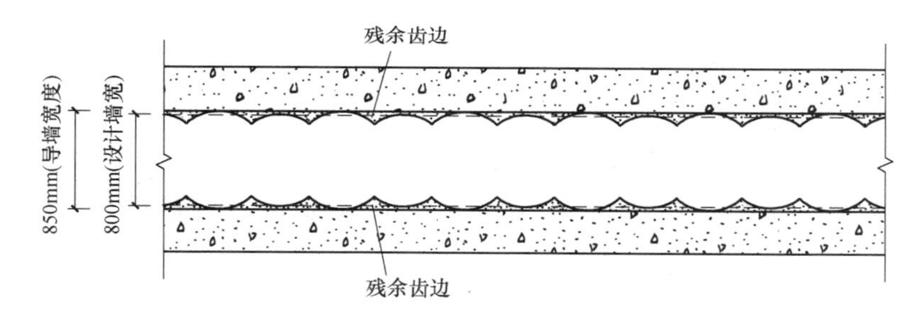

图 4.4-8　潜孔锤二序孔全套管跟管钻进引孔平面效果图

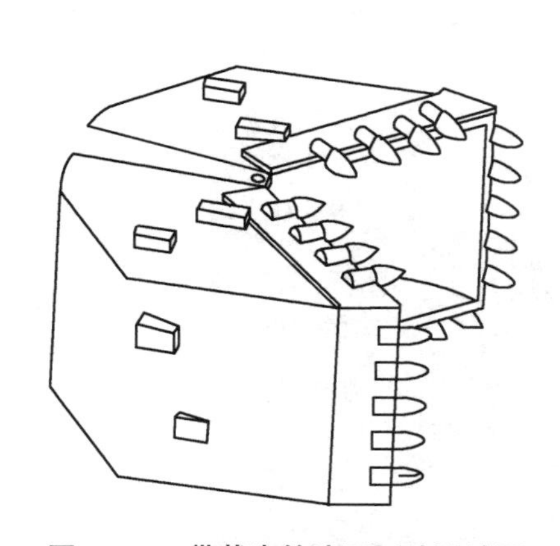

图 4.4-9　带截齿的液压抓斗设计图

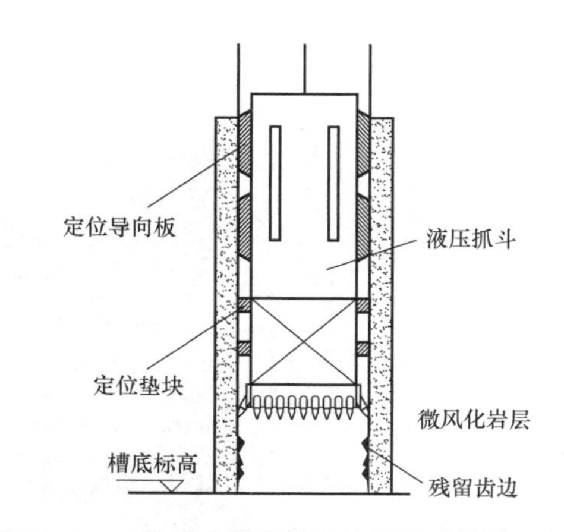

图 4.4-10　带截齿的成槽机液压抓斗修槽示意图

4.4.5　施工工艺流程

地下连续墙硬岩潜孔锤跟管咬合引孔成槽施工工艺流程见图 4.4-11。

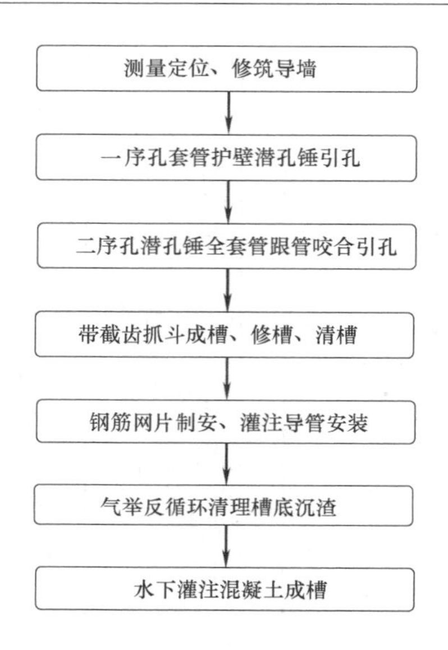

图 4.4-11　地下连续墙大直径潜孔锤跟管咬合引孔成槽施工工艺流程图

4.4.6　工序操作要点

1. 测量定位、修筑导墙

（1）根据业主提供的基点、导线和水准点，在场地内设立施工用的测量控制网和水准点；专业测量工程师按施工图设计将地下连续墙轴线测量定位，两侧墙净距中心线与地下连续墙中心线重合。

（2）导墙用钢筋混凝土浇筑而成，导墙断面为“┐ ┌”形，厚度 150～200mm，宽度为 0.85m，深度 1.5～2.0m，其顶面高出施工地面 100mm。

（3）导墙沿轴线开挖，采用机械和人工进行；验槽后绑扎钢筋、支模、浇筑导墙混凝土，导墙现场施工图见 4.4-12。

图 4.4-12　导墙施工

2. 一序孔套管护壁潜孔锤引孔

（1）一序孔采用钢套管护壁，套管直径 816mm，壁厚 14mm，长度约 12～14m，采用 450 型单夹持振动锤沉入。护壁钢套管见图 4.4-13，单夹持振动锤见图 4.4-14。

图 4.4-13 护壁钢套管

图 4.4-14 450 型单夹持振动锤

（2）振动锤按各一序孔中心点定位套管中心，利用共振原理，使套管的强迫振动频率与土层颗粒的振动频率一致，土层颗粒产生共振，足够的振动速度和加速度迅速破坏桩和土层间的黏合力，使桩身与土层从压紧状态过渡到瞬间分离状态，沉桩阻力尤其侧面阻力迅速减小，护壁套管在自重作用下得以下沉到位。

（3）每一根套管连续振动下沉至基岩顶面，可采用一次性沉入多个一序孔套管的方法，以加快施工进度。现场单夹持振动锤夹持钢护筒见图 4.4-15。

（4）一序孔钢套管到位后，采用潜孔锤引孔钻进；潜孔锤钻机采用我司改制的 SH180 履带式大直径潜孔锤钻机，潜孔锤钻头采用直炮锤头，潜孔锤直径 760mm。潜孔锤钻机见图 4.4-16，潜孔锤钻头见图 4.4-17。

图 4.4-15 450 型单夹持振动锤夹持沉入套管

图 4.4-16 SH180 履带式大直径潜孔锤钻机

图 4.4-17　大直径潜孔锤钻头

（5）先将钻具提入套管内，再将潜孔锤钻头向上提离 20～30cm，开动空压机、钻具上方的回转电机，风压正常后开始潜孔锤钻进作业；现场配备 3 台大风量空压机，每台空压机压力调至 1.8MPa，3 台空压机总排气量达 $82m^3/min$，以有效保证稳定、持续的气压和足够的供风量，为钻头提供稳定的动力。空压机配置见图 4.4-18。

图 4.4-18　3 台空压机

（6）潜孔锤硬岩钻进时，注意在操作平台控制面板进行垂直度自动调节，确保引孔效果；潜孔锤引孔钻进过程中，空压机超大风压将钻渣携出，为防止渣土、粉尘污染，在潜孔锤钻具上设置串筒式伸缩降尘防护罩，具体见图 4.4-19。

（7）待潜孔锤钻进至设计深度后，提出潜孔锤钻具，移动钻机至下一孔位进行成孔作业；待该幅槽段所有一序孔成孔完毕后，用振动锤将套管拔出。

3. 二序孔潜孔锤跟管钻进引孔至设计深度

（1）二序孔采用潜孔锤咬合跟管引孔，其定位中心点为两个一序孔之间的中心点。

（2）潜孔锤跟管引孔采用管靴结构，管靴与套管焊接连接，焊接前预先采用管道切割机对套管进行切割处理，以保证管靴与护筒处于同心圆；切割形成的坡口，可使管靴对接

图 4.4-19 潜孔锤引孔钻进串筒式降尘防护罩

焊接时焊缝填埋饱满。套管底部切割见图 4.4-20，管靴见图 4.4-21，管靴与套管对接、焊接具体情况见图 4.4-22。

图 4.4-20 套管底部切割处理

图 4.4-21 管靴结构

图 4.4-22 管靴与套管对接、焊接

（3）潜孔锤钻头采用滑块式跟管钻头，吊放入套管前进行锤头表面清理，确保套管管靴结构与钻头的有效作用。跟管潜孔锤锤头及入孔前清理见图4.4-23，潜孔锤安放入套管内见图4.4-24，潜孔锤钻头套管内就位情况见图4.4-25。

图4.4-23　二序孔钻进潜孔锤锤头及入套管前清理

图4.4-24　吊放潜孔锤

图4.4-25　潜孔锤套管内就位

（4）移动钻机对准二序孔位，并再次对桩位、护筒垂直度进行检验；潜孔锤启动后，先将潜孔锤钻具提离导槽底20～30cm，开动空压机，待高风压正常后开始潜孔锤钻进作业；潜孔锤底部的四个均布的钻齿滑块外扩并超出护筒直径，随着破碎的渣土或岩屑吹出孔外，套管紧随潜孔锤跟管下沉，并进行有效护壁。潜孔锤跟管钻进见图4.4-26。

（5）当套管跟管钻进下沉至孔口约1.0m时，需将钻杆和套管接长；此时，将钻机与

图 4.4-26 潜孔锤跟管钻进

潜孔锤钻杆分离，钻机稍稍让出孔口，先将钻杆接长，钻杆接头采用六方键槽套接连接，当上下两节钻杆套接到位后，再插入定位销固定；钻杆接长后，将下一节套管吊起置于已接长的钻杆外的前一节套管处，将上下两节套管对接平齐、焊接，并加焊加强块。孔口钻杆接长见图 4.4-27，跟管套管孔口焊接接长见图 4.4-28。

图 4.4-27 孔口钻杆吊装、接长

图 4.4-28 跟管套管孔口对接、焊接接长

（6）潜孔锤钻进至设计墙底标高位置后，即停止钻进，提出潜孔锤钻具，再采用 450 型单夹持振动锤起拔套管，具体见图 4.4-29；当起拔套管至对接位置时，采用氧焊切割焊缝（图 4.3-30），再采用振动锤起拔套管。

图 4.4-29　振动锤起拔套管

图 4.4-30　氧焊切割起拔套管对接口

4. 带截齿抓斗成槽、修槽、清槽

（1）地下连续墙经分序引孔后，槽壁上残留少量硬岩齿边，为此采用我司带截齿的抓斗抓槽，并同时修槽，成槽采用德国宝峨 GB80S 抓斗机。

（2）将液压抓斗原有的抓土结构卸除，以 4cm 钢板作为截齿镶嵌胎体（图 4.4-31），镶嵌角度选择 36°（图 4.4-32），制作成带截齿的地下连续墙成槽机液压抓斗（图 4.4-33）。

图 4.4-31　4cm 钢板胎体上镶嵌截齿

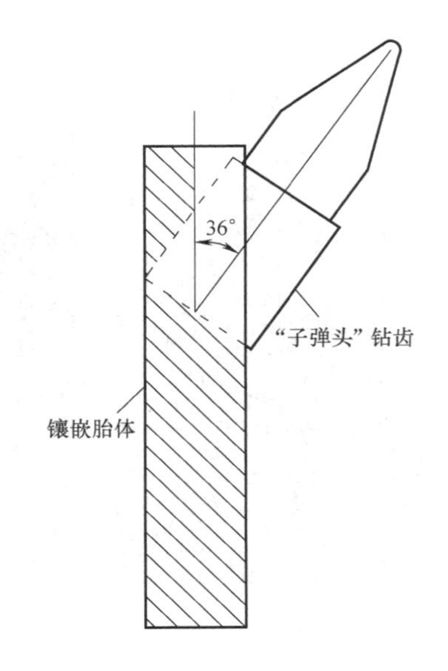

图 4.4-32　截齿镶嵌角度示意图

（3）在抓斗抓槽、修槽过程中，调整好泥浆相对密度和黏度，保持槽壁稳定；同时，通过成槽机操作室观察成槽机可视化数字显示屏，控制垂直度，确保抓槽、修槽质量。现场抓槽、修槽施工见图 4.4-34。

图 4.4-33 带截齿的地下连续墙成槽机液压抓斗

图 4.4-34 带截齿抓斗成槽、修槽、清槽

5. 钢筋网片制安、灌注导管安装

（1）地下连续墙的钢筋网片按设计图纸加工制作，制作场地硬地化处理，主筋采用套筒连接，接头采用工字钢，钢筋网片一次性制作完成；钢筋网片制作完成后，检查所有钢筋型号及尺寸、预埋钢筋、预埋件、连接器等的规格、数量及位置，并报监理工程师验收。

（2）钢筋网片采用吊车下入，吊装前编制专项吊装方案，报专家评审通过后实施；现场吊装采用 1 台 150t、1 台 80t 履带吊车多吊点配合同时起吊，吊离地面后卸下 80t 吊车吊索，采用 150t 吊车下放入槽。吊放钢筋笼见图 4.4-35。

（3）钢筋网片安放后，下入 2 套导管同时灌注，以满足水下混凝土扩散要求，保证灌注质量；灌注导管下放前，对其进行泌水性试验，确保导管不发生渗漏；导管安装下入密封圈，严格控制底部位置。

6. 气举反循环清理槽底沉渣

（1）在灌注混凝土前，测量槽底沉渣，如沉渣厚度超过设计要求，则采用气举反循环进行二次清孔。

（2）导管下放至距沉渣面 30～50cm，高压风管下放深度以气浆混合器至泥浆面距离与孔深之比的 0.55～0.65 来确定；开始送风前先向孔内送浆，清孔过程中注意补浆量，严防因补浆不足（水头损失）而造成塌孔；当孔底沉渣较厚、块度较大，或沉淀板结时，可适当加大送风量，并摇动导管，以利排渣；随着沉渣的排出，槽底沉渣较少，导管同步下沉跟进，控制好管底口与

图 4.4-35 钢筋网片吊放

沉渣面的距离，提高清渣效果。

图 4.4-36　灌注前气举反循环二次清孔

（3）在清渣过程中，同时进行槽段换浆，保证泥浆性能指标和沉渣厚度满足设计要求；清渣完成后，检测槽段深度、厚度、槽底沉渣硬度、泥浆性能等，并报监理工程师现场验收。现场二次清孔见图 4.4-36。

7. 水下灌注混凝土成槽

（1）为保证初灌达到 0.5～1.0m 的埋管深度，开始灌注前在导管内放置隔水球胆，并在灌注料斗底口设置隔水盖板；当料斗内混凝土接近放满时，打开盖板，通过混凝土自重和隔水球胆将导管内泥浆排净，并保持连续灌注混凝土。

（2）灌注时，两根导管同时下料，并保证导管处的混凝土表面高差不大于 0.3m。

（3）灌注混凝土过程中，每次导管拆除提升前，采用测绳测量混凝土面高度，确保导管在混凝土的最小埋深不小于 2m。灌注混凝土成槽见图 4.4-37。

图 4.4-37　灌注混凝土成槽

4.4.7　材料与设备

1. 材料

（1）工艺材料：主要是成槽护壁所需的泥浆配置材料，包括：钠基膨润土、CMC（羧甲基纤维素）、NaOH（火碱）等。

（2）工程材料：主要是商品混凝土、钢筋、电焊条等。

2. 主要机械设备

本工艺主要机械设备配置见表 4.4-1。

主要机械设备配置表 表 4.4-1

设备名称	型号尺寸	生产厂家或产地	数 量	备 注
潜孔锤钻机	SH180	自制	1台	钻进引孔，扭矩 180kN·m
潜孔锤钻头	ϕ760	自制	2个	滑块式与非滑块式钻头
单夹持振动锤	450	浙江	1台	激振力 45t
管道切割机	CG2-11C	广东	1个	切割套管底，与管靴结构焊接
空压机	KAISHAN	济南开山	1台	压力 1.8MPa，排气量 35m^3/min
	1070SRH	美国寿力 sullair	1台	压力 1.7MPa，排气量 30.3m^3/min
	780VH	美国寿力 sullair	1台	压力 1.7MPa，排气量 22.1m^3/min
履带式起重机	150t/80t	日本	2台	现场吊装
挖掘机	HD820	日本	1台	挖土、清土
泥浆泵	3PN	上海	3台	泥浆循环
钢套管	内径 816mm	自制	200m	护壁
带截齿抓斗	800mm	自制	1台	抓槽、修孔
电焊机	ZX-700	山东	6台	焊接、加工

4.4.8 质量控制

1. 成槽

（1）严格控制导墙施工质量，重点检查导墙中心轴线、宽度和内侧模板的垂直度，拆模后检查支撑是否及时、到位。

（2）潜孔锤引孔至设计墙底标高位置时，报监理工程师、勘察单位岩土工程师确认，以正确鉴别入岩岩性和深度，确保入岩深度满足设计要求。

（3）抓斗成槽、修槽时，严格控制垂直度，如发现偏差及时进行纠偏；成槽过程中选用优质膨润土配置泥浆，保证护壁效果；抓斗抓取泥土提离导槽后，槽内泥浆面会下降，此时及时补充泥浆，保证泥浆液面满足护壁要求。

（4）当槽底沉渣超过设计要求时，采用气举反循环进行二次清渣，确保槽底沉渣厚度满足要求。

（5）清孔完成后，对槽段尺寸进行检验，包括槽深、厚度、岩性、沉渣厚度等，各项指标必须满足设计和规范要求。

2. 钢筋笼制安

（1）地下连续墙钢筋笼制作按设计和规范要求制作，严格控制钢筋笼加工尺寸，以及预埋件、插航图、接驳器等位置和牢固度，防止钢筋笼入槽时脱落和移位。

（2）钢筋笼制作完成后进行隐蔽工程验收，合格后安放；钢筋笼采用 2 台吊车起吊下槽，下入时注意控制垂直度，防止刮撞槽壁，满足钢筋保护层厚度要求；下放时，注意钢筋笼入槽时方向，并严格检查钢筋笼安装的标高；检查符合要求后，将钢筋笼安装固定在导墙上。

（3）在吊放钢筋笼时，对准槽段中心，不碰撞槽壁壁面，不强行插入，以免钢筋笼变形或导致槽壁坍塌；钢筋笼入孔后，控制顶部标高位置，确保满足设计要求。

3. 灌注混凝土成槽

（1）槽段混凝土采用水下回顶法灌注，采用商品混凝土，设2套灌注导管同时灌注；初灌时，灌注量满足埋管要求；灌注过程中，严格控制导管埋深2～4m，防止堵管或导管拔出混凝土面。

（2）每个槽段按要求制作混凝土试块，严格控制灌注混凝土面高度并超灌80cm左右，以确保槽顶混凝土强度满足设计要求。

4.4.9　安全措施

1. 潜孔锤引孔

（1）本工艺潜孔锤钻机设备重量大，施工前对工作面进行铺垫厚钢板等方式加固处理，防止施工过程中出现地下连续墙变形、坍塌、作业面沉降等。

（2）潜孔锤钻进过程中，加强对导墙稳定的监测和巡视巡查，发现异常及时处理。

（3）振动锤沉入套管时，振动锤作业半径内严禁站人，禁止在振动时和尚未完全停止工作时在锤下进行操作。

（4）潜孔锤引孔作业时，空压机派专人操作，高压风管连接紧固，防止漏气造成伤人。

2. 抓槽、修槽

（1）抓斗成槽过程中，注意槽内泥浆性能及泥浆液面高度，避免出现清水浸泡、浆面下降导致槽壁坍塌现象发生。

（2）抓斗出槽泥土时，转运的泥头车按规定线路行驶，严格遵守场内交通指挥和规定，确保行驶安全。

（3）钢筋笼一次性制作、一次性吊装，吊装作业成为地下连续墙施工过程中的重大危险源之一，施工中进行重点监控，并编制吊装安全专项施工方案，经专家评审后实施。

（4）吊装钢筋笼时，检查吊车的性能状况，确保正常操作使用；在吊装过程中，设司索工进行吊装指挥，作业半径内人员全部撤离作业现场。

（5）成槽后，及时在槽口加盖或设安全围栏，防止人员坠入。

4.5　限高区域地下连续墙钢筋笼吊装技术

4.5.1　引言

在地下连续墙施工过程中，一般情况下墙身钢筋笼采用整体制作和一次性起吊入槽，如图4.5-1所示。钢筋笼起吊采用吊钩、扁担、钢丝绳等吊具，通常吊具高度约3.5m。但当施工现场受高压线影响而处于限高区域时，现场吊装高度不足，则对钢筋笼进行分段制作，在吊装时对分段的钢筋笼进行焊接等方式连接，保证地下连续墙钢筋的整体性。

限高区钢筋笼分段吊装一般采用一台吊机进行钢筋笼分段入槽，在本身吊装高度有限的情况下，单节钢筋笼可制作的长度将再次缩短，进而导致吊装次数多、焊接接长次数多，耗时耗力、成本增加且钢筋笼整体性差；同时，在安放钢筋笼时间拖长，槽壁暴露时

图 4.5-1　地下连续墙钢筋笼吊钩、扁担、钢丝绳整体一次性吊装

间过长的情况下，容易出现槽壁塌孔、笼体夹泥、沉渣过多等现象，对地下连续墙施工质量控制不利。

如深圳某项目地下连续墙施工，墙体位置高压电线处于地面以上 12m 高，根据规范要求，高压电线以下吊装作业需要保证 5m 的安全距离，传统分段吊装作业吊具占用 3.5m 的空间，则理论钢筋笼可制作的分节长度仅为 3.5m，具体施工情况如图 4.5-2 所示。

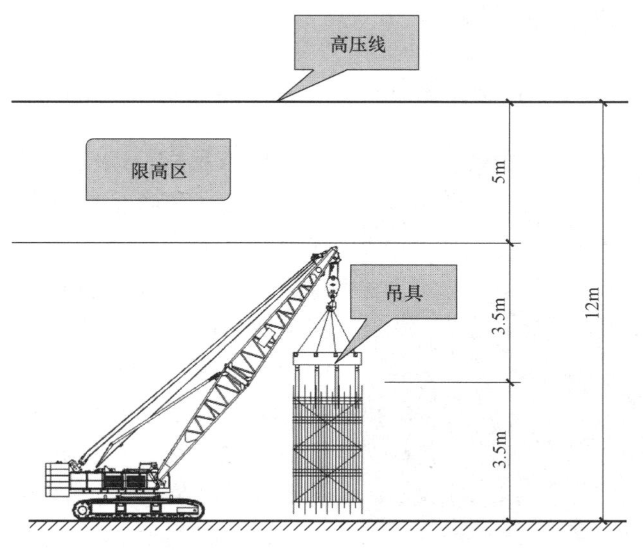

图 4.5-2　限高区单台吊机分段起吊钢筋笼示意图

综上所述，在限高区域地下连续墙钢筋笼分段吊装施工过程急需一种有效、便捷又能保证施工质量的吊装方法。

4.5.2　工艺原理

本工艺所述的限高区域地下连续墙钢筋笼吊装方法，是采用两台主吊机和一台辅助吊机起吊钢筋笼，两台主吊机吊点置于钢筋笼重心水平线靠上 30cm 处，不采用扁担，待钢筋笼抬起竖直后辅助吊机松钩，两台主吊机吊运行走至地下连续墙槽口，并安放钢筋笼。

本工艺的关键技术包括：三吊机抬吊、双吊机吊运安放钢筋笼两部分。

1. 三吊机抬吊施工

采用两台 50t 履带吊作为主吊机，采用一台 25t 汽车吊作为辅助吊机；通过同步对讲设备，由司索工指挥三台吊机共同起吊，先将钢筋笼水平抬起，再通过主、辅吊机共同配合，将钢筋笼竖直吊起，拆除辅助吊机吊钩，完成原地起吊。具体见图 4.5-3。

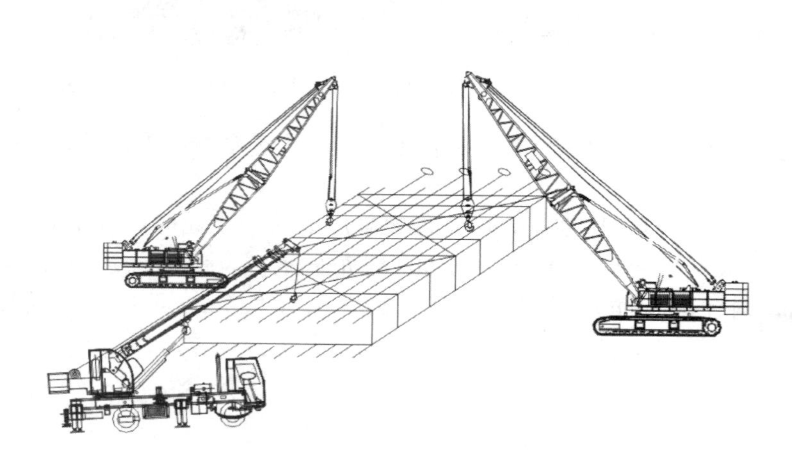

图 4.5-3　限高区域地下连续墙钢筋笼三机抬吊示意图

图 4.5-4　限高区域地下连续墙钢筋笼起吊实例

2. 双吊机吊运安放钢筋笼

在完成钢筋笼原地起吊后，两台主吊机在司索工的指挥下，同步缓慢行走至地下连续墙槽口，同步下放钢筋笼，待钢筋笼孔口固定后，两台吊机移至加工区，吊运下一段钢筋笼。具体见图 4.5-4。

综上所述，限高区域地下连续墙钢筋笼吊装方法，是一种三机抬吊、双机下笼的钢筋笼分段吊装技术，主要操作包括：

（1）起吊时两台主吊机在钢筋笼两侧，不采用扁担，吊点较低，最低可设置在钢筋笼重心水平线以上 30cm 位置，对称布置，辅助吊机吊点布置于距离钢筋笼笼尾部 1m 位置。

（2）司索工与吊机司机通过四台同步对讲设备，指挥三台吊机共同起吊，先将钢筋笼水平抬起 1.5m。

（3）再根据现场指挥两台主吊机缓慢同步起钩，辅助吊机缓慢放钩，直至钢筋笼完全竖直，辅助吊机不受力为止，拆除辅助吊机吊钩，完成原地起吊。

（4）钢筋笼原地竖直吊起后，司索工同步指挥两台主吊机，保持两台吊机相对位置和钢筋笼的稳定，共同行进至槽段附近，操作工人通过缆风绳辅助定位钢筋笼，两台吊机同步缓慢下放主吊钩，待钢筋笼下放至预设位置后孔口固定牢靠，完成当次下笼工作。钢筋笼安放见图 4.5-5。

图 4.5-5　限高区域地下连续墙钢筋笼安放实例

4.5.3　工艺特点

1. 加快施工进度

采用两台主吊机吊装，相比单机吊装的传统方法，无须考虑扁担和钢丝绳占用的高度，最大限度地减少吊具占用的空间，进而增加了钢筋笼的分段长度，减少吊装次数和焊接接长次数，加快施工进度。

2. 保证成槽质量

采用本工艺加快了钢筋笼安放施工进度，减少了槽壁暴露的时间，保证了槽段的施工质量。

3. 综合成本低

本工艺加长了每一次吊装钢筋笼的分段长度，机械行进次数少、综合能耗低，焊接接长次数减少后人工和材料成本得到降低。

4. 现场安全可控

本工艺采用三台吊机起吊，充分保证了吊机在长臂起吊条件下的安全性，利用两台吊机就位时起吊的重量轻，以慢速行进，确保吊装安全可控。

4.5.4　施工工艺流程

限高区域地下连续墙钢筋笼三机抬吊、两吊机安放施工工艺流程见图 4.5-6。

4.5.5　工序操作要点

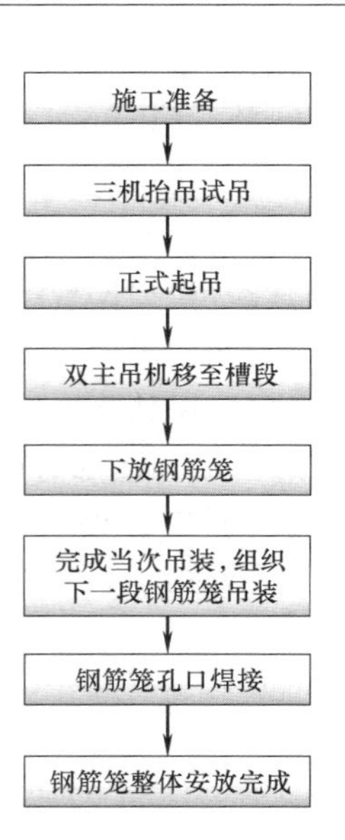

图 4.5-6　限高区域地下连续墙钢筋笼三机抬吊、两吊机安放施工工艺流程图

1. 施工准备

(1) 钢筋笼按设计要求和吊装高度进行加工制作，下笼前进行质量验收，合格后入槽。

(2) 吊车机械行进道路场地平整。

(3) 钢筋笼吊装前组织安全技术交底。

2. 三机抬吊试吊与正式起吊

(1) 起吊前，现场进行试吊，由司索工指挥三台吊机同步起吊，待钢筋笼水平抬起20cm后，检查钢筋笼的稳定性和吊车的各项设施是否正常运转，检查完毕后组织正式起吊。

(2) 正式起吊时，三台吊机将钢筋笼水平提起1.5～2.0m高，两台主吊机继续同步提升，辅助吊机顺势下放吊钩，直至钢筋笼完全回直，再由两台主吊机共同承担为止。

(3) 解除辅助吊机吊钩后，完成原地起吊。

3. 双主吊机同步行进

(1) 司索工利用同步对讲设备指挥两台主吊机行进。

(2) 行进过程中，保持两台吊机的相对位置，并保证钢筋笼的稳定。

(3) 吊装过程中，采用缆风绳辅助调整钢筋笼，保持相对稳定。

4. 下放钢筋笼

(1) 两台主吊机同步缓慢行进至地下连续墙槽段附近后，司索工指挥两台吊机同步停车，调整钢筋笼位置。

(2) 钢筋笼与槽段相对位置调整完毕后，两台吊机同步缓慢下放主钩。

(3) 钢筋笼加强筋与孔口达到预定位置后，安放固定设施，将钢筋笼固定至孔口。

(4) 解除主吊钩，吊车行进回钢筋加工区，进行下一段钢筋笼吊装。

5. 钢筋笼孔口焊接

(1) 孔口焊接接长前，进行现场动火审批，配备灭火器，专职安全员、专职看火人员现场就位。

(2) 钢筋笼由两名焊工共同焊接接长，焊接按规范和设计要求实施，质量满足设计和规范要求，焊接完毕后进行检查验收。

(3) 孔口焊接接长后，指挥两台主吊机同步下放吊钩，直至孔口固定。

钢筋笼孔口焊接如图4.5-7所示。

6. 钢筋笼整体安放

(1) 最后一段钢筋笼接长完成后，缓慢向下安放，直至钢筋笼加强筋与孔口达到预设位置，孔口固定钢筋笼。

(2) 固定完毕后解除主吊钩，将吊钩安装至笼顶吊环后检查验收。

(3) 指挥两台吊机同步下放钢筋笼，采用固定件与吊环固定牢靠后，解除吊钩完成钢筋笼整体安放。

图 4.5-7 钢筋笼孔口焊接

第5章　基坑立柱桩定位新技术

5.1　基坑逆作法钢构柱一点三线平台定位施工技术

5.1.1　引言

当地下建（构）筑物设计采用逆作法施工时，通常结构柱在基坑开挖前先行施工。当结构柱设计采用钢构柱形式时，其整体结构基坑底部为灌注桩，基坑底以上为钢构柱，钢构柱插入底部灌注桩约3m。为确保地下室结构安全，逆作法施工对结构钢构柱的平面中心点、顶面标高、轴线分布、垂直度等要求较高，在实际施工中往往出现难以一次性对上述“一点三线”精准定位的问题。具体逆作法钢构柱结构见图5.1-1。

图5.1-1　逆作法钢构柱结构施工

2019年3月，深圳市城市轨道交通13号线内湖停车场主体结构桩基工程开工，项目为地下一层停车场，基坑开挖长710m，宽度100～170m，基坑开挖深度12.3m。地下停车场主体结构采用盖挖逆作法施工，竖向结构支撑构件采用永久性钢构柱，钢构柱下设置桩基础，钢构柱垂直度1/300；钢构柱呈东西向间距8.4m、南北向间距11.5m布置，截面尺寸为650mm×600mm；柱下桩基础设计为直径ϕ1200钻孔灌注桩，桩端扩底直径2000mm，桩端持力层为全风化-强风化花岗岩，为摩擦端承桩。逆作法钢构柱布置具体见图5.1-2、图5.1-3。

在本项目的施工过程中，针对钢构柱定位四个方向指标控制难题，开展了“基坑逆作

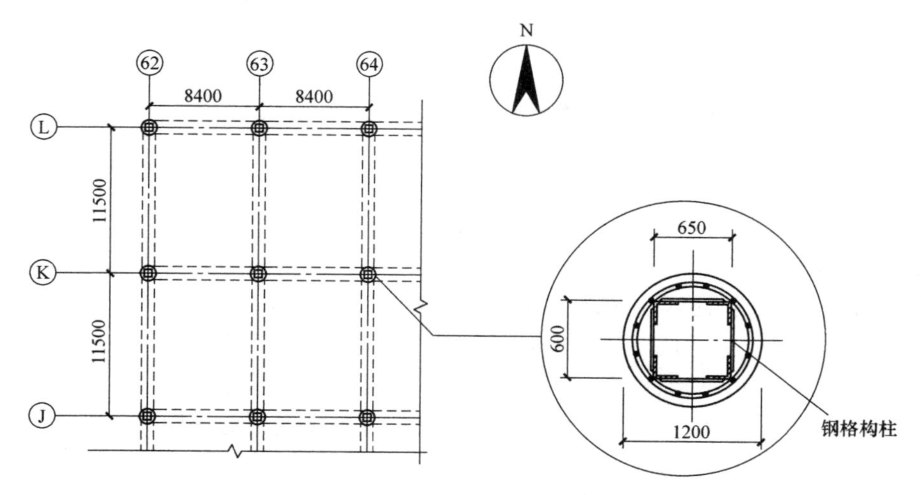

图 5.1-2 钢构柱平面及轴线平面布置图

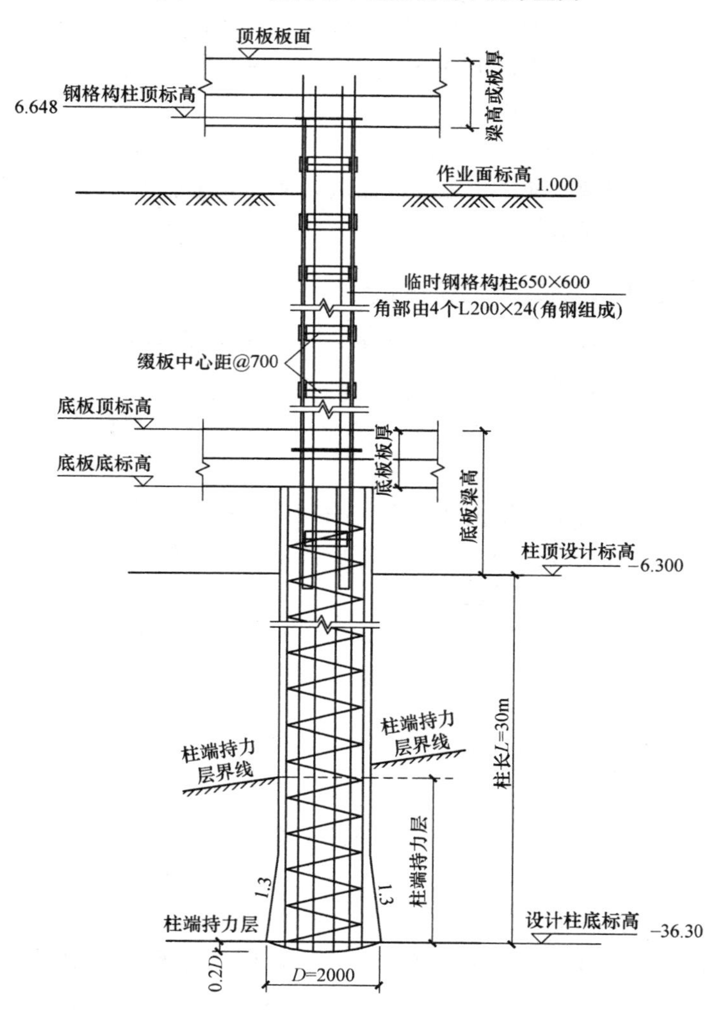

图 5.1-3 钢构柱大样图

法钢构柱一点三线平台定位施工技术”研究，特研发了一种专用的钢构柱定位平台，该平台通过上部作业平台、下部调节固定平台的设置，可满足钢构柱吊放、定位、固定以及各项工序操作，可对钢构柱进行一次性准确定位，达到定位准确、操作便利、安全高效、经济性好的效果。

5.1.2 工艺特点

1. 定位精准

本平台设置了上下两层螺栓调节装置，每一层4个方向均安设两个调节螺栓，对钢构柱4个方向、8个方位进行调节，螺栓直径ϕ30mm，具备自锁功能；两侧对称设计了两套5t手动葫芦挂钩，将钢构柱与平台框架连接、固定，对标高实施控制；底部框架设置了1层、4个方向、8个液压千斤顶油槽，通过液压千斤顶实施对钢构柱的微调。

2. 使用便利

定位平台由上部操作平台、下部定位调节平台组成，平台采用槽钢、三角钢焊接，总体2m×2m×3.2m（长×宽×高），使用时采用吊车安放至孔口位置，上部作业平台和下部调节固定平台均为敞开式作业，可进行任意操作；场地适应性强，体积小、自重轻，移动方便。

3. 安全经济

本平台主要利用不同型号的三角钢焊接而成，使用安全稳固；平台结构设计简单，制作安装便利，制造和使用成本低。

5.1.3 适用范围

适用于基坑逆作法建筑永久性钢构柱的精准定位，垂直度偏差不超过1/300～1/500；适用于基坑非逆作法超长钢构柱（大于20m）的支撑立柱定位。

5.1.4 工艺原理

本技术的工艺原理主要是利用钢构柱定位平台，对钢构柱平面中心点、水平标高线、轴线、垂直度（一点三线）进行一次性准确定位，达到定位准确，操作便利，安全经济的效果，解决定位误差大、操作耗时长等问题。

1. 定位平台组成

本定位平台主要由上部作业平台、下部调节固定平台两部分组成，具体定位平台见图5.1-4。

2. 上部作业平台结构及定位原理

（1）上部作业平台结构

上部作业平台是在下部调节固定平台之上的工序操作平台，由底部的操作口、安全护栏、上下通行楼梯构成。具体结构见图5.1-5、图5.1-6。

（2）上部作业平台定位原理

上部作业平台与下部调节固定平台相同尺寸，其平台底部孔口的中心点即为钻孔和钢构柱的中心点；在钢构柱定位时，上部作业平台提供操作人员实施钢构柱对中辅助定位工作，以及后续灌注导管安放、灌注桩身混凝土工序操作。

图 5.1-4 定位平台组成示意图及实物

图 5.1-5 上部作业平台设计图

图 5.1-6 上部作业平台底部孔口钢构柱定位及灌注导管固定架

3. 下部调节固定平台结构及定位原理

(1) 下部调节固定平台结构

1) 总体为框架结构，分为外框架和内框架，内外框架均为正方形设置，内外框架通过不同型号的槽钢、三角钢连接成稳固的整体。

2）外框架主要为承重设计，作为整个定位平台的主要受力构件，具备较强的刚度和稳定性；在外框架底部的四边连接钢梁上，每边设置两个油压调节装置，作为钢构柱轴线方向微调；内框架主要为调节固定框架，二层调节螺栓和手动葫芦挂钩等均设置在内框架梁上。

3）平台框架柱采用4根16号竖向三角钢，连接下部底座与上部作业平台，连接方式为焊接。

4）下部底座外边采用4根16号横向三角钢焊接呈正四边形，内部采用4根型号为Q235BL180×180×120的横向三角钢焊接成“井”字形内框架，与外边正四边形通过焊接方式相连接，水平距离为0.2m；顶部采用2根型号为Q235BL125×125×60/80的横向三角钢，另外对称两侧为20cm高长方体方钢。该结构为整个定位平台的主要承重结构。

平台框架结构及调节定位设置见图5.1-7、图5.1-8。

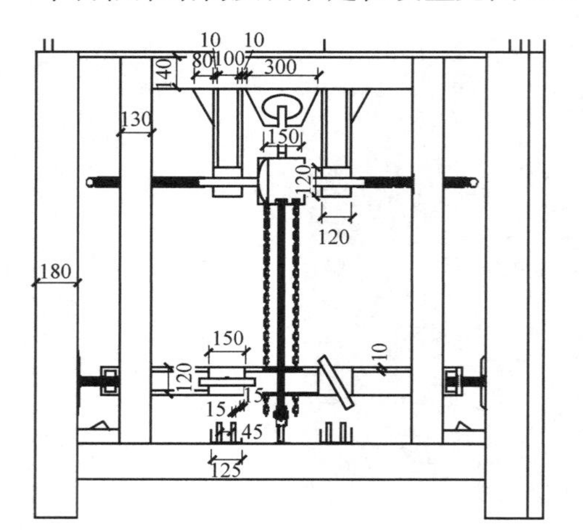

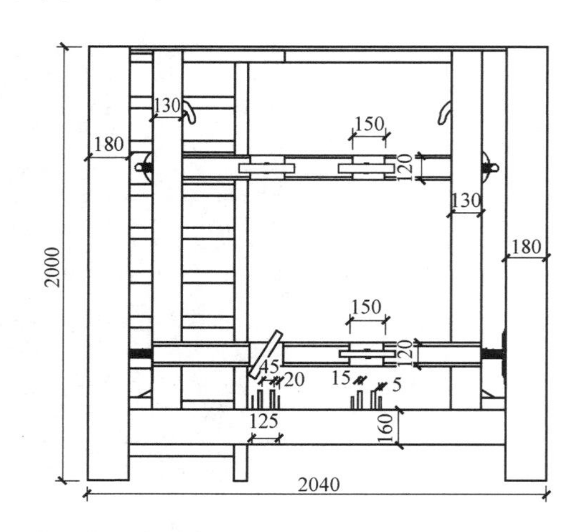

图5.1-7 下部调节固定平台设计示意图

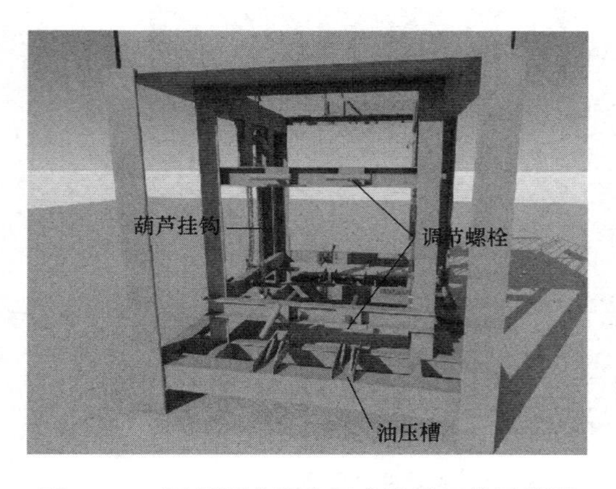

图5.1-8 下部调节固定平台设计三维示意图

（2）下部调节固定平台定位原理

1）螺栓调节装置

设在内框架中，根据两点一线确定垂直度的原理，在内框架中设置有两层调节螺栓；为满足钢构柱轴线定位，在每一层、四个方向均设置有两个调节螺栓，通过八个位置的螺栓拧紧、放松操作，可以对钢构柱的四个方向、八个方位进行有效调节，待确定方向准确后将螺栓拧紧固定；螺栓选用直径30mm粗杆，螺杆具备自锁功能。螺栓调节装置具体见图5.1-9～图5.1-11。

2）手动葫芦挂钩标高调节固定装置：当钢构柱中心点位置、轴线方向、垂直度均满足设计指标，并按规定进行固定后，对于钢构柱顶部标高位置的固定就成为控制钢构柱的关键。为此，我们专门在平台内框架上对称设计了两套手动葫芦挂钩系统，将钢构柱与平台框架连接，并通过手链操作将钢构柱固定。手动葫芦型号为 5t，钢构柱标高固定装置见图 5.1-12、图 5.1-13。

3）液压调节装置：当框架内设置上下两层、共十六个螺栓协调调节钢构柱时，如出现较小的误差，为了方便纠偏处理，专门在外框架底的四根连接横梁上，设计了一套液压微调节装置，液压调节采用千斤顶设计，四根横梁每个方向上设置两个千斤顶油压槽，以便于对钢构柱的八个方位进行调节。具体见图 5.1-14～图 5.1-16。

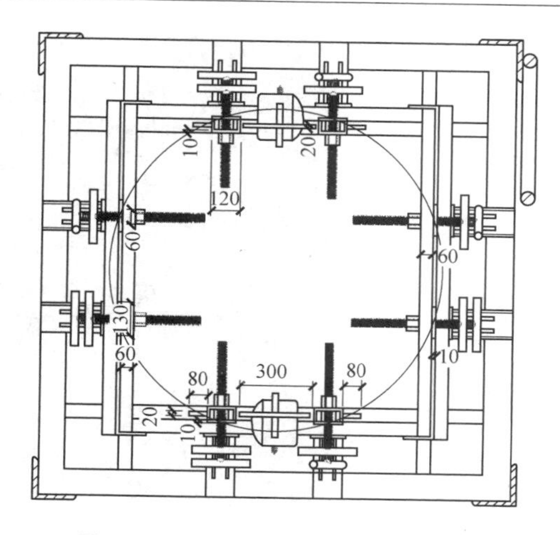

图 5.1-9 螺栓调节结构平面示意图

图 5.1-10 螺栓调节结构 3D 示意图

图 5.1-11 下层螺栓调节

图 5.1-12 手动葫芦挂钩标高调节固定装置示意图

图 5.1-13 手动葫芦固定钢构柱标高挂钩固定

图 5.1-14　钢构柱液压调节装置

5.1.5　施工工艺流程

基坑逆作法钢构柱一点三线平台定位施工工艺流程见图 5.1-17。

图 5.1-15　液压调节千斤顶调节钢构柱施工

图 5.1-16　液压调节千斤顶调节钢构柱

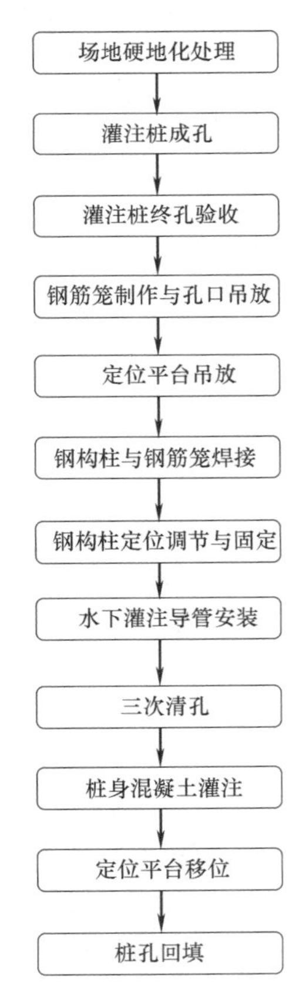

图 5.1-17　钢构柱一点三线平台定位施工工艺流程图

5.1.6 工序操作要点

1. 场地硬地化处理

（1）为确保钢构柱精确定位，对施工场地进行平整压实，并浇筑混凝土硬地化处理，便于平台找平。场地硬地化处理见图 5.1-18。

图 5.1-18 施工场地浇筑混凝土硬化处理

（2）为便于钢构柱轴线控制，按灌注桩轴线即钢构柱中心线留设一条贯通沟槽，沟槽宽度约 30cm、深 30cm，并作为灌注桩成孔期间泥浆沟，有效地保证了现场的文明施工，具体见图 5.1-19。

图 5.1-19 钢构柱轴线位置预留泥浆沟槽

2. 灌注桩成孔

（1）桩孔定位：测量定位由专业测量工程师负责，现场准确测量桩位中心点，并拉十字交叉线引出四个对称的保护点，具体见图 5.1-20。

（2）护筒埋设：埋设护筒采用旋挖钻孔和人工配合，护筒直径 1500mm，护筒埋深 2m；护筒定位后复测护筒标高和中心点位置，并回填压实。护筒埋设见图 5.1-21，护筒位置测量复核见图 5.1-22。

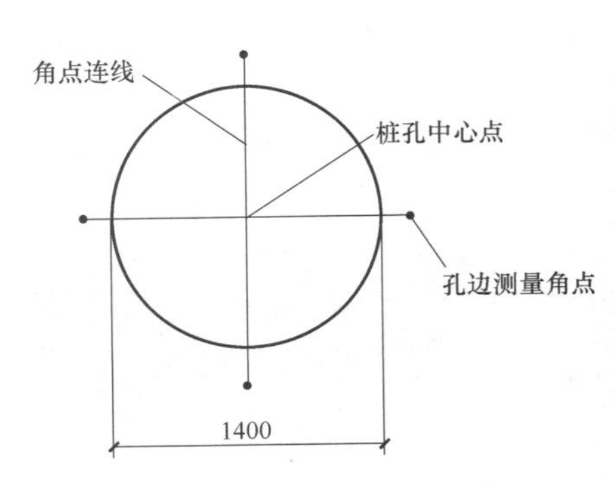

图 5.1-20　护筒定位十字交叉定位架

图 5.1-21　护筒埋设

图 5.1-22　护筒标高及中心点复测

图 5.1-23　旋挖钻机成孔

（3）钻进成孔：立柱桩设计为钻孔灌注桩，桩径1200mm、桩长约30～35m；施工中采用SR280R旋挖钻机成孔，钻进过程中使用优质泥浆护壁，直至设计终孔深度，钻进成孔施工见图5.1-23。

（4）扩孔钻进：按设计要求扩底直径至2000mm，钻进孔深至设计持力层后，采用捞渣斗进行第一次清孔，再采用旋挖钻机改换扩底钻头进行扩底；扩底至钻进行程满足要求后，将扩底钻头提出，改换捞渣斗进行第二次清孔。旋挖钻进扩底见图5.1-24。

3. 灌注桩终孔验收

（1）钻进成孔终孔后，报监理、业主进行现场验收，记录孔径、孔深、持力层、沉渣厚度等。

（2）为确保成孔满足设计要求，采用TS-K100超声波测壁仪对钻孔深度、垂直度等进行检验，以确保钻孔垂直度满足设计要求，保证下一步钢构柱的安装定位满足要求。超声波检测仪现场检测见图 5.1-25，现场检测结果见图 5.1-26。

4. 钢筋笼制作与孔口吊放

（1）钢筋笼按照设计图纸进行现场加工，并对原材料、焊接质量等进行有见证送检，制作完成后进行隐蔽工程验收。

（2）钢筋笼检验合格后，利用履带吊车起吊钢筋笼，起吊前对钢筋笼采取临时保护加固措施，起吊过程指派司索工现场指挥，保证安全起吊和钢筋笼不发生变形。钢筋笼吊放具体见图 5.1-27、图 5.1-28。

图 5.1-24 灌注桩扩底钻进

图 5.1-25 钻孔现场超声波检测

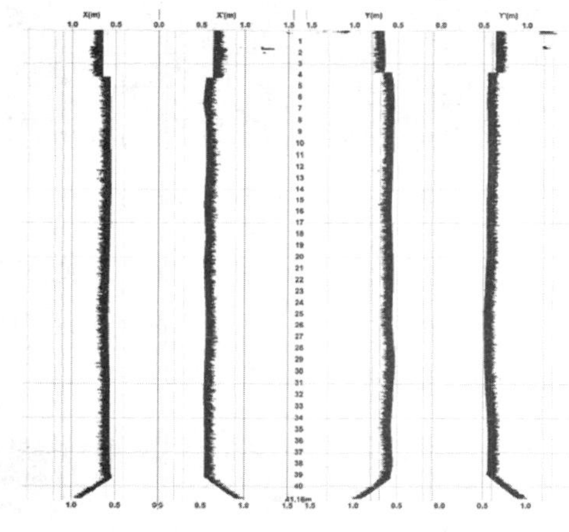

图 5.1-26 钻孔超声波检测结果

图 5.1-27 钢筋笼吊放

图 5.1-28 钢筋笼吊放入孔并孔口固定

5. 定位平台吊放

（1）吊车将定位平台吊至孔口，由测量工程师将平台中心点与钻孔中心的四个定位点形成的十字交叉中心线重合，并将钢筋笼的中心点对中，反复测量无误后确定平台安放位置。具体见图5.1-29。

（2）安装好定位平台后，利用水平仪调整校正平台水平度，若地平发生起伏，对柱脚塞垫找平，确保平台满足要求，水平尺校正平台水平度见图5.1-30。

图5.1-29　定位平台吊放

图5.1-30　中心点对中复测

（3）中心点、水平度、垂直度调整完成后，在混凝土硬地上钻孔，用膨胀螺栓将平台外框架柱底角固定，防止在使用过程中平台发生移位。平台与混凝土硬地螺栓固定见图5.1-31，平台找平见图5.1-32。

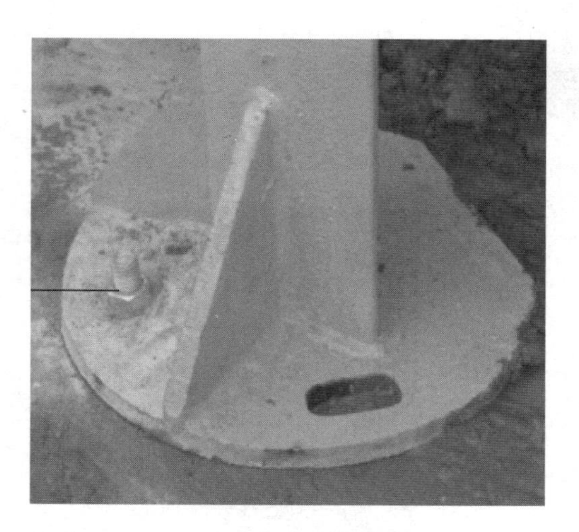

图5.1-31　定位平台膨胀螺栓固定

图5.1-32　定位平台水平仪气泡找平

6. 钢构柱与钢筋笼焊接

（1）定位平台就位并安装验收合格后，即开始钢构柱与钢筋笼孔口焊接工序。

（2）钢构柱主要由型钢构成，尺寸为650mm×500mm，由4∟200×24等边角钢和缀板焊接而成，缀板为4-560（500）×300×14，缀板中心间距700mm；在钢筋加工场加工成品后，报监理工程师进行验收，确保钢构柱成品符合设计图纸要求，钢构柱加工见图5.1-33。

图5.1-33 钢构柱加工成品

（3）利用履带吊车将钢构柱吊至孔口，吊放作业见图5.1-34。

（4）调整钢构柱轴线方向后，通过定位平台下放至孔口钢筋笼内预定的搭接位置，将钢构柱固定好，进行钢构柱与钢筋笼间的孔口焊接；焊接采用直径18mm的弯起钢筋进行连接，弯起钢筋的一侧竖向与钢构柱侧壁焊接长度25cm，另一侧与钢筋笼竖向主筋焊接长度为25cm，弯起钢筋与钢构柱内侧成30°，具体见图5.1-35。

图5.1-34 钢构柱现场起吊

（5）焊接：焊条等级为E50，所有焊缝满焊，厚度为10mm，焊缝质量等级为二级，现场焊接具体见图5.1-36。

7. 钢构柱定位调节与固定

（1）钢构柱孔口与钢筋笼焊接并冷却后，进行焊接隐蔽验收，合格后吊放入孔；下放过程中，利用固定好的平台外框架调整轴线方向，即将钢构柱侧向一面平行于平台面，并按预定的标高位置吊放到位。现场吊放就位具体见图5.1-37。

（2）钢构柱定位调节及固定操作原则：平面位置调节包括中心点、轴线位置、垂直度、标高等，定位时4项指标需协调一致，先初步就位、再微调精准定位、最后固定，需要反复调整、重复复核、测量校正。

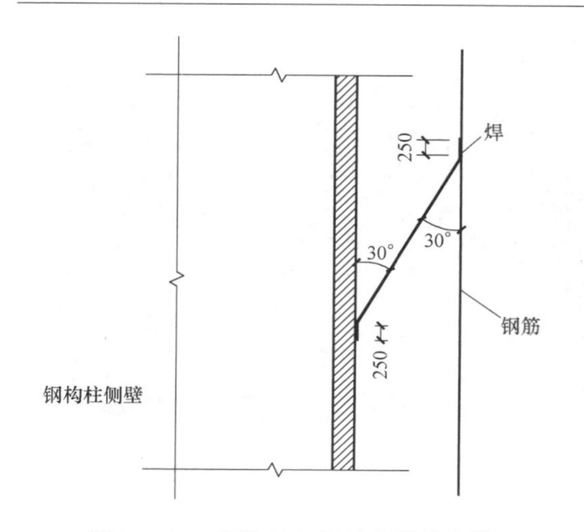

图 5.1-35 钢构柱与钢筋笼搭接大样

图 5.1-36 钢构柱与钢筋笼孔口搭接焊接

图 5.1-37 钢构柱吊放就位

（3）钢构柱标高固定：钢构柱稳定后，利用安装在定位平台顶部的挂板手拉葫芦，按标高位置倒挂钩勾住钢构柱对称两侧的缀板位置，利用手拉葫芦上的拖拉链条对钢构柱标高进行调整，直至钢构柱达到设计标高。钢构柱缀板两侧与手动葫芦固定见图 5.1-38，手动葫芦见图 5.1-39。

（4）测量工程师对钻孔中心点交叉线复核，无误后通过底部四个定位架，将中心线引入钢构柱中心，利用细线在钢构柱上口端标示出钢构柱中心点位置；同时，在钢构柱顶面位置，设置其中心位置交叉线，通过上下两条交叉线复核位置；然后，通过平台内框架设置的上下两组、每组四边各八个螺栓，对钢构柱进行调节定位；调节位置时，对比标尺刻度，通过上下两层各八个螺栓协调一致，细微调整，直至中心点、垂直度、轴线位置均满足设计要求。具体见图 5.1-40～图 5.1-43。

图 5.1-38 钢构柱手拉葫芦顶面标高调节固定

图 5.1-39 定位平台手动葫芦挂钩及手动葫芦

（5）若钢构柱固定后，出现稍微的变化或误差，为了方便调节，专门在平台底部设置四面八个液压油阀调节装置，通过八个方向的加压调整钢构柱的位置；使用调节油阀进行位置移动时，压力不可过大，缓慢轻微地加压调整，具体见图 5.1-44。

（6）钢构柱定位检验：现场主要采用测量仪现场测量定位、水平仪水泡测量、靠尺测量垂直度，以及激光测量轴线偏差等，现场检测见图 5.1-45、图 5.1-46。

图 5.1-40　钻孔中心点十字交叉线孔口定孔架

图 5.1-41　钻孔中心点十字交叉线引至钢构柱中心点

图 5.1-42　钢构柱顶面位置十字标尺交叉线（上下两条交叉线复测）

图 5.1-43　钢格构定位调节螺栓位置固定

图 5.1-44 钢构桩液压千斤顶油阀加压调节位置

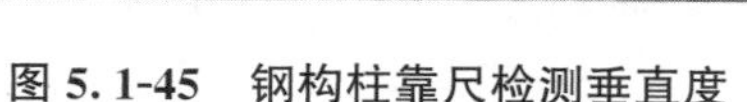

图 5.1-45 钢构柱靠尺检测垂直度

图 5.1-46 钢构柱左、右两侧激光检测轴线位置和垂直度

8. 水下灌注导管安装

（1）钢构柱固定完成后，吊钩脱离钢构柱，进行水下灌注导管安装，利用履带吊车平稳吊起导管，逐节在校正架操作平台将导管在钢构柱中安装。

（2）导管安装过程中，缓慢小心下入，严禁与钢构柱发生猛烈撞击，避免钢构柱出现移位。灌注导管安放具体见图 5.1-47。

图 5.1-47 平台上安放导管安装

9. 三次清孔

（1）灌注桩身混凝土前，测量孔底沉渣厚度，如果出现沉渣超标，则利用灌注导管和空压机，采用气举反循环方式进行第三次清孔。

（2）采用集装箱建立现场泥浆循环系统，调配好优质泥浆，抽吸出的泥浆经过泥浆净化器处理，保持泥浆良好性能，达到泥浆循环利用的效果，分离出的泥渣集中堆放外运。

（3）清孔过程中保持孔内泥浆面高度，并定期测量沉渣厚度，如满足设计要求，则立即开始灌注桩身混凝土。现场泥浆循环、净化系统见图 5.1-48、图 5.1-49。

图 5.1-48　现场泥浆循环系统

图 5.1-49　现场泥浆黑旋风净化处理

10. 桩身混凝土灌注

（1）由于定位平台具有一定的高度，现场利用混凝土泵车进行混凝土泵送灌注，见图 5.1-50。

图 5.1-50　混凝土浇筑

（2）灌注混凝土保持连续施工，不得无故中断，如无法连续施工，则每间隔 30min 左右活动导管。

（3）在混凝土灌注过程中，定期观察混凝土灌注高度，并根据灌注高度及时拆卸导管。

（4）在混凝土灌注过程中，派专人监控钢构柱的垂直度以及中心点位是否发生变化。

11. 定位平台移位

（1）待混凝土强度达到终凝效果（约 12h）后，校正架可拆除，先整体松动调节螺栓，再利用手动拉链下放倒钩，最后拧出膨胀螺栓，利用履带吊车将平台移开。

（2）不得在混凝土强度未达到强度要求时将校正架移开，以免导致钢构柱偏移。

12. 桩孔回填

（1）由于设计标高以上钢构柱位置为空桩，对钢构柱的稳定存在着一定的安全隐患，因此按设计要求对桩孔进行回填。

（2）回填使用级配细石，粒径为 2～4cm。

（3）在回填过程中，使细石均匀下落。

5.1.7　材料与设备

1. 上部作业平台规格尺寸

本工艺所用材料主要为三角钢，调节螺栓，葫芦挂钩等。

（1）规格：上部作业平台是在下部调节固定平台之上，由 4 块 3mm 厚的长条形钢板呈正四边形焊接而成，四周设 1.2m 高的安全护栏杆，并设 2m 高的人行爬梯。

（2）尺寸：上部作业平台高度为 2m×2m×1.2m（长×宽×高）。上部作业平台具体见图 5.1-51。

（3）材料构成：上部作业平台材料构成见表 5.1-1。

图 5.1-51　上部作业平台及附属设施示意图

上部作业平台材料构成表　　　　表 5.1-1

编号	名称	数量	规格尺寸	备注
1	长条形钢板	4 块	2m×0.3m	长×高
2	安全护栏	4 面	2m×2m×1.2m	长×宽×高
3	爬梯	1 个	2m	高度

2. 下部调节固定平台规格材料

（1）规格：平台整体外部尺寸为 2.2m×2.2m×2m（长×宽×高），现场平台高度可根据钢构柱露出地面高度进行调整。

（2）材料

调节固定平台主要材料组成为三角钢、工字钢、长条形钢板、粗丝杆、手拉葫芦、挂钩等，根据各部位作用功能的不同，采用各种不同类型的角钢焊接制作而成，下部调节固定平台材料构成见表 5.1-2，调节固定平台材料位置具体见图 5.1-52。

3. 主要机械设备

本工艺现场施工主要机械设备配置见表 5.1-3。

下部调节固定平台材料用表　　表 5.1-2

编号	名称	数量	规格尺寸		备注
1	工字钢	8块	腹板	1.08m×0.1m	长×宽
			翼板	1.08m×0.05m	长×宽
2	Q235BL180×180×120	12	2m		高
3	Q235BL180×180×120	4块	1.66m		高
4	Q235BL125×125×60/80	2块	1.08m		长
5	长方体钢方条	2块	1.08m×0.1m×0.2m		长×宽×高
6	倒钩固定架	2个	个		
7	液压油槽	8个	5t		最大起重
8	手拉葫芦倒钩	2套	5t手拉葫芦		
9	粗丝螺杆、螺帽	16套	M40，$\phi30$		自锁功能

图 5.1-52　调节固定平台材料示意图

主要机械设备配置表　　表 5.1-3

机械名称	型号	用途
手动葫芦	5t	钢构柱标高定位
千斤顶	RSC-10150	钢构柱水平位移微调
履带起重机	SCC500C	钢构柱及定位平台起吊

5.1.8　质量控制

1. 钢构柱成孔

（1）钢构柱成孔钻进优先采用旋挖钻进。

（2）钻进时控制好泥浆相对密度。

（3）钻进完成后，进行质量检查验收，要求垂直度偏差不大于1%，桩径偏差－50mm，桩位允许偏差50mm。

（4）灌注混凝土前，孔底沉渣厚度指标不大于50mm。

2. 钢筋笼制作

(1) 钢筋笼的材质，尺寸符合设计要求。

(2) 钢筋笼焊接焊缝饱满。

(3) 搬运和吊装钢筋笼时防止变形。

3. 钢构柱制作

(1) 钢构柱制作选用材料符合设计要求。

(2) 焊接时，严格控制作业电流的大小。

(3) 焊缝钢构柱表面平整，表面不得有裂纹、焊瘤、烧穿、弧坑等缺陷。

(4) 焊缝长度、高度、宽度按照设计要求及相关规范要求施工。

4. 钢结构钢构柱吊装

(1) 吊装时，在钢构柱上设置合适的吊点，避免因起吊受力不均导致管体偏移、滑落情况的发生。

(2) 钢构柱吊装入井孔时，需保证钢构柱中心与孔中心对齐，保证钢构柱吊装下放时平稳入孔。

5.1.9 安全措施

1. 钢构柱及钢筋笼制作

(1) 焊接时，操作人员穿戴好劳保用品，防止钢套筒接口处划手或焊接时火星四溅，操作时戴工作帽及手套进行有效防护。

(2) 电焊机外壳接零接地良好，其电源的拆装应由专业电工进行；现场使用的电焊机需设有可防雨、防潮、防晒的机棚，并备有消防器材。

(3) 多节钢筋笼焊接连接时，接头采用套筒连接。

2. 钢构柱及钢筋笼吊装

(1) 吊装时，安全员到场旁站，司索工指挥作业。

(2) 起吊钢构柱时，其总重量不得超过起重机规定的起重量，并根据钢构柱重量和提升高度调整起重臂长度和仰角，配置吊索和笼体本身的高度，留出适当空间。

5.2 基坑逆作法钢管结构柱双平台定位施工技术

5.2.1 引言

深基坑地下室结构逆作法中，通常建筑的结构柱在基坑开挖前先行施工。当楼板柱采用钢管结构柱形式时，其整体结构基坑底部为灌注桩，基坑底以上为钢管立柱，钢管立柱插入底部灌注桩约 3m。为确保地下建筑结构的安全，地下结构柱部分与地下梁板连成整体，钢管柱中心和垂直度偏差要求高。对于钢管立柱施工通常有两种工艺方法，一是采用立柱与钢筋笼整体吊放定位法，二是采用全套管全回转钻机定位法。

在实际项目施工过程中，对于逆作法钢管结构柱的定位，采用钢管立柱与钢筋笼对接下入法，只作为临时基坑支撑钢管立柱时采用，难以满足作为结构柱的钢管立柱对平面位置精度与垂直度的要求。而采用全套管全回转钻机安放钢管结构柱，垂直度精度可达到

1/500及以上，但其机械设备体量大，施工工艺操作复杂，且适合直径800mm以上的钢管柱定位施工。因此，针对逆作法中钢管立柱直径600mm的定位施工，采用了一种订制的孔口定位平台，通过三级定位平台完成精确调节定位与保证垂直度的施工工艺，较好解决逆作法中钢管立柱垂直度精准定位难的问题，取得了显著成效。

5.2.2　工艺特点

1. 操作简便

本工艺所采用的定位平台均为规则的方形结构，采用H型钢与钢板焊接制作而成，制作工艺简单；整个作业平台自重约1.5t，自重轻便于就位、便于操作。

2. 定位精准

本工艺所采用的定位平台底座就位时，其中心点与钻孔的十字交叉点重合，可确保钢管桩中心就位；调节定位过程中，根据现场测定的钢管位置，通过移动调节定位平台来对立柱进行精确定位并进行固定；本定位平台通过测量仪器测控、人工调试、平台固定等综合手段，实现钢管立柱平面位置和垂直度精准定位，完全满足结构施工需要。

3. 适应性强

本工艺采用的定位平台设有平台底座，可以为上部的作业平台提供一个稳定的基座，使得整个作业平台安放稳固，而且能够适应各种不利的场地；定位平台的体积小，自重轻，能够在施工场内使用小型吊车进行吊装转移，平台适应性强，使用范围广泛。

4. 施工成本低

本工艺使用的定位平台制作成本低，可重复使用，定位精准快捷，节省大量辅助作业时间，加快了施工进度，综合施工成本低。

5.2.3　适用范围

适用于基坑逆作法、钢管柱直径600～1000mm的结构柱定位，适用于基坑深度大于20m的支撑支护钢管立柱定位。

5.2.4　工艺原理

本技术的工艺原理是利用双定位平台，通过测量仪器现场测控、人工调试、平台固定等综合手段，实现钢管立柱平面位置和垂直度精准定位。

1. 钢管结构柱双定位平台结构

本工艺所述的双定位平台，下部为平台底座，上部为定位作业平台。

（1）平台底座为6根H型钢焊接而成的独立长方形结构，其宽度比立柱桩直径大20cm。

（2）作业平台由三层结构组成，从下至上对应为基座、调节定位平台及操作平台三部分，主要完成钢管立柱定位、现场测量复核、混凝土灌注等现场操作，并设有安全护栏、楼梯等附属结构，三层结构通过H型钢焊接在一起，构成整体作业平台。具体见图5.2-1、图5.2-2。

2. 钢管结构柱双定位平台工艺原理

钢管柱定位主要包括钢管柱中心点、垂直度、标高定位，其分别通过定位平台的功能予以实现。

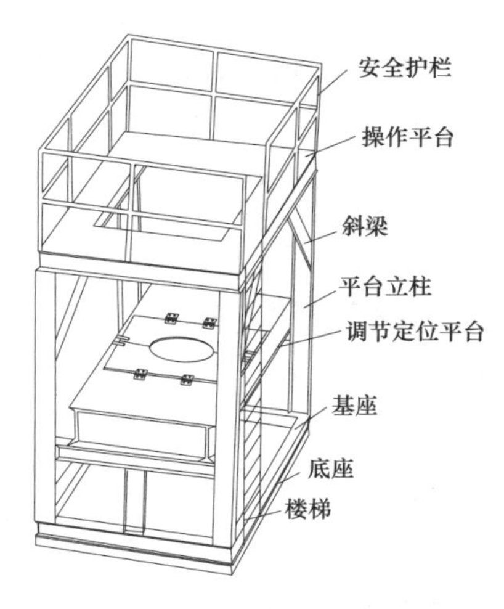

图 5.2-1 定位平台示意图

图 5.2-2 定位平台实物

（1）底座定位原理

定位平台底座在终孔后吊放到位，并使底座的中心十字交叉点与桩孔 4 个定位点的十字交叉线重合，完成初步定位，为上部平台提供稳固的基座；底座的中心点也作为最终定位时，与调节定位平台点共同成为确定钢管柱垂直度的基点之一。具体见图 5.2-3、图 5.2-4。

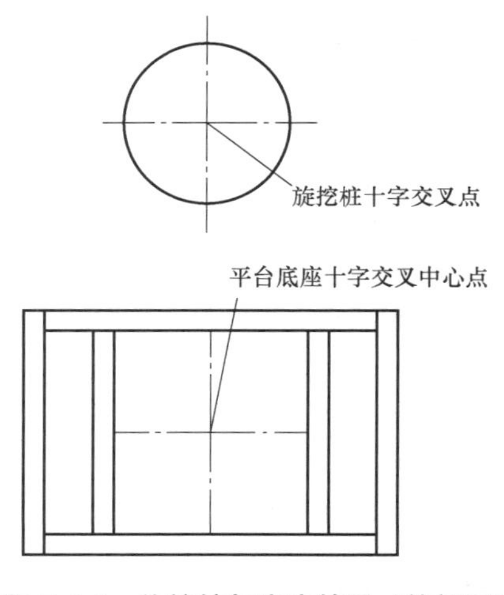

图 5.2-3 旋挖桩与底座简图（俯视图）

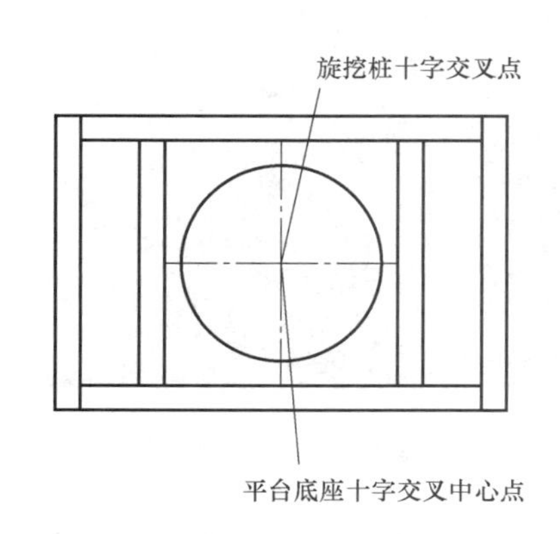

图 5.2-4 底座安放效果简图（俯视图）

（2）作业平台定位原理

1）本工艺所采用的作业平台，其基座结构尺寸与底座完全相同，安放时保持基座与底座位置完全重叠，以确保作业平台的准确定位。

2）调节定位平台采用可移动设计，是整个定位平台的核心部分，主要根据测量工程师现场测定的钢管位置，通过移动调节定位平台来对立柱进行精确定位，在精准定位后将调节定位平台固定。

3）在作业平台最上部的操作平台上，通过现场工程师采用测量仪器现场测控、人工调试的方式进行调节定位，使其十字交叉中心点、竖直细杆引导点、立柱桩中心点达到三点共线，即完成了立柱的定位；随后吊放直径600mm钢管柱入孔，通过调节定位平台采用量尺、水平仪、靠尺等精确调节定位；钢管柱定位后，采用焊接将上底座与作业平台、钢管柱与定位平台临时焊接固定，具体见图5.2-5～图5.2-8。

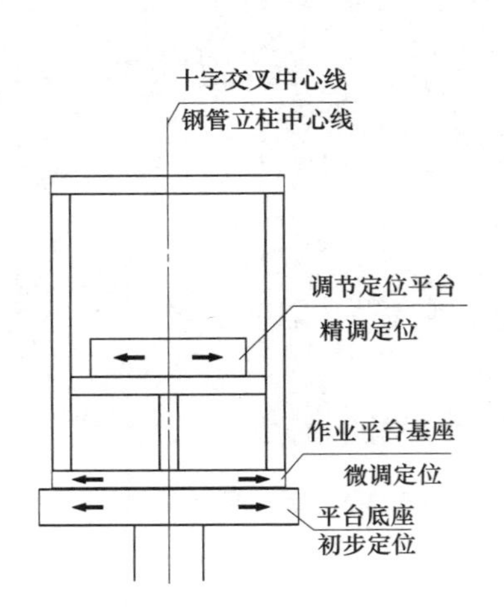

图5.2-5　定位调节操作示意图

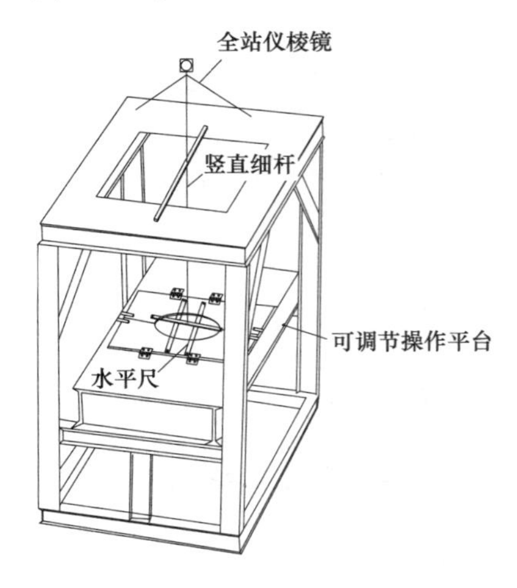

图5.2-6　钢管柱定位示意图

图5.2-7　操作平台上测定钢管立柱位置

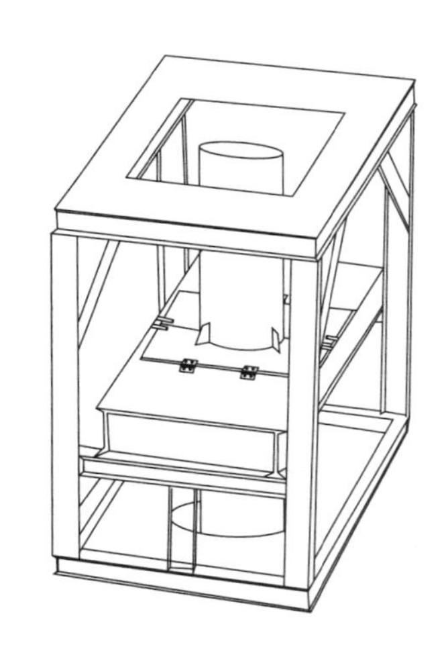

图5.2-8　定位平台、钢管柱固定示意图

4）在钢管柱与定位平台临时焊接固定后，开始灌注桩身混凝土，并采用专门订制的碎石斗回填碎石，以确保钢管立柱的垂直度。

5.2.5　施工工艺流程

基坑逆作法钢管结构柱双平台定位施工工艺流程见图5.2-9。

5.2.6　工序操作要点

1. 钢管立柱桩旋挖钻进成孔

（1）根据设计图纸提供的坐标计算桩中心线坐标，采用全站仪根据地面控制点进行实地放样，并引出桩位中心点的十字交叉线，见图5.2-10。

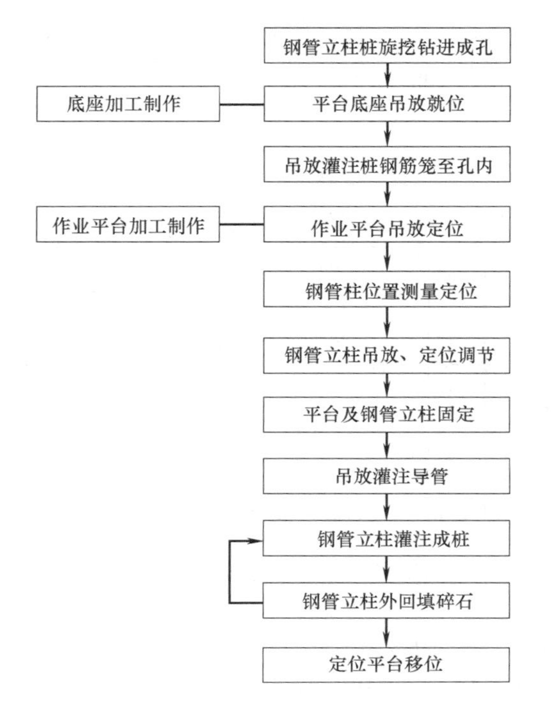

图 5.2-9 基坑逆作法钢管结构柱双平台定位施工工艺流程图

图 5.2-10 桩孔定位测量图

（2）放出桩位后即可开始埋设护筒，护筒埋深 1.5～2.5m，护筒高出地面 0.15～0.3m。

（3）采用旋挖机旋挖钻进，采用泥浆护壁见图 5.2-11。

（4）钻进至设计标高后终孔，并用捞渣斗或泥浆循环清孔。利用泥浆循环置换出孔内的渣浆，在清孔过程中要不断向孔内泵送优质泥浆，保持孔内液面稳定，直到孔内的泥浆指标符合规范要求，且沉渣厚度不大于设计要求，如图 5.2-12 所示。

图 5.2-11 旋挖钻孔施工图

图 5.2-12 现场泥浆调试图

2. 平台底座吊放就位

（1）完成钢管立柱桩旋挖成孔后，开始吊装定位平台。

（2）平台底座采用6根H型钢（HN300×150×6.5×9×16）焊接，呈长方形架构，中间设两根横梁，两根横梁形成1.4m×2.0m的空间，具体构造详见图5.2-13、图5.2-14。

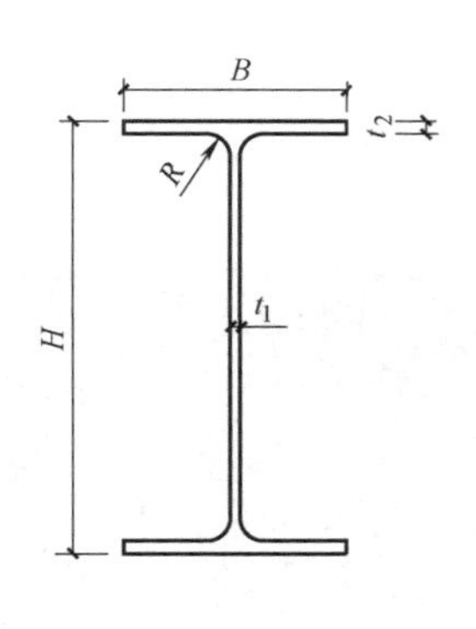

图5.2-13　H型钢尺寸对应图

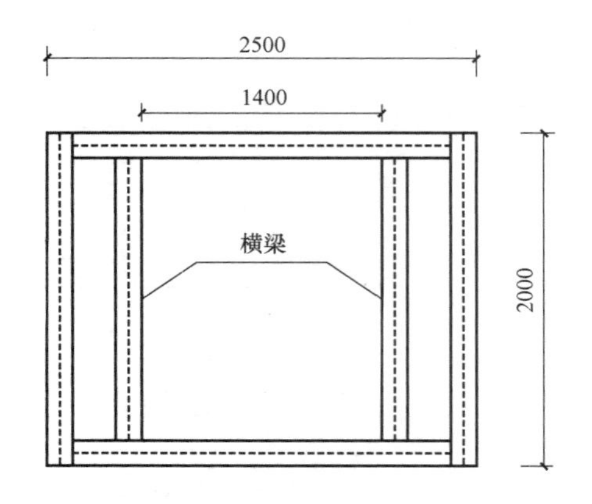

图5.2-14　底座简图（俯视图）

图5.2-15　安放平台底座并定位

（3）吊放平台底座前，先将桩位护筒四周采用人、机结合的方式进行平整，并利用机械将平台底座安放范围内的场地压实。

（4）直径1200mm钻孔终孔后，吊放定位平台底座，并使底座的中心十字交叉点与桩孔4个定位点的十字交叉线重合，完成定位，具体见图5.2-15。

3. 吊放灌注桩钢筋笼至孔内

（1）钢筋笼制作：钢筋采用HRB400级，受力钢筋的搭接均采用双面焊接，焊接长度≥5d，接头位置相互错开，主筋与箍筋点焊，然后采用汽车吊将灌注桩钢筋笼吊放至灌注桩桩孔。

（2）下放灌注桩钢筋笼前，先将钢筋笼顶部钢筋稍微向外扩开，方便后期钢管立柱的下放。

（3）吊放钢筋笼时依托底座对钢筋笼进行定位，采用钢筋将其固定于孔口位置，然后用吊筋对钢筋笼进行焊接固定，通过吊筋的长度来控制钢筋笼顶标高于设计图纸要求位置，具体见图5.2-16、图5.2-17。

4. 作业平台吊放定位

（1）完成钢筋笼定位后，随后吊放上部作业平台，作业平台由基座、调节定位平台及操作平台组成，其基座结构尺寸与底座完全相同，并保持基座与底座位置完全重叠安放，以确保作业平台的准确定位。

（2）作业平台各部位制作材料详见表5.2-1。

（3）作业平台主要完成钢管立柱定位、现场测量复核、混凝土灌注等现场操作，整个平台长 2.5m，高 2.5m，宽 2.0m。三层结构通过 H 型钢焊接在一起，构成整体作业平台。具体见图 5.2-18、图 5.2-19。

图 5.2-16 钢筋笼固定于孔口现场图

图 5.2-17 焊接吊筋现场图

作业平台制作材料表 表 5.2-1

部位		制作材料
作业平台	基座及立柱	H 型钢(HN150×75×5×7×10)
	操作平台	H 型钢(HN150×75×5×7×10)、5mm 厚钢板
	调节定位平台	H 型钢(HN300×150×6.5×9×16)、1.2m×0.625m 规格 25mm 厚钢板、1.2m×0.625m 规格 5mm 厚钢板
	附属结构	三级钢筋 E22

(4) 作业平台基座：作业平台最下部分为基座，基座整体框架由四根 H 型钢焊接而成，详见图 5.2-20、图 5.2-21。

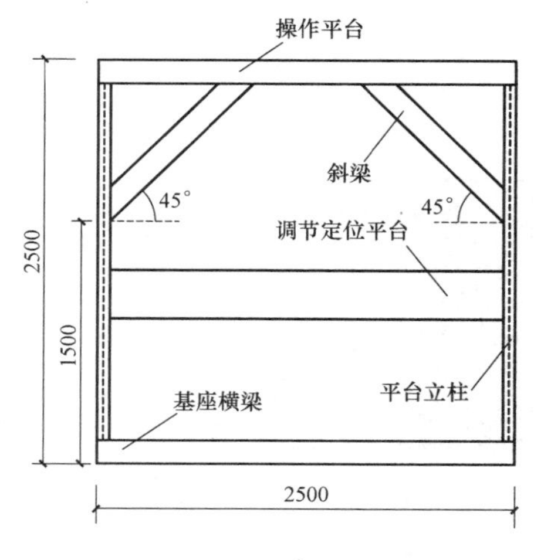

图 5.2-18 作业平台主视图

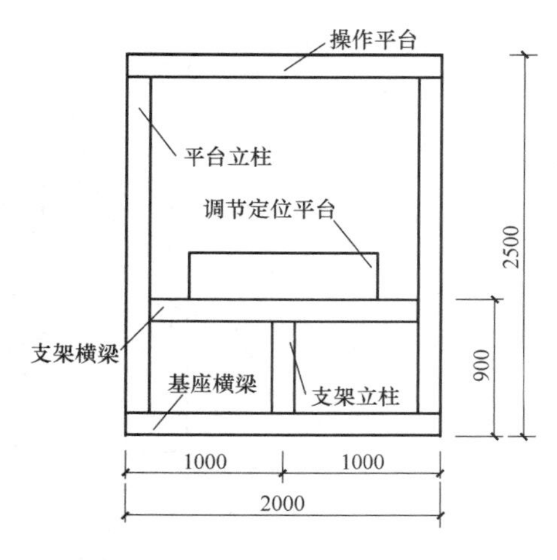

图 5.2-19 作业平台左视图

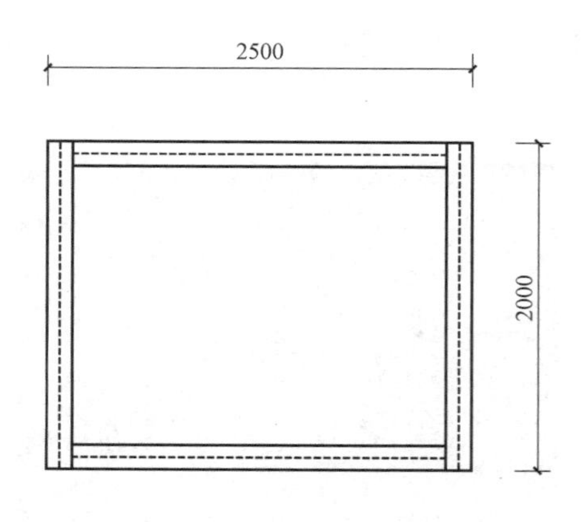

图 5.2-20　可调节定位平台图

图 5.2-21　可调节定位平台图

（5）作业平台的调节定位平台：底部由六根 H 型钢焊接骨架，骨架两侧用钢板平铺焊接；以两块钢板拼凑的矩形中心点作为圆心，切割半径为 0.3m 的圆，使得两块钢板各有一个 r=0.3m 的半圆，将钢板通过合页与骨架连接起来，并在钢板上焊接短钢筋用于钢板开闭，详见图 5.2-22～图 5.2-24。

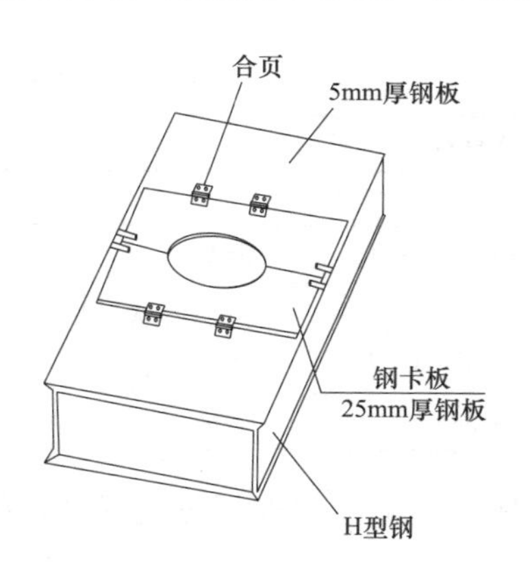

图 5.2-22　调节定位平台图

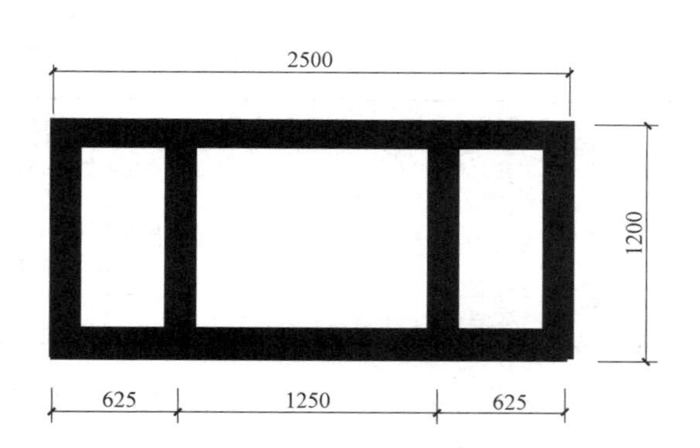

图 5.2-23　调节定位平台骨架图

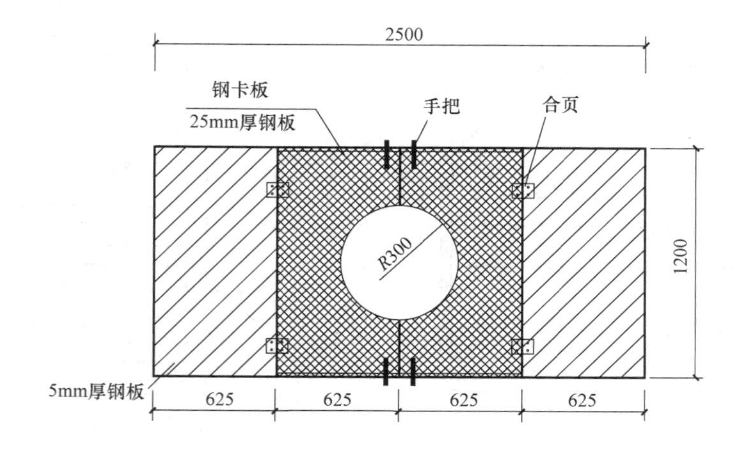

图 5.2-24　调节定位平台俯视图

（6）作业平台的操作平台：设置在定位平台的顶部，用H型钢焊成骨架，再用钢板在骨架上铺平焊接，预留一个矩形洞口下立柱、灌注桩身混凝土，具体见图5.2-25、图5.2-26。

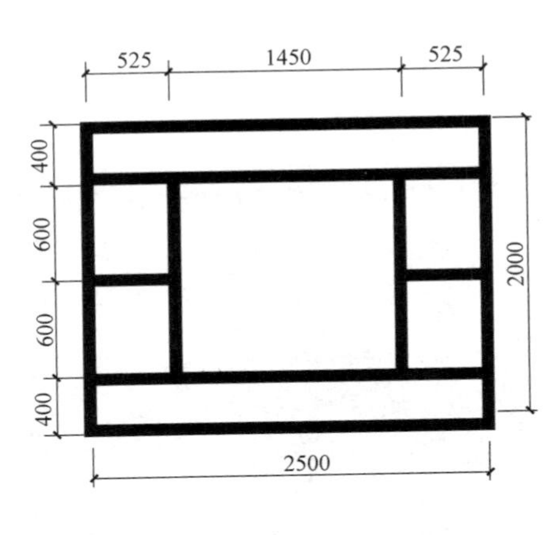

图5.2-25 操作平台骨架图

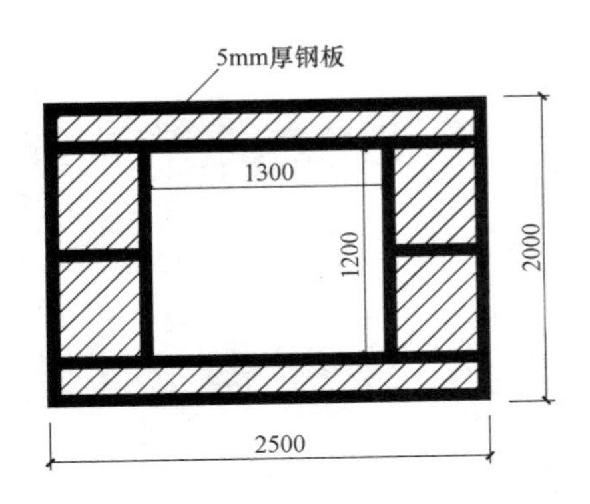

图5.2-26 操作平台俯视图

（7）作业平台的附属结构主要为安全护栏、楼梯，为工作人员提供登高及保证作业安全，详见图5.2-27。

（8）平台底座与作业平台基座的截面尺寸一致，安放时四周对齐，用水平仪量测水平度，并进行位置调整，具体见图5.2-28、图5.2-29。

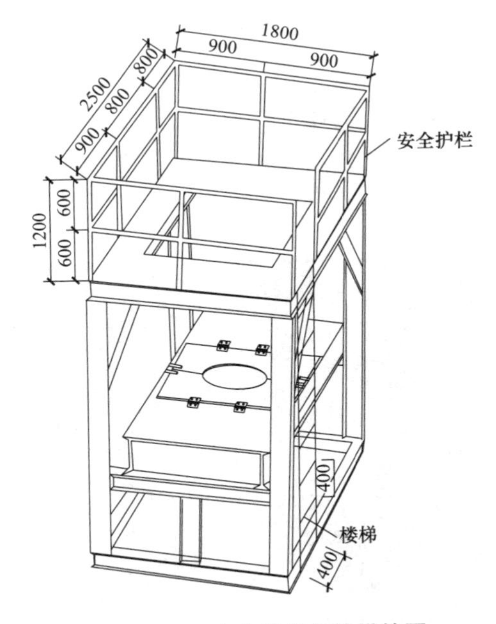

图5.2-27 安全护栏与楼梯简图

图5.2-28 吊装作业平台现场图

5. 钢管柱位置测量定位

（1）吊放定位作业平台后，在操作平台上架立棱镜对立柱中心点进行放样，棱镜立杆点即为立柱中心点，见图5.2-30。

（2）保持棱镜不移动，利用竖直细杆将棱镜立杆点坐标引到可调节定位平台。

（3）用卷尺测量调节定位平台十字交叉中心点与竖直细杆引导点的距离。

（4）根据卷尺测量的结果，将调节平台向相应的位置进行调节移动，使得调节定位平台十字交叉中心点与竖直细杆引导点重合。

（5）调节定位平台十字交叉中心点、竖直细杆引导点、立柱桩中心点达到三点共线，即完成了立柱的定位。

图 5.2-29　作业平台测量调整现场图

图 5.2-30　全站仪放样图

6. 钢管立柱吊放、定位调节

（1）钢管立柱在吊放前，对钢管立柱顶部切割出孔洞，方便吊装操作，见图 5.2-31。

（2）当定位工作完成后，打开可调节操作平台的钢卡板，吊入钢管立柱并下放到设计标高，吊车保持起吊状态，具体见图 5.2-32。

图 5.2-31　钢管立柱吊孔

图 5.2-32　吊放钢管立柱现场图

（3）钢管立柱吊放完成后，关闭钢卡板，利用水平尺对钢管立柱的垂直度进行检验；当钢管立柱的垂直度不满足要求时，根据水平尺测量的结果，将钢管立柱向气泡偏向相反的方向缓慢推送，直至水平尺中的测量气泡居中，具体见图 5.2-33。

（4）定位复核如发现平台误差，可通过在定位调节平台支撑下垫钢板、钢片等调节水平，具体见图 5.2-34。

图 5.2-33 钢管立柱垂直度校核现场图

图 5.2-34 定位调节平台下垫压钢片调节水平

7. 平台及钢管立柱固定

（1）当钢管准确就位后，即对定位平台进行固定，确保后续操作不影响钢管立柱。

（2）在保证钢管立柱垂直度及操作平台水平的情况下，将底座与作业平台的基座进行固定，采用电焊进行焊接连接，见图 5.2-35。

（3）由于调节定位平台容易发生移动，即需要将其与作业平台的支架横梁进行固定，采用电焊进行焊接连接，见图 5.2-36。

图 5.2-35 底座与作业平台的基座连接固定

图 5.2-36 调节定位平台与支架横梁的连接固定

（4）待调节平台焊接固定后，将钢管立柱与调节定位平台进行固定，采用牛腿形钢板沿着钢管四周均布将两者焊接，以此来控制钢管立柱的标高以及立柱中心点的位置，通过固定平台及钢管立柱，确保在后续施工中钢管立柱及作业平台不出现偏差。钢管立柱固定见图5.2-37。

8. 吊放灌注导管

(1) 利用吊车将灌注导管的卡扣板吊至操作平台上，见图5.2-38。

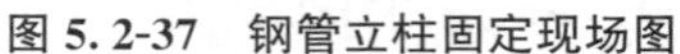

图5.2-37　钢管立柱固定现场图

图5.2-38　吊装导管卡扣板

(2) 吊车将灌注导管逐节下入孔内，导管连接时垫密封圈，具体见图5.2-39。

(3) 导管下放到位后，起吊灌注斗将灌注导管及灌注斗连接，此时吊车保持起吊状态，避免下料时混凝土对料斗冲击影响，保证灌注料斗的安全稳定，具体见图5.2-40。

图5.2-39　安放灌注导管

图5.2-40　灌注斗吊装现场图

9. 钢管立柱灌注成桩

(1) 安放灌注斗底口混凝土盖板，并用水冲洗湿润导管和灌注斗，以便混凝土下料顺畅，具体见图5.2-41。

(2) 利用混凝土天泵输送混凝土，待灌注斗内混凝土量满足初灌要求后，起拔灌注斗底部的隔离盖板，混凝土随即灌入孔内，完成混凝土初灌，具体见图5.2-42。

图 5.2-41　冲洗导管和灌注斗

图 5.2-42　混凝土初灌孔口返浆

（3）初灌完成后，利用吊车卸除灌注斗，通过天泵管直接往导管内输送混凝土灌注，见图 5.2-43；当底部灌注桩混凝土灌注至设计标高时停止灌注，约 4h 后再进行钢管立柱管内混凝土灌注。

10. 钢管立柱外回填碎石

（1）灌注钢管立柱混凝土时，采用边灌入混凝土、边逐渐提升导管，始终保持导管下端在混凝土内不少于 2m，导管拆除见图 5.2-44。

图 5.2-43　导管内灌注混凝土

图 5.2-44　拆卸灌注导管

（2）由于钢管立柱与孔壁之间存在间隙，在灌注钢管内混凝土的过程中，容易造成钢管立柱的移动；因此，为确保钢管立柱的垂直度，在钢管立柱和孔壁之间的间隙中回填充满碎石，碎石采用级配石，粒径 2～4cm，孔内灌注如图 5.2-45、图 5.2-46 所示。

图5.2-45　回填碎石现场

图5.2-46　现场碎石图

图5.2-47　碎石斗实物图

（3）采用订制的碎石斗回填碎石，碎石斗见图5.2-47；在灌注钢管柱内混凝土的过程中，每向钢管立柱中灌注约3m长度的混凝土时，就往钢管立柱和孔壁之间的间隙中回填相应深度的碎石。

11. 定位平台移位

（1）当上述工序全部完成，待混凝土养护12h后，即可将定位平台进行移位，见图5.2-48。

（2）移位吊装前，将平台间固定的位置氧焊脱离，并用吊车将平台吊离，钢管立柱施工完成现场见图5.2-49。

图5.2-48　定位平台移位

图5.2-49　钢管立柱施工完现场图

5.2.7　材料与设备

1. 材料

本工艺所用材料主要为钢筋、钢护筒、焊条、混凝土、钢立柱、碎石等。

2. 主要机械设备

本工艺所涉及的设备主要有旋挖机、汽车吊、定位平台等，详见表 5.2-2。

主要机械设备配置表 **表 5.2-2**

设备名称	型　号	备　注
旋挖机	SR365	旋挖成孔施工
汽车吊	50T	吊放钢筋笼、吊装混凝土导管、吊放定位平台
定位平台	自制	实现结构柱精准定位
全站仪	ES-600G	桩位放样、垂直度观测
挖掘机	住友 200	对桩位四周进行初步平整
碎石斗	自制	回填碎石

5.2.8 质量控制

1. 泥浆

(1) 旋挖过程中选用优质膨润土配制泥浆，保证护壁效果。

(2) 在旋挖过程中保证泥浆液面高度，钻具提离孔口前及时向孔内补浆，确保孔壁稳定。

2. 成孔

(1) 钻机就位前对场地进行平整压实。

(2) 在正式施工前进行试成孔（数量不小于 2 根），以核对地质资料、检验设备、工艺以及技术要求是否适当。

(3) 采用旋挖机成孔时，严格控制桩身垂直度；在钻进过程倘若发生偏差，及时采取相应措施进行纠偏，或用黏土回填，重新成孔。

(4) 旋挖钻进过程中，随时观察旋挖机上的监测系统，确保钻孔垂直度满足要求。

(5) 在灌注槽身混凝土前，保持泥浆相对密度 1.05～1.15。

3. 双定位平台定位安放

(1) 吊放定位平台底座前，先对孔位周围进行初步平整，确保后期定位平台的垂直度。

(2) 调节定位平台十字交叉中心点、竖直细杆引导点、立柱桩中心点达到三点共线，完成立柱的定位。

4. 钢筋笼制作及下放

(1) 钢筋笼主筋焊接采用套筒连接，钢筋笼每一周边间距 3～5m 设置混凝土保护块。

(2) 钢筋笼采用吊车吊放，吊装时对准孔位，吊直扶稳，缓慢下放至设计标高位置后固定于孔口处。

5. 钢管柱制作及垂直度控制

(1) 钢管桩制作时尽量避免拼接接长，认真验收构件加工质量，验收内容包括构件的材质、物理力学性能指标，构件长度、垂直度等。

(2) 为防止钢管柱腐蚀，需在钢管柱安装前在钢管外壁涂刷防锈涂料。

(3) 钢管柱吊装为整体一次吊装，吊至调节定位平台中心，在下放的过程中随时观测钢管柱偏移情况，利用水平尺对钢管立柱的垂直度进行检验，配合人工调整的方式，使钢管立柱的垂直度满足设计要求。

（4）钢管柱吊装就位后，对顶标高及垂直度等进行测量并校正，校正完成并对底座、作业平台及钢管立柱三者进行临时焊接固定。

6. 灌注成桩

（1）在浇灌底部灌注桩混凝土时，需保证初灌混凝土方量，确保埋管深度满足设计要求。

（2）混凝土坍落度符合要求，混凝土运输途中严禁任意加水。

（3）导管密封不漏水，导管下口距孔底距离控制在0.3～0.5m，混凝土初灌量保证导管底部一次性埋入混凝土内1.3m以上。

（4）混凝土保持连续灌注，及时测量孔内混凝土面高度，以指导导管的提升和拆除，导管埋深控制在2～6m，严禁将导管底端提出混凝土面。

（5）浇筑钢管柱内混凝土时，在钢管柱外壁回填碎石，防止浇筑过程中钢管柱发生偏斜。

5.2.9　安全措施

1. 旋挖钻进

（1）旋挖机操作人员经过专业培训，熟练机械操作性能，经专业管理部门考核取得操作证后上机操作。

（2）桩机工操作人员严格遵守安全操作技术规程，工作时集中精力，谨慎工作，不擅离职守，严禁酒后操作。

（3）旋挖钻机作业时，听从现场施工员的指挥。

（4）旋挖钻机的工作面需进行平整压实，防止桩机出现下陷导致倾覆事故发生。

2. 吊装作业

（1）起吊钢筋笼作水平移动时，高出其跨越的障碍物0.5m以上。

（2）起吊钢筋笼时，起重臂和笼体下方严禁人员工作或通过。

（3）钢管柱吊点布置对称布设，在吊放插入钢筋笼前吊直扶稳，不得摇晃和强行入孔。

（4）钢管柱吊入作业平台时，需鸣笛示意作业平台上人员，严禁甩放钢管柱。

3. 焊接作业

（1）电焊工持证上岗，正确佩戴专门的防护用具。

（2）氧气、乙炔罐分开摆放，切割作业由持证专业人员进行。

4. 平台作业

（1）平台安置前，采用人工、机械对场地进行平整夯实，确保平台安放的稳定。

（2）作业平台上部的操作平台，侧面需设立栏杆并且牢固可靠，人员在操作平台上测量定位或作业时，需系挂安全绳于栏杆处，严禁违章作业。

（3）高空作业时施工工具零件等，放在工具袋内或放在妥善的地点，上下传递时，严禁抛丢。

5.3　基坑逆作法钢管结构柱自锁螺杆升降平台对接技术

5.3.1　引言

逆作法将基坑地下结构自上往下逐层施工，这种非常规的施工与传统的基坑地下结构施工方法相比，在工期控制、环境保护、资源节约等诸多方面具有明显的优势。采用逆作法施工时，地下结构基础桩首先施工，其一般采用底部灌注桩插结构柱形式，钢管结构桩是常见的形式之一。

钢管结构柱施工时，精度一般要求达到1/300～1/500，有的甚至要求达到1/1000。为确保满足高精度要求，一般采用全套管全回转钻机定位。由于全套管全回转钻机高度约3.5m，钢管桩顶标高一般处于地面以下位置，为满足钻机孔口定位需求，施工时一般采用钢管结构柱连接工具柱的方式定位，见图5.3-1～图5.3-3。

为满足结构柱定位时的高精度要求，一般钢管结构柱和工具柱均在工厂预订制作，其垂直精度通过检验合格后再运输出厂。实际施工中，遇到基坑逆作法钢管结构柱长度超长，为便于运输，钢构工厂一般采用分段制作，然后运输至施工现场进行对接。在现场拼接过程中，传统拼接平台存在拼接平台稳定性低、水平调节性能差、精度调整耗时长等弊端，有的甚至拼接精度不能满足设计要求，造成质量隐患。

图5.3-1　钢管结构柱

图5.3-2　工具柱

图5.3-3　钢管柱与工具柱拼接定位

传统拼接平台由若干个拼接架、按一定间距排列组成，拼接架一般用槽钢、三角铁加工制作，按5m左右间距设置，可以一次容纳2根钢管柱在平台架上作业；对接时，利用每一道架子的标高，侧面挡板在同一竖直面上且与平台水平面垂直，保持两段钢管中心轴线在同一线上。钢管柱现场拼接平台见图5.3-4，现场对接见图5.3-5。

图5.3-4　钢管结构柱拼接架平台

图5.3-5　现场对接

针对上述钢管结构柱与工具柱拼接存在的问题，近年来，项目部开展了“基坑逆作法钢管结构柱自锁螺杆升降平台对接施工技术”研究，通过设置自锁螺杆升降对接平台，快速完成对接垂直度调节，克服了传统平台需要吊车配合、反复衬垫的操作，实现了施工安全、文明环保、便捷经济的目标，达到预期效果。

5.3.2 工艺特点

1. 操作方便

本工艺所述的对接平台结构设计简单，制作方便，起吊、拆装和操作便利。

2. 定位效率高

本工艺只需要手动调节升降的螺杆装置，即可快速完成对接调节，定位效率高。

3. 对接精度高

手动螺杆升降架精确地调节并控制工字钢支承架高度，并在对接过程中采用精密的水准仪和激光水平仪对垂直度进行校核、检验，通过对偏差进行调节，可确保对接的垂直度满足要求。

4. 安全可靠

对接平台的基座安放在硬地化场地，可有效防止因不均匀沉降造成结构柱偏差；基座设置基底钢板，且采用膨胀螺栓及螺纹钢固定，避免平台受力滑动，提升平台的安全稳定性；手动螺杆升降架采用具有自锁功能的梯形螺纹螺杆，同时梯形螺纹螺杆上端设置无螺纹的部分，可有效控制调节器过度上升所造成的平台不稳定风险。

5. 综合成本低

对接平台自制，材料经济，操作时只需要 2～3 人即可满足要求；平台拆装便利，可重复使用，综合成本低。

5.3.3 适用范围

适用于基坑逆作法中钢管结构柱与工具柱、钢管结构柱与钢管结构柱对接，适用于非逆作法基坑支撑钢管立柱的对接。

5.3.4 工艺原理

本工艺所述的钢管结构柱与工具柱的对接工艺原理，是将钢管柱、工具柱分段运输至施工现场，在现场对接场地按一定间距设置若干个对接平台，吊车将钢管柱、工具柱分别架设在对接平台上，采用高精度水准仪进行对接测量控制，通过对平台的升降自动调节功能，将钢管柱、工具柱精准拼接，满足精度要求后通过对接法兰使用螺栓固定。

1. 对接平台调节控制原理

（1）对接平台构成：本工艺所述的对接平台，主要由基座、手动螺杆升降架两部分组成，具体见图 5.3-6。

（2）基座：主要由基底钢板、工字钢支撑架及起重吊耳组成，对接平台基座模型与实物具体见图 5.3-7；基座的基底钢板与工字钢支撑架焊接，其主要功能作为对接平台底部的支承受力结构，当钢管结构柱和工具柱对接时起支撑稳定作用。

（3）手动螺杆升降架：手动螺杆升降架主要包括带底板的螺杆、带升降旋转手柄的套筒螺母和带钢管套筒的工字钢支承架，手动螺杆升降架 BIM 三维模型示意及现场实物见图 5.3-8。

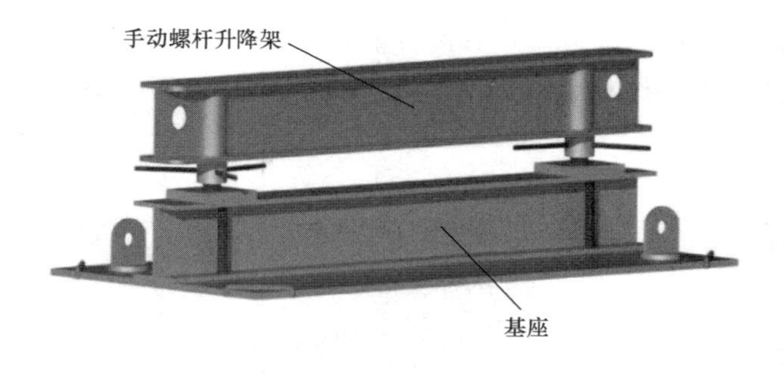

图 5.3-6 对接平台 BIM 模型与实物图

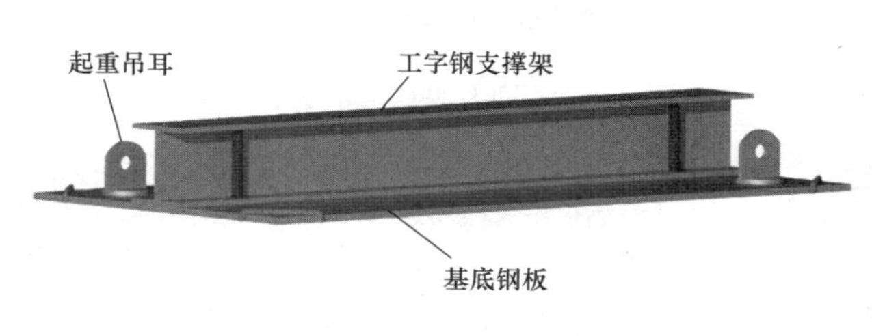

图 5.3-7 对接平台基座模型与实物

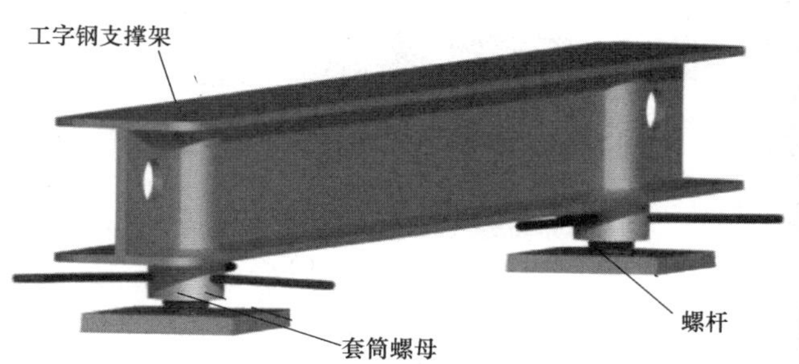

图 5.3-8 对接平台手动螺杆升降架三维模型及现场实物

手动螺杆升降架功能：

1）带底板的螺杆：螺杆的底板为螺杆的支撑钢板，主要为调节螺栓提供支撑；梯形螺杆焊接在支撑钢板中心位置，均匀分散螺栓受力。带底板的螺杆大样见图 5.3-9 ，实物见图 5.3-10。

2）带升降旋转手柄的套筒螺母：当转动旋转手柄，螺母将沿螺杆升降，用以调节平台的水平标高位置，满足钢管柱与工具柱的对接。

3）带钢管套筒的工字钢支承架：主要用以支承钢管结构柱和工具柱，并依托带手柄的螺母完成对接工作。套筒螺母插入工字钢支承架大样见图 5.3-11，实物见图 5.3-12。

2. 对接平台精确控制原理

（1）对接精度现场测试

当钢管结构柱与工具柱调试完成后，将对接螺栓初拧后，需要对钢管结构柱因垂直方向起伏和水平方向弯曲造成的垂直度偏差进行测量检核。对接后钢管柱、工具柱垂直方向高程点布置见图 5.3-13，现场水准仪测量工具柱和结构柱顶标高现场如图 5.3-14 所示。

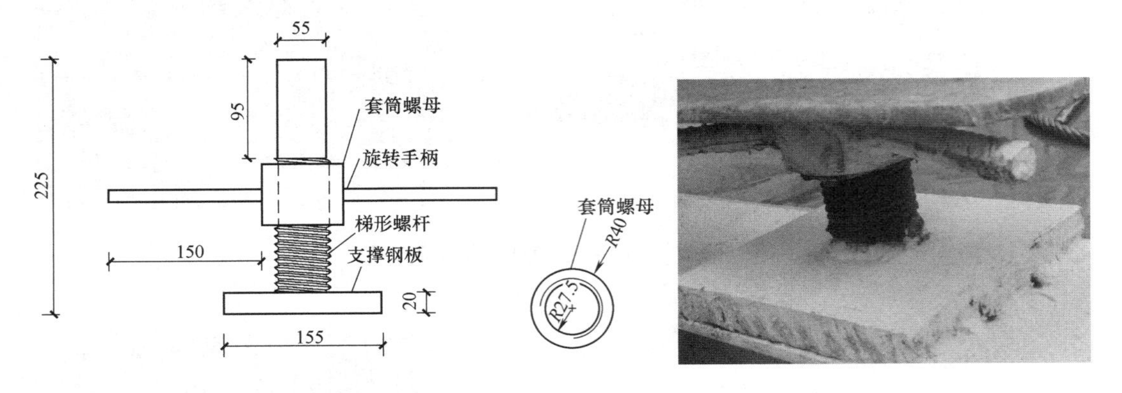

图 5.3-9　带底板的螺杆大样图

图 5.3-10　带底板的螺杆实物

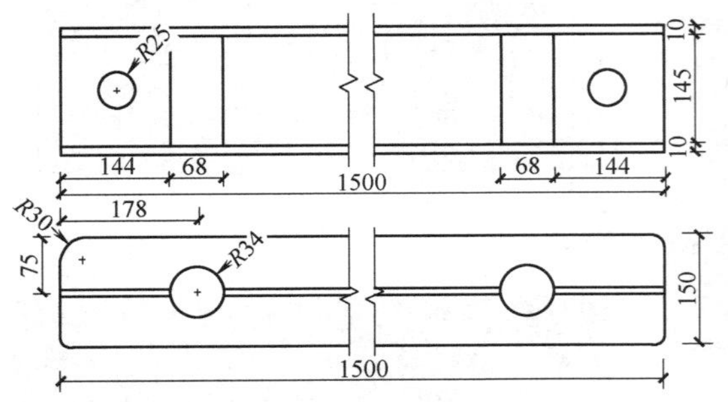

图 5.3-11　套筒螺母插入工字钢支承架大样图

图 5.3-12　套筒螺母插入工字钢支承架现场

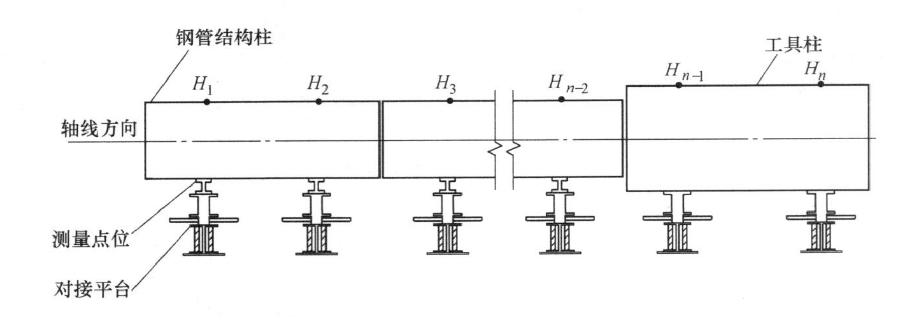

图 5.3-13　钢管柱、工具柱对接后顶部垂直方向高程点布置图

（2）测量结果计算：对接精度现场测试垂直方向起伏引起的对接精度，采用白塞尔中误差公式求解高程中误差 m 进行验证，如果不满足设计精度要求，则拧松螺栓重新进行调节；经多次现场测量、结果计算、现场调试等，直至对接精度满足设计要求。

5.3.5　施工工艺流程

基坑逆作法钢管结构柱自锁螺杆升降平台对接施工工艺流程如图 5.3-15 所示。

图 5.3-14 测量钢管柱、工具柱对接后顶标高

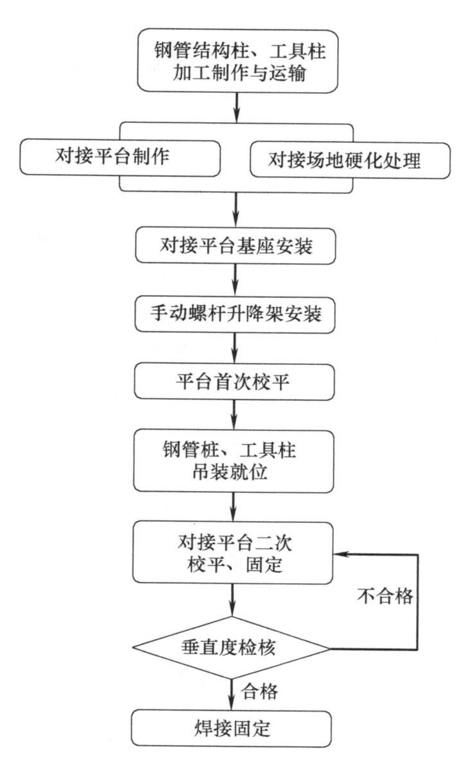

图 5.3-15 基坑逆作法钢管结构柱自锁螺杆升降平台对接施工工艺流程图

5.3.6 工序操作要点

1. 钢管结构柱、工具柱加工制作与运输

(1) 专业加工厂制作：钢管结构柱、工具柱由具备钢结构资质的专业单位承担制作加工，以满足其对结构、垂直度等各方面的要求。

(2) 出厂验收：钢管结构柱、工具柱出厂前，分段对各项技术指标、参数按相关规范进行检验，验收合格方能出厂。

(3) 运输：成品钢管结构柱如长度超出运输要求，则分节制作、分段运输至现场；运输过程中注意对成品的保护，避免运输过程产生的碰撞变形等。

(4) 现场堆放：钢管结构柱、工具柱进场后，按照施工分区图堆放至指定区域，要求场地地面硬化不积水，分类堆放，搭设台架单层平放，使用木榫固定防止滚动。

2. 对接平台制作

(1) 对接平台按设计图纸自行加工制作，螺杆、螺母成套市场采购。现场加工制作焊接严格按相关规程操作。

(2) 平台基座主要由基底钢板、工字钢支撑架及起重吊耳组成。

1) 基底钢板：采用 15mm 厚钢板，尺寸 750mm×1500mm。

2) 工字钢支撑架：为非标准工字钢，由 10mm 厚钢板切割焊接而成，平面尺寸 165mm×90mm (长×宽)；为提高调节螺栓结构下部的承载力，在支撑钢板中心下方焊接支撑钢筋（螺纹钢筋 ϕ25mm，长度 145mm）。

3）起重吊耳：为起吊搬运提供绑扎，由 10mm 钢板切割焊接而成。

（3）手动螺杆升降架：包括带底板的螺杆、带升降旋转手柄的套筒螺母和带钢管套筒的工字钢支承架。

1）带底板的螺杆：螺杆材料选用 Tr55×8 合金工具钢，长度为 225mm，公称直径为 55mm，螺距为 8mm，螺杆上端设置无螺纹，长度为 95mm，以确保螺杆的稳定安全。支撑钢板由 20mm 厚的钢板切割而成，尺寸为 155mm×150mm。

2）带升降旋转手柄的套筒螺母：旋转手柄为三根 ϕ12mm 螺纹钢筋，等边焊接在套筒螺母中部位置；套筒螺母材料选用合金工具钢，套筒采用公称直径为 55mm 的梯形螺纹，螺距为 8mm，满足自锁条件，外径为 80mm，套筒高度为 60mm。

3）带钢管套筒的工字钢支承架：带钢管套筒的工字钢支承架由 10mm 钢板切割焊接而成，尺寸为 165mm×150mm×10mm（腰高×腿宽×腰厚）；起吊孔直径为 50mm，钢管套筒外径为 68mm、壁厚为 10mm，梯形螺杆上端无螺纹部分外径为 55mm，将其焊接插入工字钢内，间隙为 1.5mm。

3. 对接场地硬化处理

（1）清理对接场地，平整压实。

（2）浇筑厚 15cm、C15 混凝土地坪，基础面平整度在 10m 以内误差不大于 5mm，浇筑完后进行养护，对接场地硬化处理见图 5.3-16；对接场地基础面干燥后，用油漆标识对接平台定位轴线和定位平台的距离位置。

图 5.3-16 对接场地硬化处理

4. 对接平台基座安装

（1）根据钢管柱长度，确定平台数量和间距，平台间距按 5m 设置一个。

（2）基座按预先划定位置和轴线，通过起重吊耳将基座安放到位。

（3）基座钢板定位后，首先在距钢板角 84mm 处固定 ϕ12～15mm 的膨胀螺栓，再将 ϕ12mm 螺纹钢焊接在膨胀螺栓两端，防止平台在操作过程中受力滑动。基座现场安装、固定施工见图 5.3-17。

5. 手动螺杆升降架安装

（1）安装前，在手动螺杆升降架的螺杆上涂抹黄油以减小摩擦。

（2）将带手柄的套筒螺母旋进螺杆适当位置后，使螺杆支撑钢板与基座工字钢支承架

图 5.3-17 基座安装、固定

重叠安放。

（3）安放到位后，将螺杆支撑钢板焊接在基座的工字钢支承架上，防止操作过程中发生移位，具体见图 5.3-18。

（4）将带钢管套筒的工字钢支承架起吊对位后，缓缓将带螺杆套筒的工字钢支撑架套进螺杆中。手动螺杆升降架安装及调平见图 5.3-19。

图 5.3-18 螺杆支撑钢板与基座支承顶板焊接

图 5.3-19 手动螺杆升降架安装及调平

6. 平台首次校平

（1）在起吊放置结构柱和工具柱前，采用水准仪对整体对接平台进行校平；水准仪进场前，先将水准仪送至检定机构检定合格。

（2）将水准仪架设在对接场地中部位置，水准尺逐一放置在各平台顶层工字钢支撑架板上，旋转调节器手柄，使所有对接平台高度处于设计高度。

（3）结构柱外径设计比工具柱小，准备较小号工字钢支撑架加撑，使结构柱和工具柱对接满足垂直度要求，见图 5.3-20；对接平台首次校平示意见图 5.3-21。

图 5.3-20 钢管结构柱对接平台加垫小工字钢找平

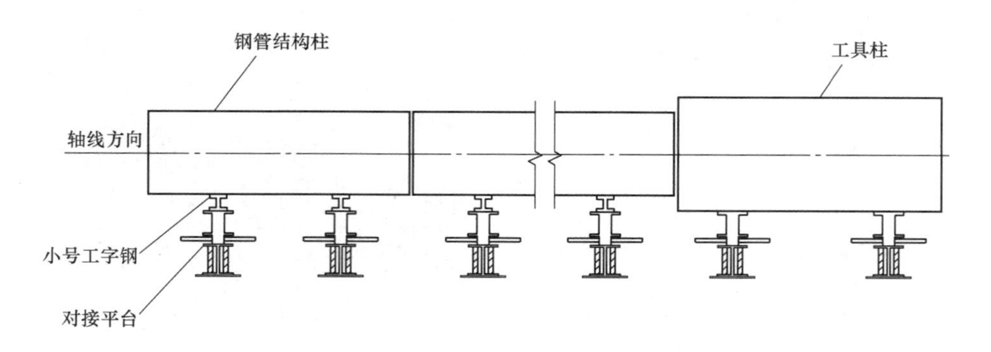

图 5.3-21　对接平台首次校平示意图

7. 钢管柱、工具柱吊装就位

（1）对接平台校平后，采用吊车分别将对接的钢管结构柱、工具柱吊放至对接平台上。

（2）钢管结构柱与工具柱采用螺栓连接固定，工具柱螺栓设置见图 5.3-22。

（3）将对接螺栓安置在对位孔中，对螺栓旋紧约 60%，避免螺栓脱落，并采用木榫固定，防止钢管结构柱和工具柱左右滚动，钢管柱采用木榫固定见图 5.3-23。

图 5.3-22　工具柱螺栓连接法兰结构

图 5.3-23　钢管柱木榫临时固定

8. 对接平台二次校平、固定

（1）在拧紧对接螺栓前，利用水准仪再次对平台进行二次校平。

（2）水准仪校核过程中，派专人根据测量人员的校核结果，旋转工字钢支撑架两端手动螺杆升降架手柄，使所有对接平台处于预先设定高度。

（3）平台二次校平后，拧紧钢管结构柱、工具柱对接螺栓。

对接平台现场螺杆调平见图 5.3-24、图 5.3-25。

9. 垂直度检核

（1）所有对接螺栓拧紧后，需要对钢管结构柱因垂直方向起伏和水平方向弯曲造成的垂直度偏差进行检核，如钢管结构柱垂直度满足要求，则可以进入焊接固定；如果不满足，则拧松对接螺栓进行调整，调整后再进行检验校核。现场水准仪测量工具柱和钢管柱对接后顶标高现场见图 5.3-26。

图 5.3-24　手动螺杆升降架调节

图 5.3-25　钢管柱对接平台调整平

图 5.3-26　测量钢管柱、工具柱对接后顶标高

（2）垂直方向起伏引起的对接精度检查，采用白塞尔中误差公式求解高程中误差 m 进行验证，如果不满足精度要求，则拧松螺栓重新进行调节。

（3）水平方向弯曲引起的对接精度检查：将激光水平仪安置在钢管结构柱一端，架设激光水平仪使左右检测激光线高度与钢管结构轴线方向高度一致，采用带水平气泡的标尺量测钢管结构柱两端及对接位置附近管壁至激光线的距离，测得左右检测线 n 个距离值分别为 L_1，L_2，L_3，…，L_n 和 R_1，R_2，R_3，…，R_n。水平左、右方向弯曲引起的对接精度也采用白塞尔中误差公式求解弯曲中误差 m 进行验证，如果不满足精度要求，则拧松螺栓重新进行调节。水平方向检测线及测量点布置见图 5.3-27。

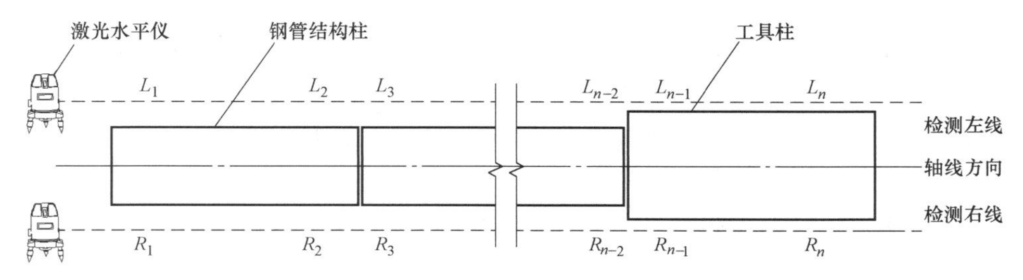

图 5.3-27　水平方向检测线布置图

10. 焊接固定

(1) 钢管结构柱和工具柱垂直度检核满足要求后，即可开始进行焊接。

(2) 焊接由持证电焊工作业，禁止在对接平台上负重。

钢管结构柱焊接现场见图5.3-28，焊接完成的钢管柱、工具柱见图5.3-29。

图5.3-28 钢管结构柱焊接现场

图5.3-29 对接完成的钢管柱、工具柱

5.3.7 材料与设备

1. 材料

(1) 工艺材料：工具柱、制作对接平台的钢板、钢筋、螺栓、焊条等。

(2) 工程材料：钢管结构柱。

2. 主要机械设备

本工艺所需主要机械设备具体见表5.3-1。

机械设备配置表　　表5.3-1

名称	型号、尺寸	功　用
水准仪	DS3	对接平台整体校平，对接测量，对垂直度进行校核、检验
激光水平仪	EK153DP	钢管柱、工具柱对接后水平方向弯曲引起的对接精度检查
履带吊车	QUY55(50t)	钢管桩、工具柱吊装就位
电动空气压缩机	ETC-95	辅助焊接
气体保护焊机	BX3-500	焊接设备

5.3.8 质量控制

1. 质量控制措施

(1) 施工现场所有材料经检验和试验合格后方可进场，每批材料由材料员进场验证，质检员检查出厂合格证、质量保证书、试验报告并验证，监理验收。

(2) 设备仪器进场前，先送至检定机构检定，经检定合格后方可使用。

(3) 对接场地进行硬化处理，浇筑厚15cm、C15混凝土地坪，基础面平整度在10m以内误差不能大于3mm，10m以外误差不能大于5mm。

(4) 钢管结构柱运输过程中注意对成品的保护，避免运输过程产生碰撞变形等。

（5）手动螺杆升降架安放到位后，将螺杆支撑钢板焊接在基座的工字钢支承架上，防止操作过程中发生移位。

（6）在起吊放置钢管结构柱和工具柱前，采用水准仪对整体对接平台进行校平。

（7）钢管柱、工具柱吊装就位，在拧紧对接螺栓前，利用水准仪再对平台进行二次校平。

（8）平台二次校平后，拧紧钢管结构柱、工具柱对接螺栓，对接螺栓在拧紧过程中可能因受力使钢管结构柱对接处翘起影响对接精度，此时需要逐一检查钢管结构柱下部是否与对接平台紧密贴合，如果不贴合，需要调节对接螺栓重新固定。

2. 钢管柱、工具柱对接检验质量检验标准

钢管柱、工具柱对接质量检验标准见表 5.3-2。

钢管柱、工具柱对接质量检验标准 **表 5.3-2**

序号	项目	允许偏差或允许值	检验方法
1	钢管结构柱垂直度(准直度)	垂直度误差不大于 1/600	水准仪
2	钢管结构柱对接水平方向弯曲	高程中误差不大于 1/600	激光水平仪
3	对接场地硬化处理	基础面平整度在 10m 以内误差不能大于 3mm，10m 以外误差不能大于 5mm	水准仪

5.3.9 安全措施

1. 钢管柱堆放与吊装

（1）钢管柱、工具柱进场后，按照施工平面布置堆放至指定区域，搭设台架单层分类平放。

（2）对接的钢管结构柱、工具柱吊放至对接平台上，采用木榫固定，防止钢管结构柱和工具柱左右滚动。

（3）司索工指挥吊装作业，起吊时施工现场起吊范围内的无关人员清理出场，起重臂下及影响作业范围内严禁站人。

2. 精度调节

（1）在进行钢管柱精度调节时，同步对每一个平台的手动螺杆升降架螺杆进行调节，防止单个受力过大造成超载。

（2）测量复核人员登上钢管柱时，采用爬楼登高作业，并做好在钢管顶部作业的防护措施。

第6章 灌注桩事故处理新技术

6.1 潜孔锤孔内掉钻活动式卡销打捞技术

6.1.1 引言

灌注桩采用潜孔锤钻进时，以空气压缩机提供的高风压作为动力，高风压经风管、钻杆内腔进入潜孔锤冲击器，驱动潜孔锤钻头高速往复冲击作业，破碎的渣土、岩屑随潜孔锤钻杆与孔壁之间的空隙由高风压携带排出至地面。

潜孔锤冲击器与钻杆通过六方接头连接，六方接头由六方方头和六方方孔及连接的2根插销组成。六方方头的上、下2个销孔位于正六面体的一组对称面上，插销通过六方方孔的孔洞插入固定于六方方头的销孔内，具体见图6.1-1～图6.1-4。在潜孔锤钻进时，尤其在深厚硬岩地层中，由于冲击钻进时间长，钻凿伴随着剧烈的高频振动，易发生固定插销疲劳折断的情况，或由于插销固定操作不规范导致松动脱落，使得六方方头与六方方孔连接失效，造成钻具孔内掉落事故，具体见图6.1-5。

图6.1-1 六方方头

图6.1-2 六方方孔

图6.1-3 方头、方孔对接

图6.1-4 两插销固定

针对上述问题，我司项目组研制出一种新型潜孔锤打捞器，通过以活动式卡销代替固定插销送入孔内的方法，将潜孔锤钻具卡紧从而实现打捞，达到精准快速、安全可靠、降低事故处理成本的目的，取得显著效果。

6.1.2 工艺特点

1. 事故处理准确率高

本技术采用卡销代替原固定插销，巧妙的打捞器设计使得打捞钻具事故处理精准快捷，确保了项目的正常施工。

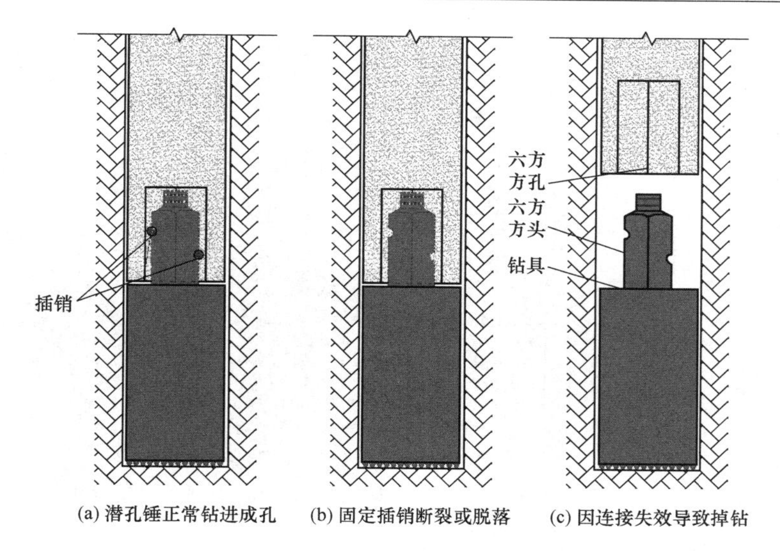

(a) 潜孔锤正常钻进成孔　(b) 固定插销断裂或脱落　(c) 因连接失效导致掉钻

图 6.1-5　潜孔锤钻具掉落示意图

2. 打捞钻具成本低

打捞器以潜孔锤的钻杆和连接头作为辅助构件，通过设置卡销归位将掉落的钻具捕获打捞，其制作成本低、简单易造，与吊钩起吊、潜水员入孔系绳起吊等传统事故处理方法相比，大大缩短了处理耗时，现场打捞成本低。

3. 避免了后期事故处理费用

常用的潜孔锤钻具掉落打捞方法复杂、处理难度大、耗时长，甚至有时不得不将钻具遗弃，把已施工的桩孔废除，并采取在桩位附近重新补桩（用 2 根桩代替）和加大施工承台等补救措施；本技术既保住了原有价格昂贵的潜孔锤钻具，又避免了后期桩孔设计变更带来的高施工成本。

4. 安全高效

使用活动式卡销打捞器，无需潜水员下入孔内打捞，避免了事故处理的安全风险；同时，操作时无需投入额外的机械设备，操作便捷、可靠、安全。

6.1.3　适用范围

适用于潜孔锤钻具掉落孔内的打捞处理。

6.1.4　工艺原理

1. 打捞器设计技术路线

（1）以活动式卡销代替固定插销

由于潜孔锤钻具掉落是固定插销失效引起，则设想若能重新将插销归位即可把孔内钻具打捞出孔。基于此，我们设置一种新型卡销，其作用与原来的 2 根插销作用一致，区别仅在于插销是潜孔锤入孔前由人工插入，而卡销则需通过一定路径导入销孔实现归位。

设计将安装有卡销的六方方孔下入孔内，尝试与掉钻的六方方头对接，如图 6.1-6（a）所示；当卡销进入到六方方头原固定插销的卡槽内时，六方方孔对六方方头实现捕获，如图 6.1-6（b）所示；2 根卡销归位后的模拟图见图 6.1-6（c）。

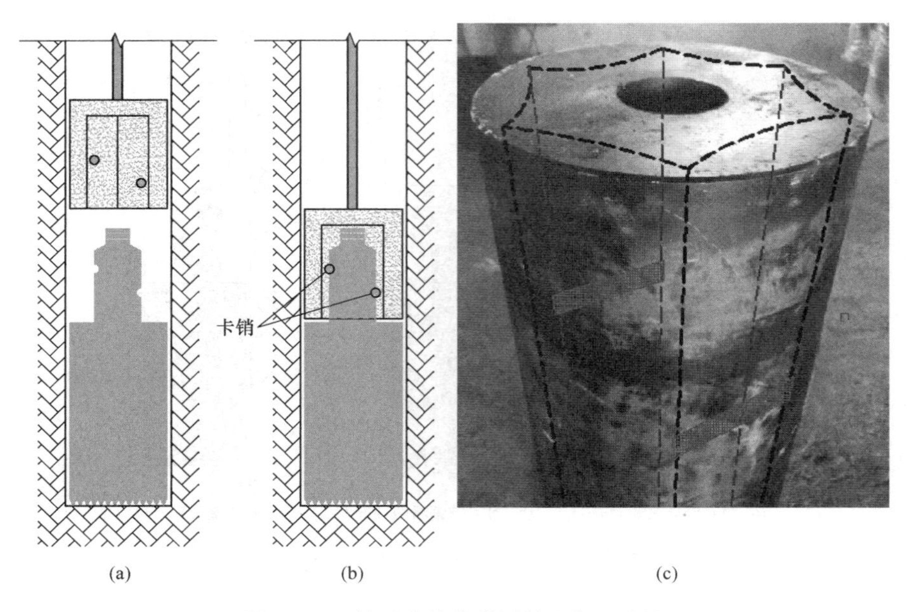

图 6.1-6　使用卡销代替插销设想示意图

经上述分析，得出结论之一：利用活动式卡销代替原固定插销，归位后将掉落的潜孔锤钻具卡紧从而实现打捞出孔。

（2）卡销归位行程路径分析

从上述技术路线分析可知，打捞器与掉落钻具的六方方头的对接，关键在于如何实现卡销的归位紧固。因此，卡销的对接归位设计成为打捞器研发的重点。

在卡销位于销孔正上方的理想情况下，由于卡销相对于六方方头凸出半径长度，当卡销下落触碰到方头时，必然开启相对于方头外扩的运动方可继续沿着方头外壁向下运动，当行至销孔位置时，卡销须自动落入销槽内，以此实现卡销归位。基于此，相对于在孔内固定不动的掉落潜孔锤钻具而言，卡销的归位行程从底部表现为由小至大的运行轨迹，见图 6.1-7。

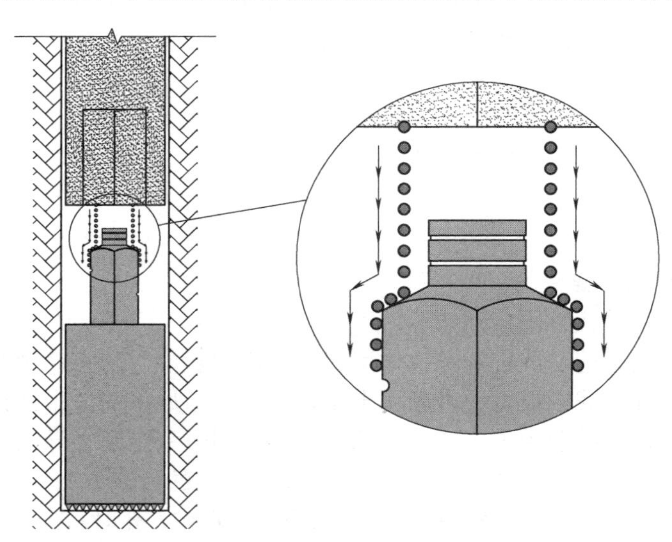

图 6.1-7　卡销相对于掉落钻具的运行轨迹示意图（尺寸比例经过变形处理）

经上述分析，得出结论之二：下入孔内的打捞卡销是可移动的，其行程从底部表现为由小至大的运行轨迹。

（3）卡销的精准捕捉

实际潜孔锤钻进作业时，只要保持有 1 个固定插销有效连接便能将钻具提起，见图 6.1-8。基于此，我们只需成功将 1 个卡销置入销孔即可。

图 6.1-8 一个插销提起钻具

在理想状态下的卡销对接和归位过程中，拟置入的两个卡销均能抵达掉落钻具的销孔内，如图 6.1-9（a）所示；也可能出现其中一个卡销就位，另一个卡销未能抵达销孔的情况，如图 6.1-9（b）所示。这两种情况均可满足钻具打捞出孔的条件。

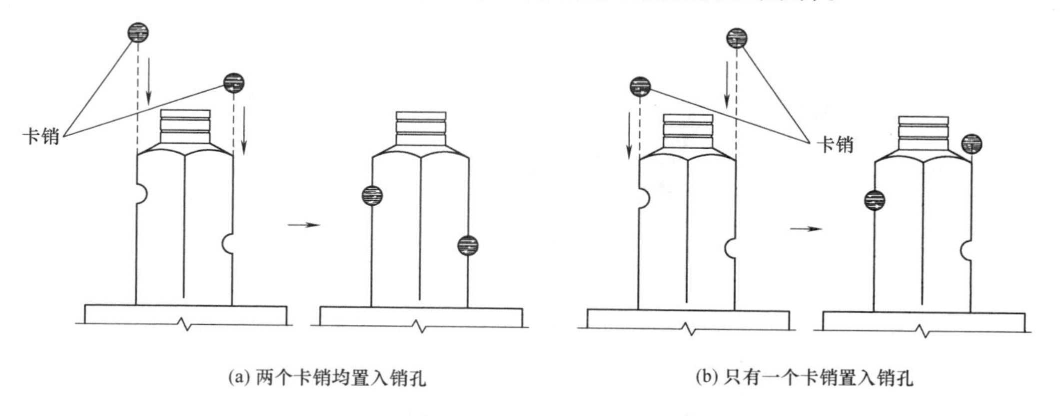

图 6.1-9 两种情况下卡销与六方方头销孔的对接示意图

上述设想是在卡销与其中一个销孔正对的前提下实现的，但实际掉落的钻具肉眼无法看见，难以像在地面上将卡销直接对准置入销孔，因此需进一步解决卡销精准捕捉的问题。

由于六方方头的两个对称面上设置有上、下销孔，且在任意销孔捕捉到一个卡销即可提起钻具的技术思路下，我们对应六方方头的六边形间隔各设置一个卡销，形成“三卡销”组合，将此组合与六方方孔相结合，下入到孔内与掉钻的六方方头进行对接，则只要六方方孔能恰好套住六方方头，即可实现六方方头的 6 个边与六方方孔的 6 个边一一对应，再通过六方方孔的缓慢下放，必然使有且只有一个卡销置入销孔内，这样就解决了卡销精准捕捉的问题，见图 6.1-10、图 6.1-11。

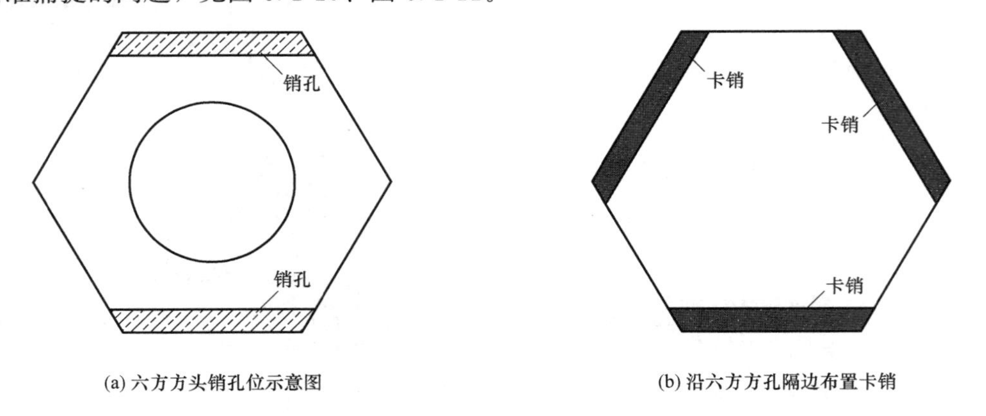

图 6.1-10 沿六方方孔隔边布置卡销示意图

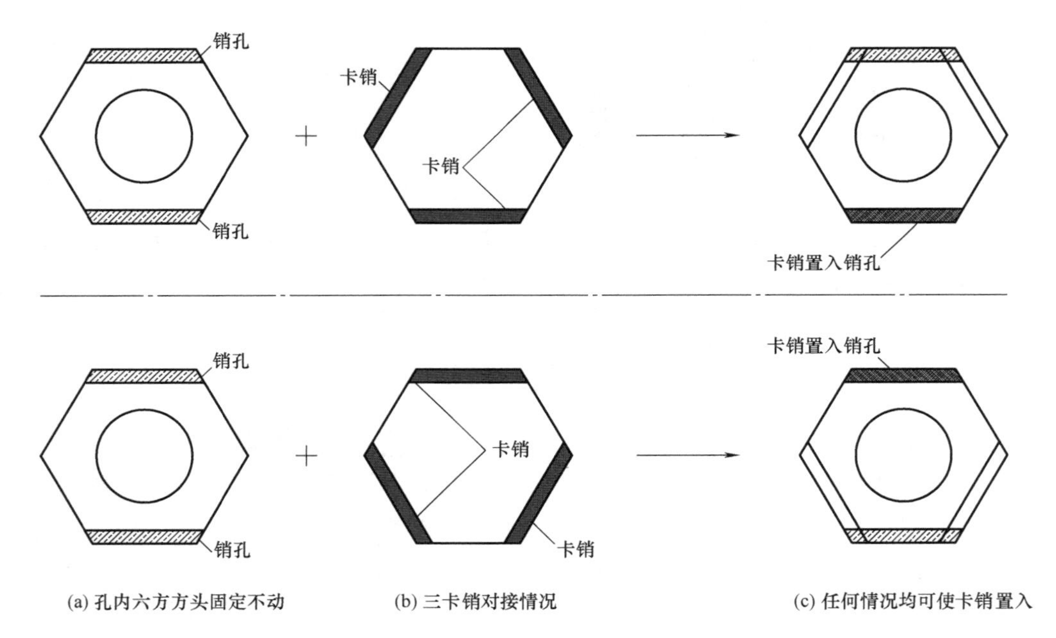

图 6.1-11 “三卡销”组合归位示意图

经上述分析，得出结论之三：“三卡销”组合与六方方孔相结合入孔打捞并顺利对接六方方头，即可实现 1 个卡销进入销孔卡紧掉落潜孔锤钻具。

（4）卡销精确固定方式

由于掉落钻具上方连接的六方方头呈正六边形，所设想的 3 个卡销应准确分布在正六边形的 3 条边上，保证 3 个卡销与销孔能恰好对接插入，则卡销位置应与销孔位置平齐对正。因此，还需设计一种装置将卡销固定，使卡销精准地固定在其原有位置上，不因与六方方头对接接触而产生偏差，保证卡销与销孔的位置和方向完全一致。

综合前述分析，得出结论之四：设置的 3 个卡销分别位于与掉落钻具六方方头一致的六方方孔的 3 条边上，置于一个可移动的受控装置中，其行程从底部表现为由小至大的运行轨迹。

（5）打捞完成后卡销的解除

钻头打捞出孔是通过卡销将掉落的钻具固定，如果试图松脱，则需要解除卡销的固定。基于此，设计通过打捞器筒身上的圆孔插入撬杆，将卡销向远离六方方头的方向压缩，使其撬离销孔，因此卡销的位置移动需要具有一定的弹性，拟设计一个内置弹簧的导向装置，则卡销受弹簧控制，可轻易地使六方方头与六方方孔连接失效，从而完成掉落钻具与打捞器的分离。

综合前述分析，得出结论之五：设置的 3 个卡销应置于一个可移动的、内置导向弹簧的受控装置中，在弹簧弹力的作用下，卡销行程从底部表现为由小至大的运行轨迹；同时在完成打捞后可方便快速地实现解除分离。

2. 打捞器结构

基于上述技术路线的设想和综合分析，我们设计出一种以活动式卡销代替固定插销的潜孔锤钻具打捞器，并形成相应的打捞施工技术，打捞器结构由钻杆连接头、筒身、捕获器三个部分组成，见图 6.1-12。

图 6.1-12 打捞器实物外观

（1）连接头

打捞器顶部是一个六方连接头，起到连接打捞器和钻机钻杆的作用，使打捞器可以借助钻机的辅助下入至桩孔内部进行打捞作业，见图 6.1-13、图 6.1-14。

（2）筒身

1）筒身作用：主要包括以下三方面，一是与顶部钻杆连接头和底部捕获器连接，整体与掉落的钻具对接；二是对打捞器内部设置的卡销进行约束和定位；三是打捞出掉落钻具后，通过筒身上的解锁孔将卡销从销孔中脱出，以此卸除打捞出的钻具。

2）筒身结构：筒身结构为圆柱状，是打捞器的连接部分，见图 6.1-15；筒身直径与

图 6.1-13　打捞器顶部连接头

图 6.1-14　打捞器顶部六方方头与六方方孔连接

图 6.1-15　打捞器筒身实物

掉落钻具直径保持一致或略小 100mm；在筒身卡销的正上方，离筒身底部约 100mm 位置处，开设 3 个 ϕ100mm 圆形解锁孔，打捞完成后通过解锁孔解除打捞器与钻具间的连接；筒身的最小长度以能容纳插入掉落钻具上部六方方头的高度为准，常规打捞器筒身高度约 1m。

（3）捕获器

捕获器设置在筒身底部，其总体结构由卡销、导向装置、六方方孔底盘三个打捞构件组成，见图 6.1-16～图 6.1-18；捕获器通过焊接的方式与筒身相连，见图 6.1-19。

图 6.1-16 打捞器底部捕获器

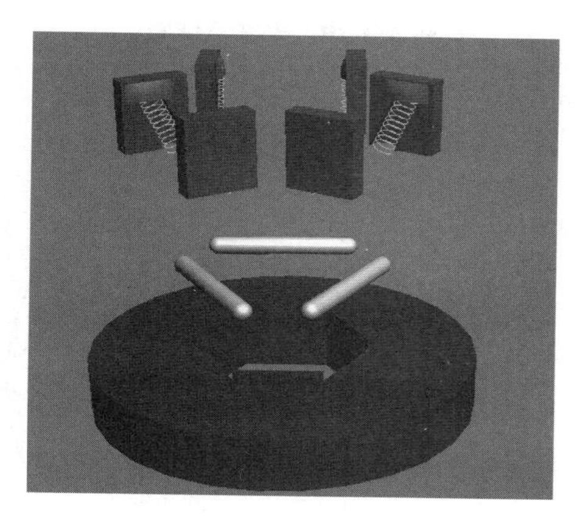

图 6.1-17 底盘、卡销、导向装置分解三维图

图 6.1-18 捕获器内部卡销、弹簧导向装置结构

图 6.1-19 捕获器与筒身焊接相连

1）卡销

卡销呈长条状，三维示意见图 6.1-20，实物见图 6.1-21，由高强度合金制成，以保证其有足够的强度、刚度，能顺利将掉落的钻具卡紧吊起。卡销沿六方孔孔边居中布置，其两边伸入六方方孔内一定长度 $L=20$mm，使其在卡入销孔提起钻具时在方孔内有足够的嵌固长度，见图 6.1-22。理论上卡销的直径与销孔直径一致，具体根据掉落钻具上连接的六方方头的规格确定卡销的长度，六方接头技术参数见表 6.1-1。

2）导向装置

卡销的导向装置由弹簧和弹簧匣两部分构成，其内部构造见图 6.1-23。

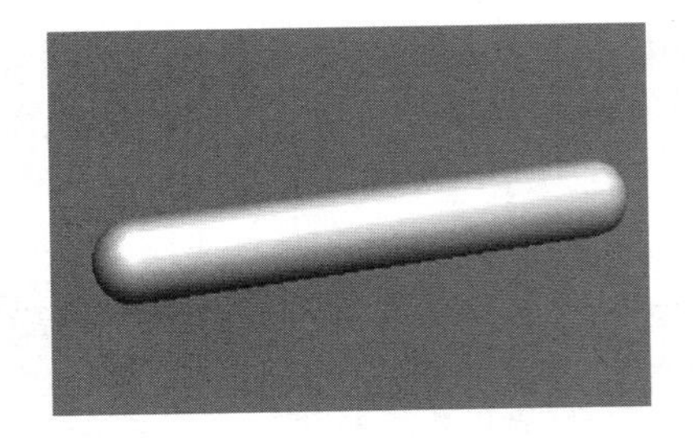

图 6.1-20　卡销三维图

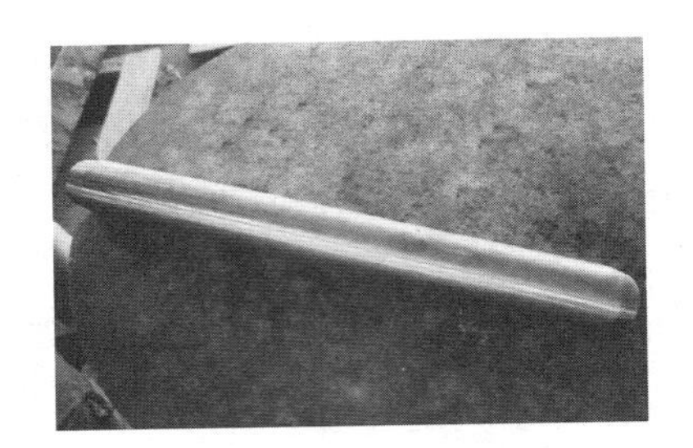

图 6.1-21　卡销实物

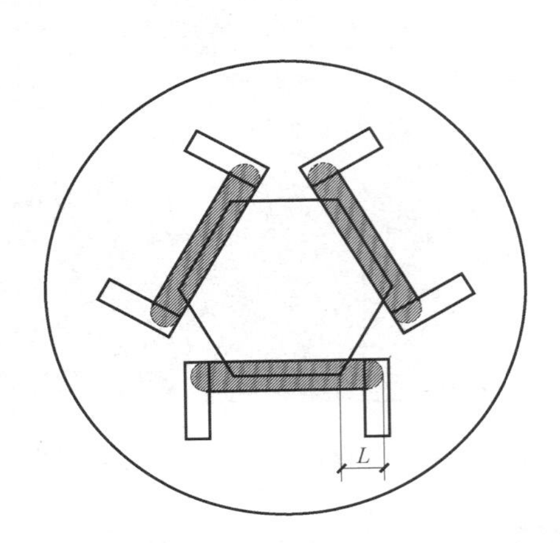

图 6.1-22　捕获器顶视图

六方接头技术参数表

表 6.1-1

六方方头外径（mm）	销孔直径（mm）	销孔长度（mm）	六方方孔外径（mm）	卡销伸入方孔两边 L（mm）
120	30	104	273	20

图 6.1-23　卡销导向装置实物图

导向装置的设置是为了使卡销响应技术路线中的行程设计要求，赋予卡销移动时的导向和自动归位功能；其中，导向功能由弹簧匣内的斜向凹槽提供，当卡销向下移动至六方方头的扩大位置时，在向上推力的作用下，卡销朝弹簧压缩“内缩”方向可继续向下移动；而自动归位功能则由弹簧提供，卡销在弹簧恢复自然状态下的弹力作用下，一旦抵达销孔位置就能迅速归位；弹簧直径略小于或等于卡销直径均可，原理见图 6.1-24。

卡销具体规格尺寸见图 6.1-25，弹簧匣外壳由厚钢板加工焊接而成，高度 100mm、宽度 85mm、厚度 25mm；匣子上部包裹弹簧尾部的钢片由宽 60mm、高 25mm 的薄钢板加工成凸状半圆形，其主要作用是限制并固定弹簧在匣槽中不走位。

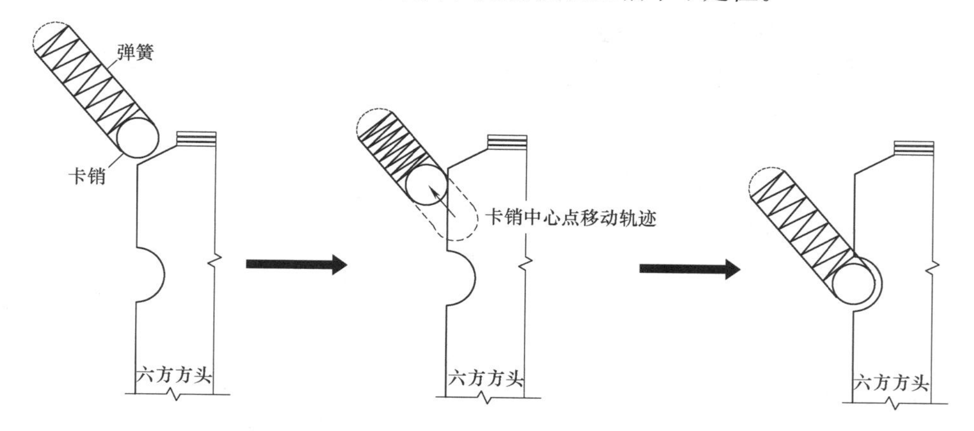

图 6.1-24 六方方头与卡销接触时卡销运行示意图

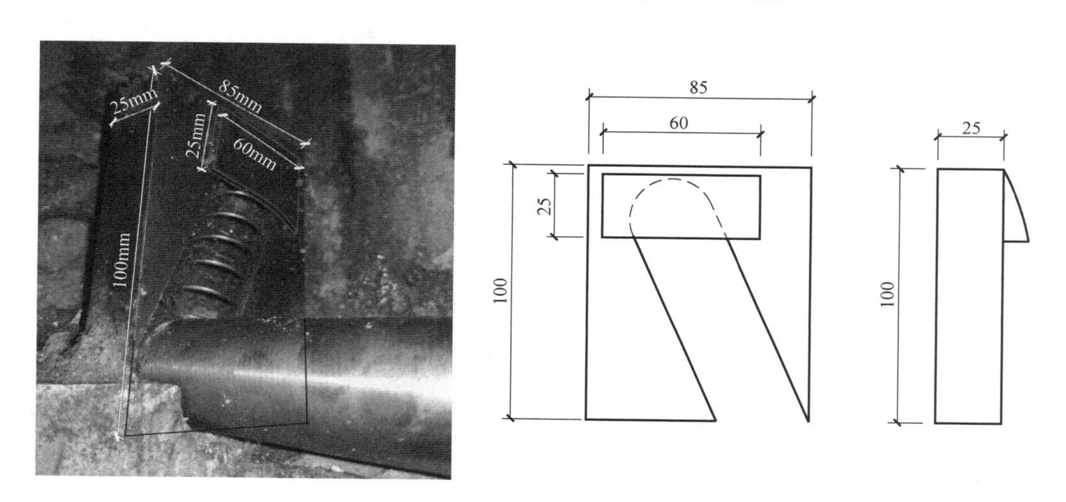

图 6.1-25 弹簧匣规格尺寸示意图

3）六方方孔底盘

六方方孔底盘厚度 100mm，外径稍小于掉落钻具的直径，以确保底盘便于移动而与钻具上部的六方方头完成捕捉对接，底盘起固定、对接作用，将卡销、弹簧和弹簧匣子集成于一体。捕获器制作时，先将 3 根卡销置于六方方孔底盘上的凹槽内，然后将弹簧匣焊接于六方方孔之上，最后把弹簧压缩置入弹簧匣凹槽内，使其一头固定于匣子上部凸状薄片钢板中，一头与卡销相连，完成捕获器的安装再将其与筒身焊接为一体，进而形成完整的打捞器装置。

6.1.5 施工工艺流程

潜孔锤孔内掉钻活动式卡销打捞施工工艺流程见图 6.1-26。

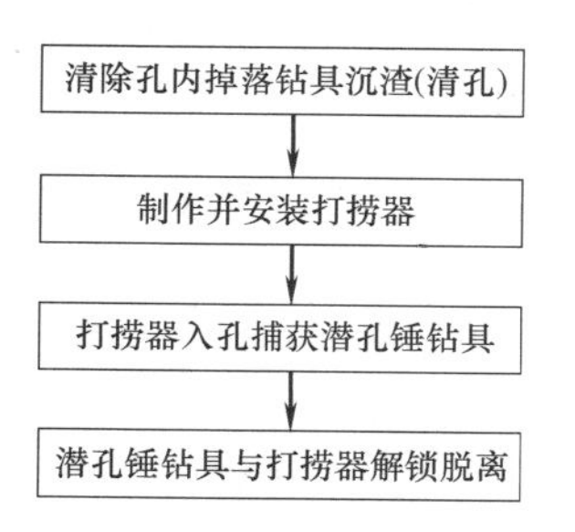

图 6.1-26 潜孔锤孔内掉钻活动式卡销打捞施工工艺流程图

6.1.6　工序操作要点

1. 清除孔内掉落钻具沉渣（清孔）

（1）测量孔内实际深度，与掉落钻具的位置进行比对，摸清孔内沉渣厚度。

（2）调配好清孔泥浆，采用3PN泥浆泵正循环清孔，或采用空压机形成气举反循环清孔，将孔内覆盖钻具的渣土清除干净。

（3）清孔至掉落钻具的六方方头全部露出为止。

2. 制作并安装打捞器

（1）对掉落桩孔的潜孔锤钻具进行现场勘查，摸清钻具相关的各项技术参数和指标。

（2）根据桩孔直径、潜孔锤钻具及其上六方方头直径的大小，按照上述技术路线与装置结构制作相应规格的打捞器。

（3）将打捞器顶部的六方方头与钻机钻杆的六方方孔通过插销进行对接，见图6.1-27、图6.1-28。

图6.1-27　打捞器吊装

图6.1-28　钻机动力头连接钻具的六方方孔

3. 打捞器入孔捕获潜孔锤钻具

（1）钻机就位调平后，钻杆与原桩孔中心对齐，缓慢下放入孔。

（2）在打捞器触碰到孔内掉落钻具上部的六方方头时，缓慢旋转钻杆带动打捞器转动，调试相互间的接触位置和方向，使钻具上部的六方方头与打捞器底部的六方方孔顺利套入对接。

（3）继续下放钻杆，直至卡销置入销孔。

（4）卡销归位置入销孔后，掉落钻具被卡紧，此时突然上提钻杆将会承受较大压力，应缓速操作，慢慢将掉落的钻具提离孔底。

（5）打捞过程中，加强孔内水头高度控制，保持孔内泥浆良好性能，防止掉落的潜孔锤钻具在脱离孔底地层时出现塌孔情况，以确保孔壁稳定。

研发厂房内模拟桩孔内掉落潜孔锤钻具的打捞过程，见图6.1-29；现场打捞见图6.1-30。

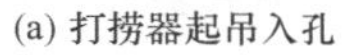
(a) 打捞器起吊入孔

(b) 捕获器卡销与方头对接

(c) 卡销归位

(d) 提出掉落钻具

图 6.1-29 模拟桩孔内潜孔锤钻具打捞场景

4. 潜孔锤钻具与打捞器解锁脱离

(1) 完成打捞出孔后，将潜孔锤钻具提至地面，此时卡销处于待解锁状态，见图 6.1-31。

(2) 使用头部扁平的撬杆通过预先设置的解锁孔，插入筒身并撬住卡销，卡销受力后脱出弹簧匣，此时卡销与六方方头的卡紧作用失效，钻具与打捞器脱离，打捞任务顺利完成。掉落潜孔锤钻具与打捞器解锁脱离见图 6.1-32。

图 6.1-30 现场打捞

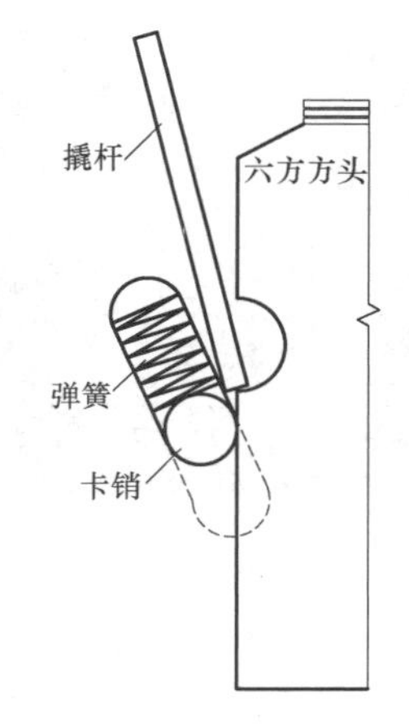

图 6.1-31 解锁位示意图

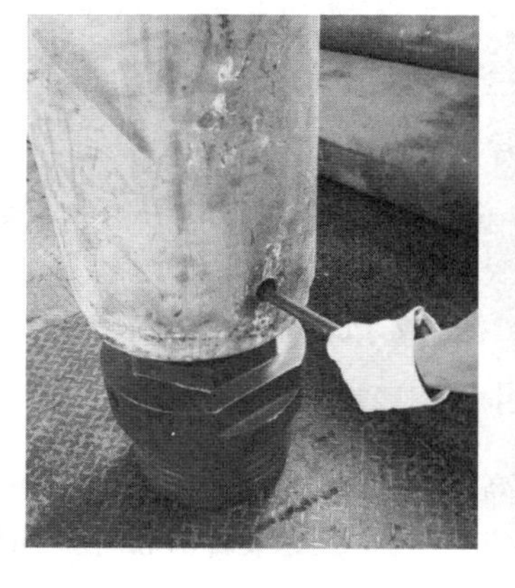

图 6.1-32 掉落潜孔锤钻具与打捞器解锁脱离

6.2　潜孔锤钻具六方接头插销防脱技术

6.2.1　引言

潜孔锤钻头与钻杆的连接，以及钻杆之间的连接，一般都采用六方接头连接。六方接头连接时，由六方方头、六方方筒对接插入，采用两根插销、用弹簧销固定，其连接方式稳固、安全。常用的插销为圆筒型的细长钢柱，在六方方头与六方方筒相互对接套合后，插销通过设置的钻具外部圆形插销孔插入钻具内部插销孔，并通过操作孔在内部插销孔的另一端用弹簧销固定。具体见图 6.2-1～图 6.2-4。

图 6.2-1　六方方头

图 6.2-2　六方方筒

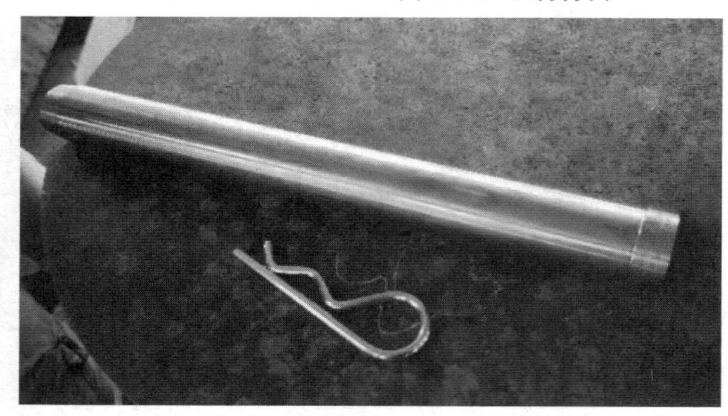

图 6.2-3　常用的插销、弹簧固定销

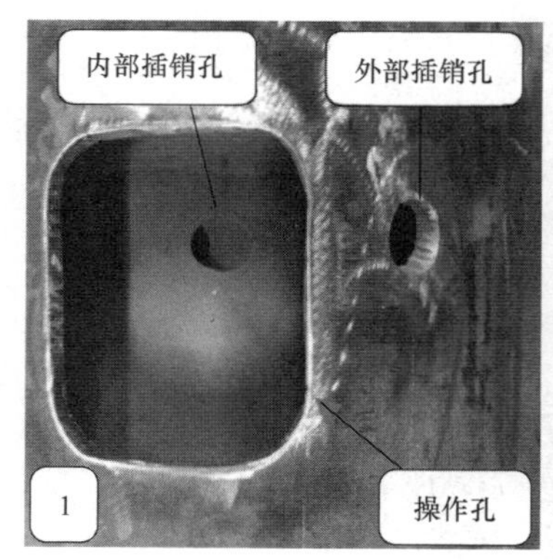

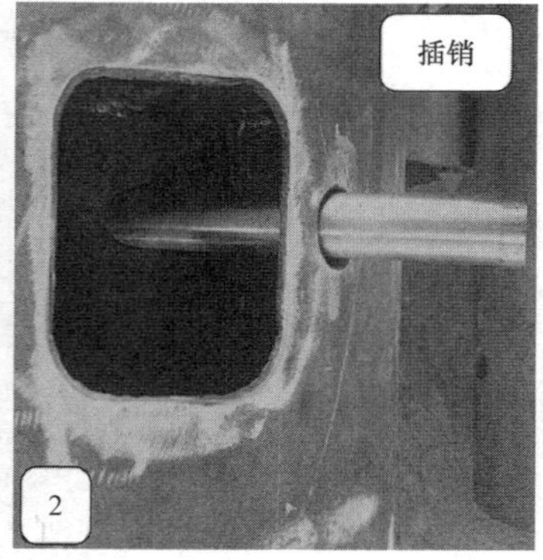

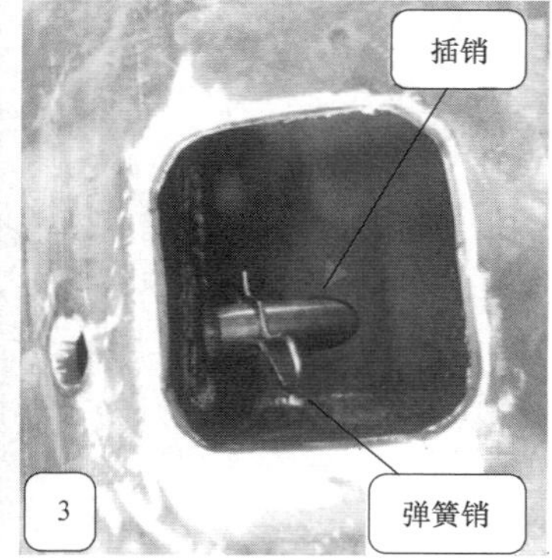

图 6.2-4　六方接头连接时插销、弹簧固定销连接过程

潜孔锤凿岩钻进时，其冲击钻进往复超高频率产生剧烈振动。在实际钻进施工中，常发生因连接接头固定插销长时间作业而出现疲劳折断，或弹簧销断开，而使对接插销松动脱落，并沿插销孔滑出，导致钻具连接失效，发生孔内钻具掉钻事故。

6.2.2 工艺原理

1. 技术路线

分析潜孔锤六方接头连接失效原因，主要是由于六方接头的插销因长时间作业出现疲劳折断，或插销松动滑脱，圆柱形插销沿圆形的钻具外部插销孔口滑出，而使钻具掉落孔内，造成孔内事故。

为解决潜孔锤钻具与钻杆及钻杆之间的连接出现的安全风险，本技术针对插销结构和钻具外部圆形规则插销孔进行重新异形设计，构筑一套安全性更高的钻具、钻杆六方连接装置，降低掉钻事故的发生。

2. 插销防脱落原理

本技术主要内容为新型插销结构、钻具外部插销孔两部分。六方接头防脱原理主要为：设计出一种非圆形的异形插销，同时将圆形的钻具外部插销孔设计为非圆形的异形孔状，使得即使插销固定失效后，由于插销和外部插销孔为异形，插销难以沿钻具内部插销孔滑出外部插销孔，以此确保六方接头工作时的牢固稳定及有效连接。

6.2.3 插销防脱落结构

新型插销防脱落装置包括插销结构、钻具外部插销孔两部分。

1. 插销结构

（1）新的插销在原有插销的基础上增加了销帽设计，由原先的圆形销帽变成不规则的异形销帽，具体新插销与原有插销对比见图 6.2-5。

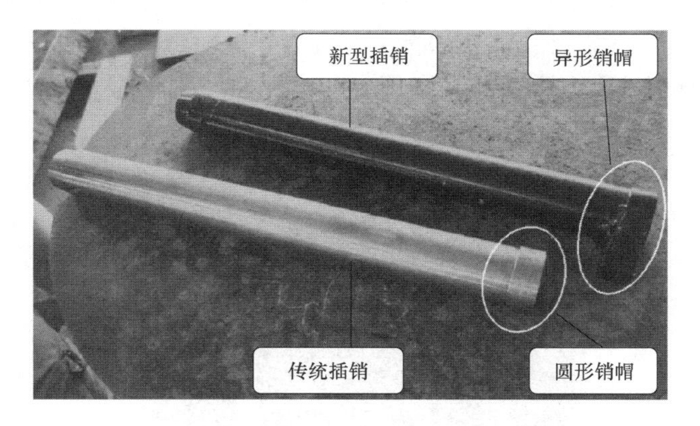

图 6.2-5 新型插销与传统插销对比图

（2）新型插销由销体、销帽、弹簧销孔组成，具体见图 6.2-6、图 6.2-7。

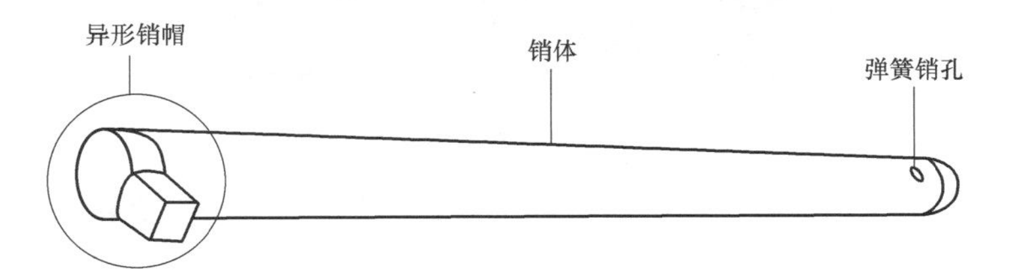

图 6.2-6 新设计插销模型

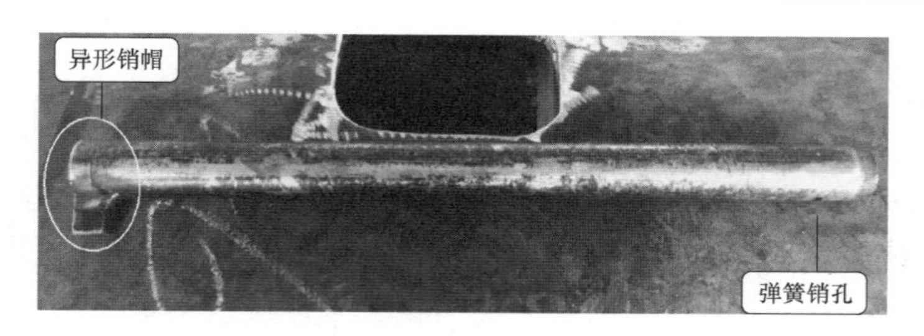

图 6.2-7　新型插销实物

(3) 新型插销主体部分为钢质圆柱，销体上设有圆形孔洞，供弹簧销插入。异形销帽由传统圆形销帽与一钢制长方体组成，详细尺寸见结构设计图 6.2-8 。

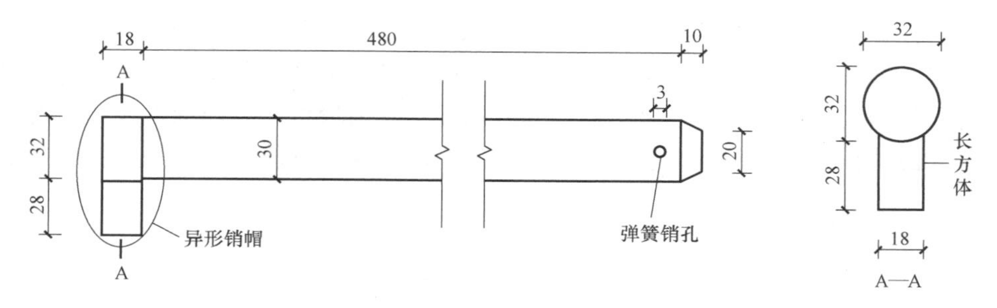

图 6.2-8　插销结构设计图

2. 外部插销孔结构

(1) 插销孔设计原理：对原有的外部圆形插销孔进行重新设计，插销孔形状整体与新型插销帽的形状一致，其尺寸比插销帽稍大，以方便插销插入；从重力学原理分析，新形插销孔由于增加销帽设计，其在使用过程中，销帽在重力作用下表现为长方体向下状态，为此将外部插销孔设计为与销帽相倒立的形状。具体见图 6.2-9。

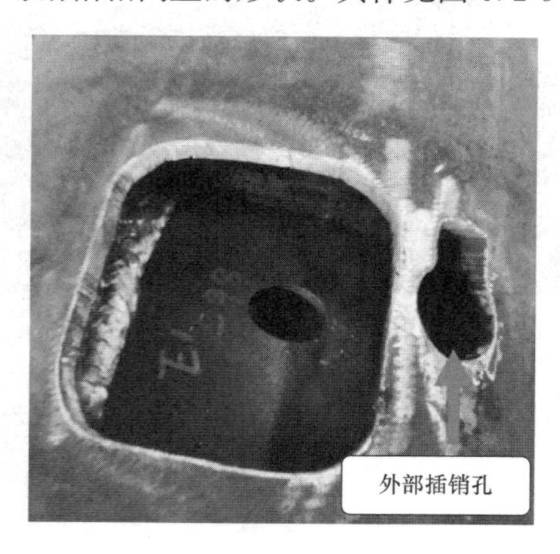

图 6.2-9　外部异形插销孔形状

(2) 尺寸：插销孔尺寸较销帽尺寸略大，其形状大致可分为圆形和矩形，详细尺寸见图 6.2-10、图 6.2-11 。

3. 弹簧销结构

弹簧销保持不变，其为直径 2mm 的镀锌弹簧钢，分为直边和波浪曲边，直边长度 50mm，波浪曲边总长度约 65mm，各曲边互成波浪夹角，其中有可与销体相嵌合的 120°卡槽。弹簧销具体见图 6.2-12、图 6.2-13，弹簧销插入销体见图 6.2-14。

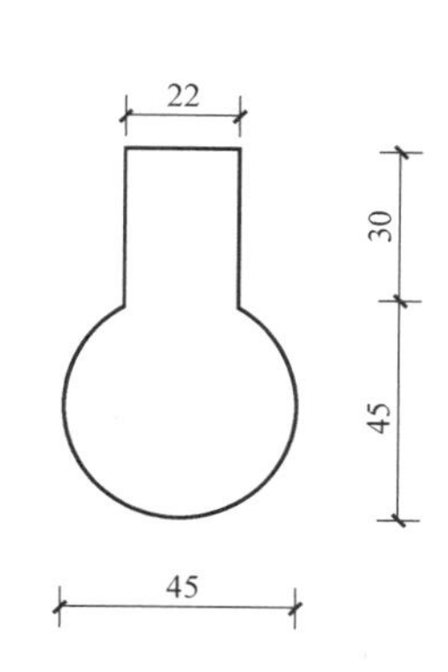

图 6.2-10 新型插销孔模型

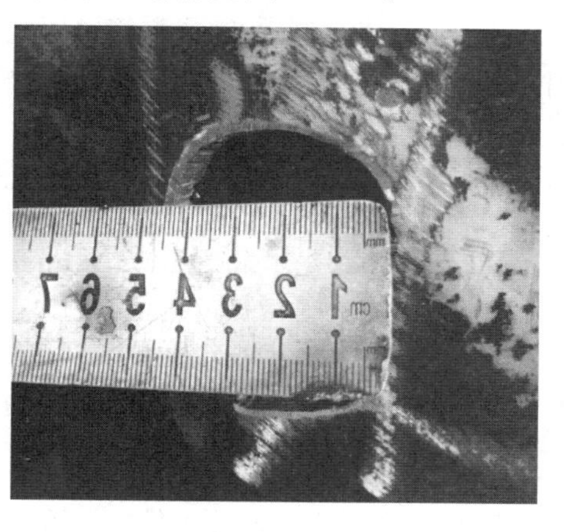

图 6.2-11 新型插销孔尺寸现场测量

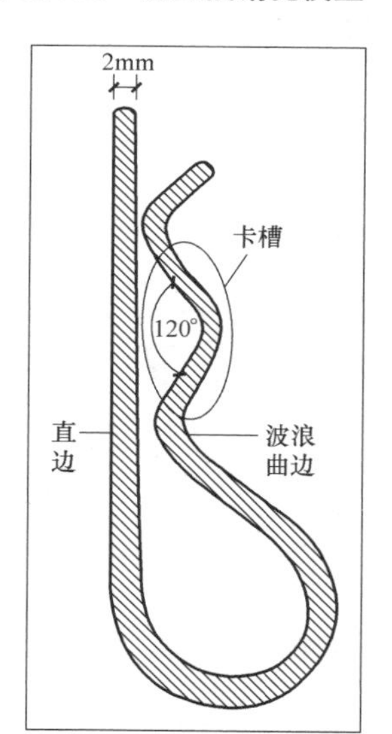

图 6.2-12 弹簧销模型

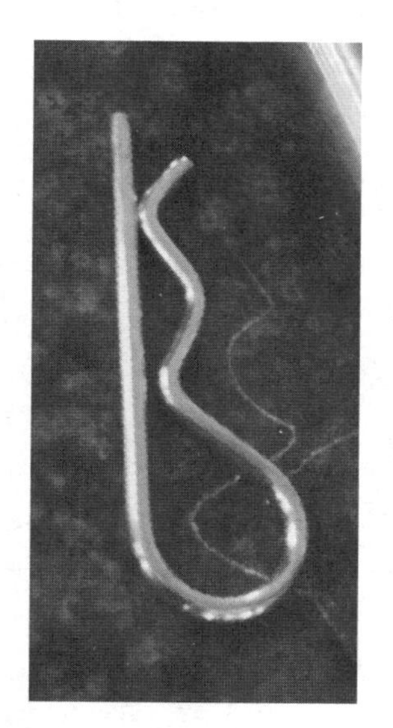

图 6.2-13 波浪弹簧销

图 6.2-14 弹簧销插入销体

6.2.4　工艺特点

1. 安全性高

经过重新设计的异形插销和异形外部插销孔，不仅提高了钻具、钻杆及钻杆之间的有效连接，也保证了即使在插销或弹簧销固定失效或疲劳折断的情况下，插销也难以完全对位插销孔而滑出，潜孔锤钻具的安全性更高。

2. 操作简便

本防脱装置的设计只是将传统的插销孔和插销帽进行了形状上的变化，改装易行、操作简便。

3. 成本低

本防脱装置插销、插销孔制作成本低，简单易造。

6.2.5　防脱插销组装操作要点

1. 插销就位

（1）钻具六方方头与六方方筒的相互对接套合。

（2）将插销与外部插销孔相互对位后，将插销推入插销孔，具体见图6.2-15、图6.2-16。

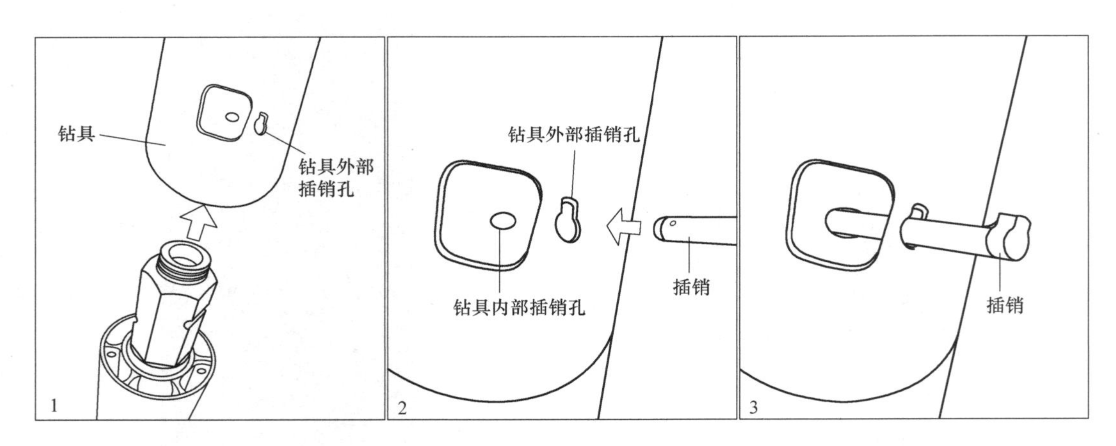

图6.2-15　六方接头连接及插销插入模型

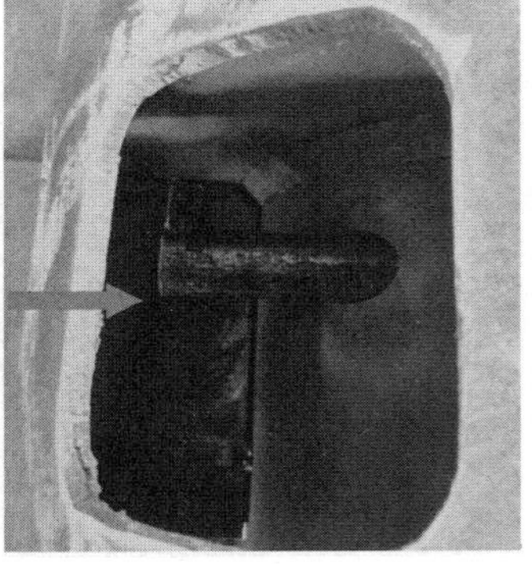

图6.2-16　插销插入

2. 插销旋转就位

（1）当插销完全进入后，插销另一端从钻具内部插销孔穿出，此时将销帽转动180°，使其与外部插销孔位置相互错位，销帽转动见图6.2-17、图6.2-18。

（2）当插销在外力作用下失效滑出时，会因销帽的独特设计而与外部插销孔错位无法滑出，销帽与外部插销孔相互错位见图6.2-19。

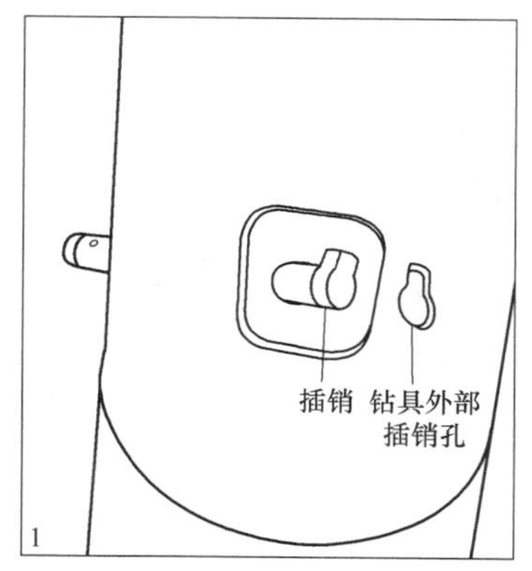

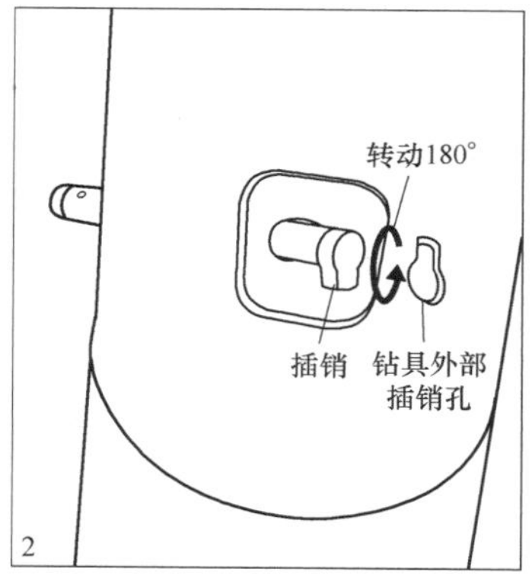

图6.2-17　销帽转动模型

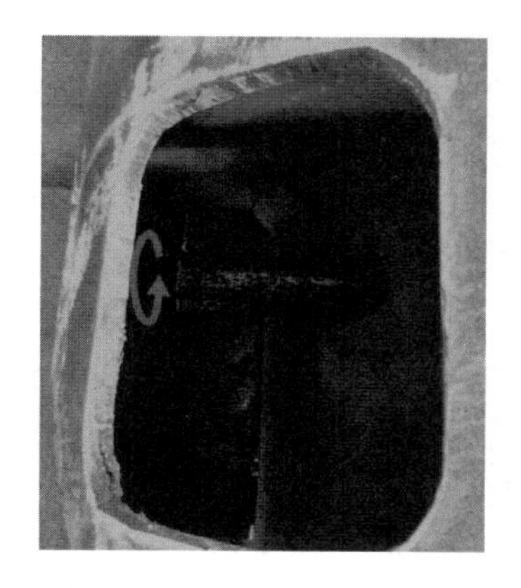

图6.2-18　销帽转动180°

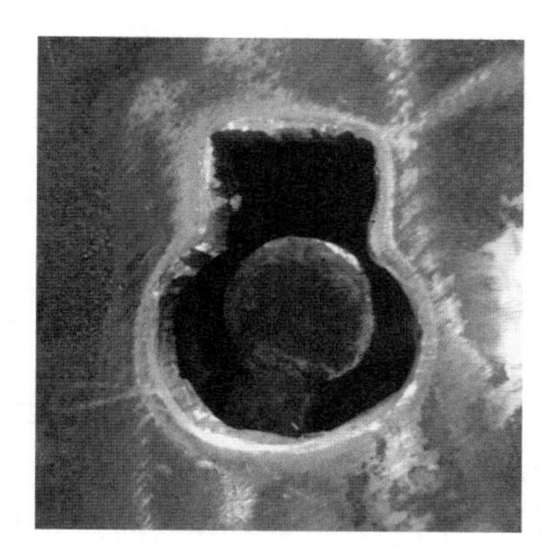

图6.2-19　销帽与钻具外部插销孔错位

（3）通过操作孔，在插销另一端弹簧销孔中插入弹簧销，并将其卡槽与销体相夹，保证插销固定在钻具内部插销孔中。具体见图6.2-20、图6.2-21。

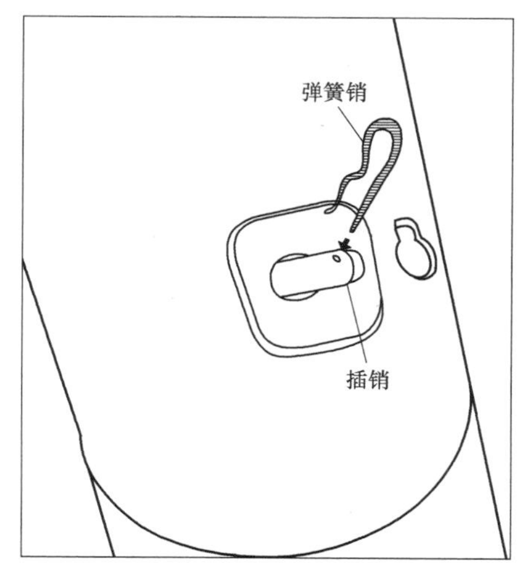

图6.2-20　插入弹簧销模型

图6.2-21　插入弹簧销

第 7 章　基坑砂土再生资源处理利用新技术

7.1　基坑开挖砂质土模块化洗滤净化技术

7.1.1　引言

随着城市建设高速发展，各地兴建了大量的高层建筑，随之而来的是越来越多的深基坑开挖过程中产生的大量余泥渣土。

传统的余泥渣土处理多采用泥头车运至政府指定的余泥渣土受纳场回填。余泥渣土受纳场的设置会占用大量的土地资源，且受纳场在运营过程中会产生大量的环境及安全问题。由于城市土地资源日益紧缺，余泥渣土受纳场数量有限，且通常设置在偏远位置，余泥渣土需要长距离运输，耗时长、能耗高，占用城市宝贵的道路资源；同时，由于泥头车车身高、盲区大，由泥头车引起的交通安全事故屡有发生；由于受纳场不足造成渣土乱排放，引起城市市政管网堵塞和发生环境污染。另外，随着国家和地方政府对环境治理和水环境的整治，河砂开采受到了遏制，砂资源紧缺，建筑材料市场价格节节走高。而余泥渣土经过有效处理，其分离出的成品砂可用于建筑、市政等工程，可有效缓解目前市面上用砂供应不足的问题，具有较大的社会效益和经济效益。

为克服以上存在的弊端，在基坑土方开挖时，项目组采用了基坑开挖砂质土洗滤净化、压榨施工技术，对开挖出的余泥渣土进行资源化再生处理，将基坑土所含砂粒分离，黏粒经沉淀脱水处理后外运，减少了基坑土外运至余泥渣土受纳场的回填量；同时分离出的成品砂除满足工地现场临时砌筑、喷射混凝土护面外，还可直接用于建筑、市政等工程使用，取得了显著效果。

7.1.2　工艺特点

1. 循环再生资源

本工艺将开挖出的砂质土进行泥砂分离，变废为宝，实现资源再生循环利用。

2. 节能环保

在基坑场地内或周边就近设置土方洗滤净化处理区，基坑开挖砂质土就地就近处理，减小泥头车对繁忙市政交通的影响，节能环保。

3. 操作简单

本工艺所采用的主辅机为国产定型设备，机械设备自动化运行，操作简单，只需 3 名工人配合即可完成土方洗滤净化全过程。

4. 模块化处理

本工艺泥砂分离技术应用场地设在基坑周边通过模块化设计，将现场设备按筛分、洗滤、脱水、压榨等工序高度集成式组合安装，实现现场设备可移动，安装拆除快速；该模块化处理的方式可缩短进出场时间，减少对施工现场的干扰。

5. 经济效益显著

本工艺采用的泥砂分离技术将泥与砂有效分离，分离出的成品砂可充分利用，具有显著的经济效益；而产生的废泥渣相比于运输建筑余泥减量化程度高，且含水量低，运输便利，大大节约了运输成本。

7.1.3　适用范围

适用于基坑土为砂性土及砂粒含量大于40%的砂质黏土、砾质黏土。

7.1.4　工艺原理

本工艺的目的在于提供一种高效、环保、经济、模块化的基坑开挖砂质土洗滤净化分离再利用处理方法，旨在解决目前常用的余泥渣土处理方式中资源浪费、经济性差、污染环境等问题。

本工艺按照功能对现场设备进行模块化划分，划分为筛分破碎模块、洗滤模块、振动脱水模块、储存模块和压榨模块。利用现场设备对泥砂进行筛选、破碎、清洗、再筛选，分离出其中的中粗砂，过程中产生的泥浆则统一泵送至带式压滤机，由带式压滤机对泥浆进行压榨处理，最终达到泥砂分离、循环利用的目的。

本工艺的原理是首先将基坑的余泥废渣稀释后，经链斗输送机运至滚筒筛进行初步筛分，筛分出的直径大于4mm的粗料运送至破碎机破碎，之后重新返回滚筒筛进行二次筛分；直径小于4mm的细料则运至水轮洗砂机进行清洗，洗砂由三道水轮组成，经水轮清洗之后的细砂再经脱水筛振动脱水，最终由传送带输出。洗砂过程中产生的泥浆，首先经旋流器进行预处理，分离出的直径大于4mm的砂粒落至第三道水轮洗砂机内，过滤泥浆则流入储浆罐内存放。储浆罐内的泥浆首先在聚丙烯酰胺（PAM）和聚合氯化铝（PAC）作用下沉淀脱水、絮凝成团，之后进入专用的带式压滤机进行脱水，带式压滤机集成了重力式脱水、楔形区脱水和挤压辊高压脱水。最终可获处理含水率低的废泥渣，泥浆絮凝及压榨过程中产生的清洁水存储于水箱中，脱水后的废泥渣含水率低于20%，可直接装车外运。

基坑开挖砂质土模块化洗滤净化施工工艺原理见图7.1-1。

7.1.5　施工工艺流程

基坑开挖砂质土模块化洗滤净化施工工艺流程见图7.1-2。

7.1.6　工序操作要点

1. 现场机械设备模块化组装

（1）该项目位于深圳市南山区旧城改造区，受场地条件限制，故而将泥砂洗滤系统设置在紧挨项目现场的场馆内，占用面积约600m^2。

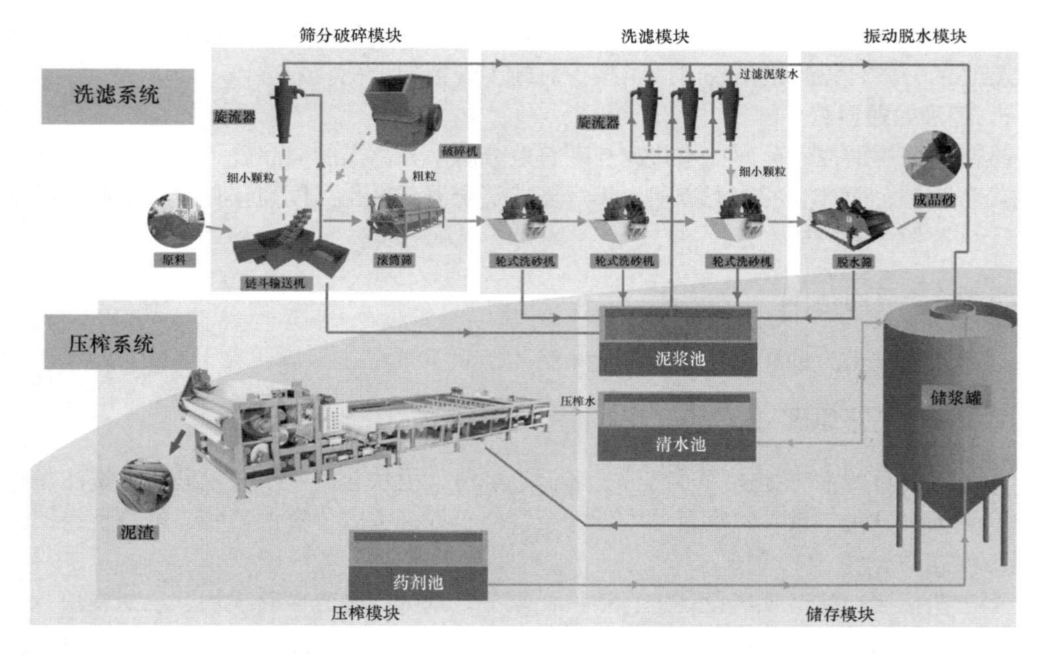

图 7.1-1 基坑开挖砂质土模块化洗滤净化施工工艺原理

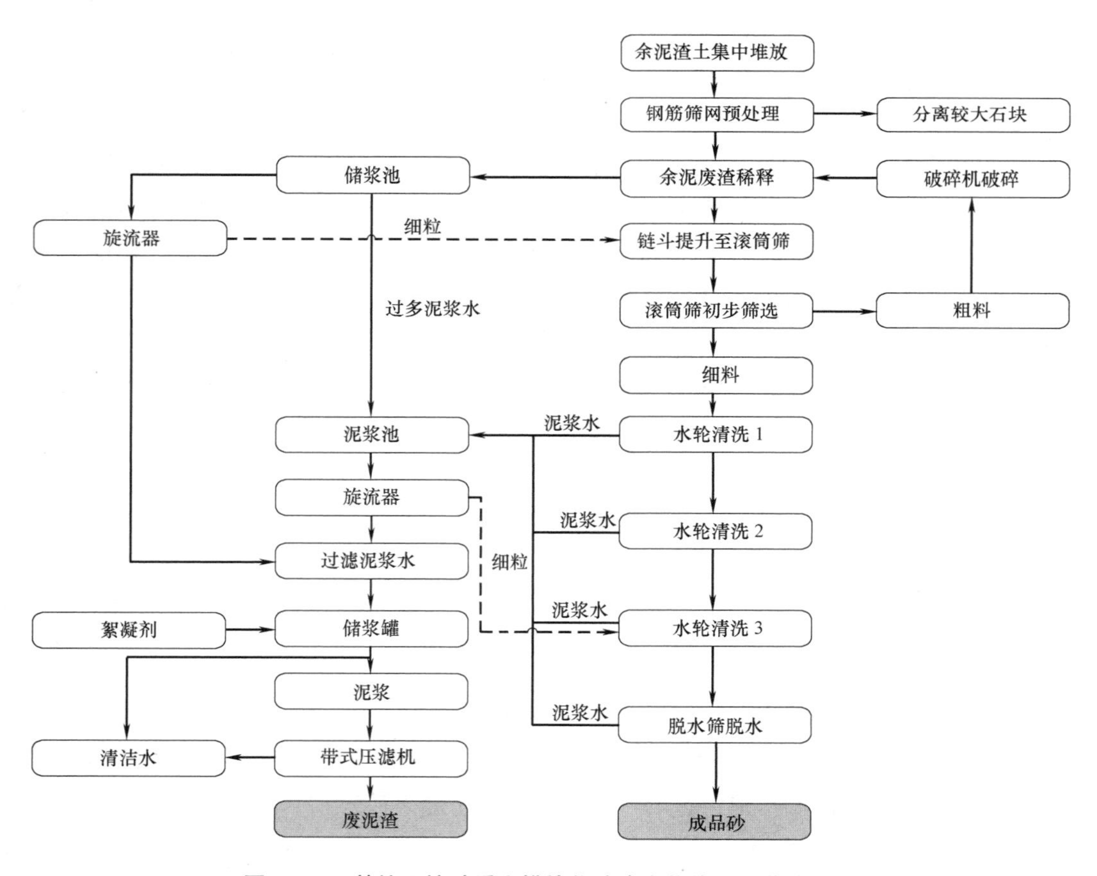

图 7.1-2 基坑开挖砂质土模块化洗滤净化施工工艺流程图

（2）场馆内搭设两层平台，并将现场设备按照功能分区安装，划分为筛分破碎模块、洗滤模块、振动脱水模块、储存模块和压榨模块。各个模块高度集成，拆除安装方便。

（3）破碎筛分模块组合了链斗输送机、滚筒筛和破碎机；洗滤模块由 3 个轮式洗砂机组成，振动脱水模块组合了振动筛和传送带；储存模块为泥浆池、清水池和储浆罐；压榨模块为带式压滤机和药剂池。

（4）带式压滤机设在两层平台之上，清水池设在压滤机下方，压榨水可直接落入下方清水池中。

（5）场馆外墙上分别开挖两个洞口，传送带经此分别将分离出的成品砂和废泥渣运送至厂房外空地堆放，见图 7.1-3。

图 7.1-3 现场成品砂及废泥渣出口

2. 余泥渣土存贮

（1）基坑开挖产生的大量余泥废渣，直接由泥头车运送至场馆外空地集中堆放，见图 7.1-4。

（2）余泥废渣堆放场地大小可根据项目现场实际情况确定。

3. 余泥渣土网筛预处理

（1）堆放至现场的余泥废渣由挖掘机放入进料斗。

（2）在进料斗上方设置钢筋筛网，将余泥废渣中的大石块过滤，见图 7.1-5。

图 7.1-4 余泥废渣堆放现场

图 7.1-5 余泥废渣预处理

4. 余泥渣土稀释

(1) 余泥渣土经进料斗进入清洗池，经水稀释后沉于清洗池底部，部分泥土则溶于水中并从上部管道流入储浆池内。见图7.1-6、图7.1-7。

图7.1-6　余泥废渣流入清洗池

图7.1-7　储浆池清洗池连接方式

(2) 链斗输送机的一端放置在清洗池内一定深度，使之与清洗池底部稀释过后的余泥废渣接触，料斗挖料之后随斗链的转动提升出水面，并传送至顶部，经过上导轮改变方向后，链斗内的泥砂在自重下导入滚筒筛内，见图7.1-8。

图7.1-8　余泥废渣倒入滚筒筛

(3) 储浆池尺寸1.0m×1.0m×1.2m，当储浆池内泥浆太多时则流入泥浆池内。

(4) 储浆池内的泥浆由高压泵泵送至旋流器，旋流器架设在链斗输送机上方，经离心作用，直径大于4mm的砂粒直接落入链斗内，泥浆则流入储浆罐内。见图7.1-9、图7.1-10。

5. 滚筒筛初选

(1) 稀释后的余泥渣土通过链斗输送机运至滚筒筛，滚筒筛倾斜放置，在滚动的同时通过喷淋装置向其内喷水，以达到初步洗料的目的。

(2) 本工艺所采用的滚筒筛采用GS1830，其技术参数见表7.1-1。

GS1830滚筒筛技术参数表　　表7.1-1

滚筒筛型号	小时处理量(m^3/h)	外筛直径(mm)	长度(mm)	功率(kW)	外形尺寸(mm)
GS1830	80～150	1800	3000	7.5	4150×1870×2240

图 7.1-9　高压泵泵送泥浆

图 7.1-10　链斗上方旋流器

（3）物料进入滚筒装置后，由于滚筒筛的倾斜与转动，使筛面上的物料可以不断翻转，不合格物料（粒径大于 4mm 粗料）经滚筒末端排出，合格物料从下端筛孔排出，从而进入洗砂机进行下一步清洗。

（4）经滚筒筛排出的粗料经传送带运送至锤式破碎机破碎，之后重新经链斗运输机运送至滚筒筛进行筛分；物料在滚筒内的翻转、滚动，使卡在筛孔中的物料可被弹出，防止筛孔堵塞。破碎机现场图及工作原理见图 7.1-11 和图 7.1-12，具体传输方式见图 7.1-13、图 7.1-14。

图 7.1-11　现场破碎机

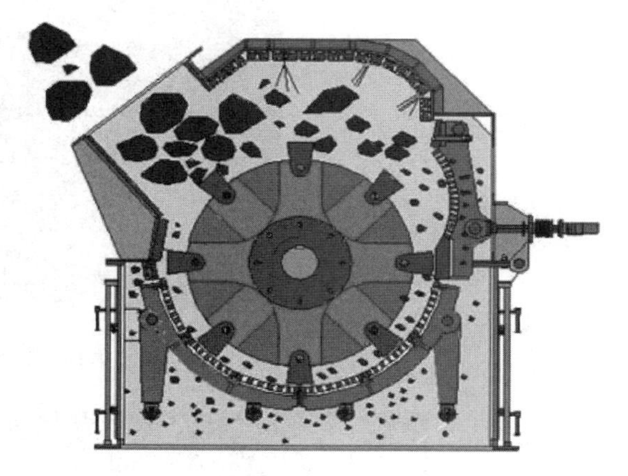

图 7.1-12　破碎机工作原理图

6. 水轮洗砂机洗砂

（1）经滚筒筛分离的符合尺寸要求的细料被运送至洗砂机，经过三道水轮的清洗，细砂由叶片带走进入脱水筛，经振动脱水后由传送带输送至堆放场，具体洗砂过程见图 7.1-15～图 7.1-18。洗砂过程中产生的泥浆均被泵送至泥浆池待后一步处理，泥浆池接纳由洗砂机过滤后的泥浆，泥浆池的大小满足三台洗砂机工作能力。

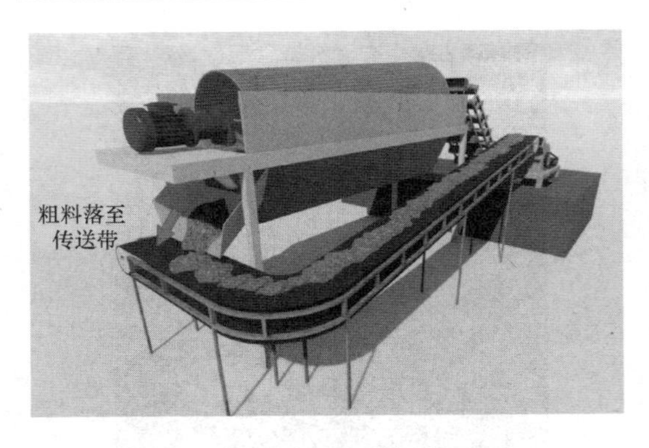

图 7.1-13　滚筒筛粗料落至传送带

图 7.1-14　粗料经锤式破碎机破碎

图 7.1-15　细砂清洗之后落入脱水筛

图 7.1-16　泥浆流至泥浆池

图 7.1-17　细砂经传送带传输

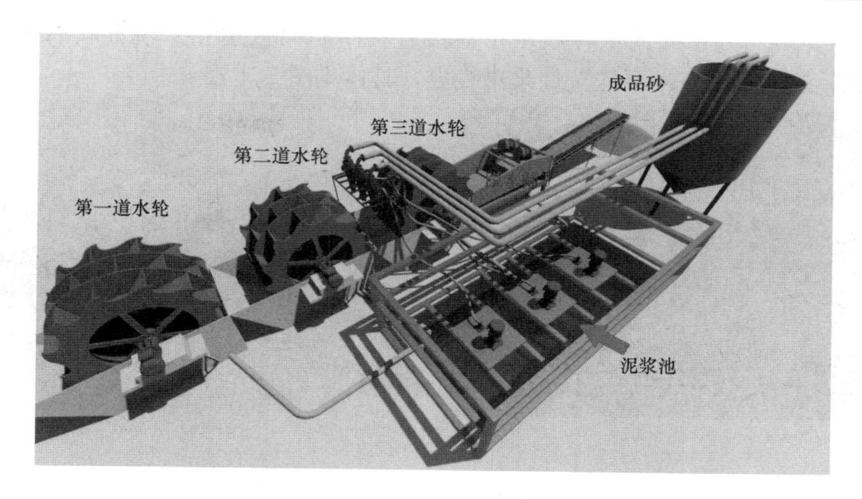

图 7.1-18 细砂清洗过程

（2）本工艺使用的洗砂机采用 XS2800，其处理技术指标见表 7.1-2。

水轮洗砂机技术参数表　　表 7.1-2

型号规格	轮斗直径(mm)	处理能力(t/h)	返砂量(t/h)	电机功率(kW)	单机重量(kg)
XS2800	2800	160～250	75～120	11	9750

（3）本工艺中的洗砂设备由三个轮斗组成，依次完成洗砂，洗砂机具体见图 7.1-19。洗砂过程中，叶轮在电动机的作用下慢慢旋转，砂石由给料槽转入洗砂槽之中，于叶轮的带动下翻滚，并且相互打磨，以利于去除覆盖砂石表面的杂质，同时去除包覆砂粒的水汽层，以便脱水。除此之外，加入的强劲水流及时把洗砂过程中产生的杂质以及相对密度小的异物带走，自溢出口排向泥浆池。干净的砂石改由叶片带走，从出料槽运出并堆放，见图 7.1-20。

图 7.1-19 水轮式洗砂机构成

图 7.1-20 成品砂

7. 泥浆洗滤系统

（1）泥浆压榨过滤之前，首先利用旋流器对泥浆进行预处理。三个旋流器架设在第二道和第三道轮式洗砂机中间，利用离心沉降原理对泥浆池中的废泥浆进行再次泥渣分离处理。泥浆中直径大于 4mm 的粗颗粒由排渣口直接落至第三道轮式洗砂机，再次进行洗滤，分离之后的泥浆则直接泵送至储浆罐存放，具体见图 7.1-21。

图 7.1-21　经旋流器处理之后泥浆流至储浆罐

（2）经旋流器处理之后的泥浆，输送至带式压滤机进行脱水，带式压滤机构造、原理见图 7.1-22、图 7.1-23；泥浆经化学药剂絮凝之后，由布料器进入带式压滤机重力脱水段，在重力的作用下自由水透过滤网背面而渗出分离，形成不流动状态的污泥，然后随着网带的移动而夹持在上下两条网带之间，经过具有可调张紧力的过滤带及直径逐渐递减的转辊和对压辊，实施连续增加的缓慢的对辊挤压力、剪切力，通过楔形区、低压区、中压区、高压区和强力区，对辊挤夹区将渣（泥）浆中的水分经过逐级增压的方式不断挤压出来，最后形成含水率较低的滤饼排出。

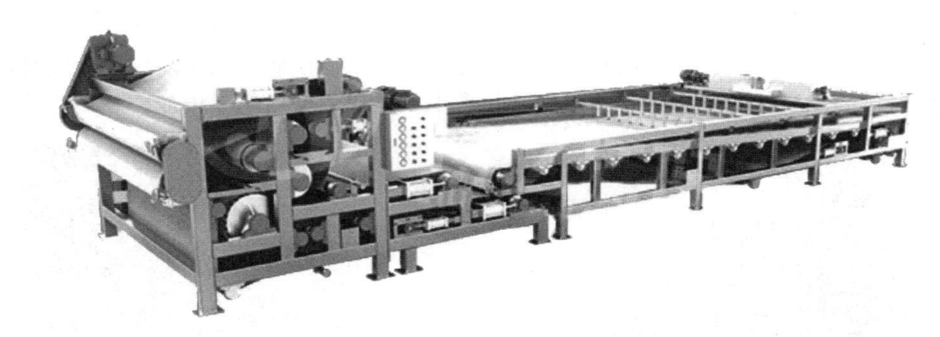

图 7.1-22　带式压滤机构造图

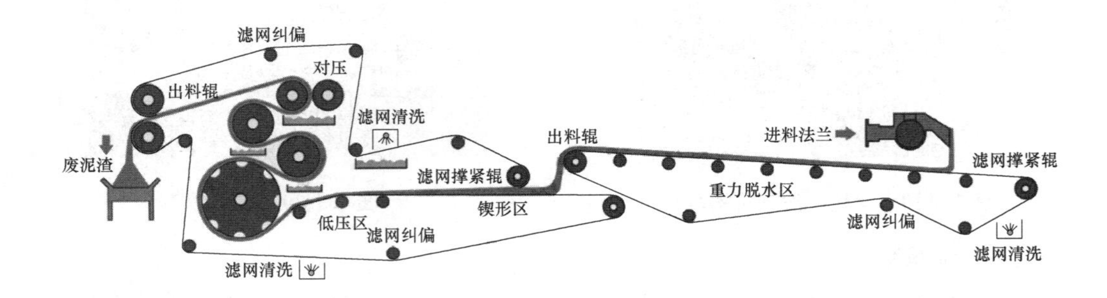

图 7.1-23　带式压滤机原理图

（3）带式压滤机组成：带式压滤机主要由机架、布料装置、冲洗装置、卸料装置、传动装置等部件组成。

1）机架由重型钢焊接而成，起支撑其他部件的作用。

2）布料装置安装在带式压滤机的重力脱水段，由进料管、挡板、橡胶密封板、理料板及泥耙组成。

3）冲洗装置由两根进水管及喷嘴座、喷嘴、清洗罩、挡板等组成，冲洗水具有一定的压力，使滤布清洗干净，不影响下一循环的脱水。

4）卸料装置主要用于卸除脱水后的滤饼，并经卸料板排除机外，上、下滤带在主传动辊处均设置卸料装置。

5）传动装置是由传动辊、减速机、链轮和周步齿轮构成，传动辊外表面包耐磨橡胶层，以增加摩擦系数。

（4）储浆罐中的浓缩泥浆自流到设备的布料器，见图 7.1-24。

图 7.1-24 泥浆流入布料器

（5）泥浆在带式压滤机压滤脱水过程中排出的水分持续透过过滤滤布落入清水池中，过滤水可供现场二次使用，见图 7.1-25。

图 7.1-25 带式压滤机过滤水落入清水池

（6）经脱水之后的泥渣，经传送带运送至场外集中堆放，其含水率低于 20%，可直接用泥土车运送至指定地点堆放。脱水之后的废泥渣见图 7.1-26，泥渣传输见图 7.1-27，现场泥渣堆场见图 7.1-28。

图 7.1-26　脱水之后的泥渣

图 7.1-27　泥渣传输

图 7.1-28　现场泥渣堆场

7.1.7　主要机械设备

本工艺所涉及主要机械设备包括旋流器、泥浆泵、储浆池、滚筒筛、水轮洗砂机、带式压滤机等，详见表 7.1-3。

主要机械设备配置表　　　　**表 7.1-3**

设备名称	型　号	数　量	备　注
旋流器	ZX-50	4 台	废泥浆浆渣净化分离预处理
泥浆泵	3PN	4 台	泥浆输送
储浆池	1.0m×1.0m×1.2m	1 台	稀释物料
滚筒筛	GS1830	1 台	物料初筛
水轮洗砂机	XS2800	3 台	泥砂洗滤
带式压滤机	BP-1500	1 台	泥浆脱水

7.1.8 质量控制

1. 洗滤系统

（1）物料进入储浆池进行稀释时，派专人进行检查，及时清除物料中塑料类的垃圾，并将较大的石块进行破碎，以免后期造成设备的堵塞和损坏。

（2）旋流器工作时，派专人观察其工作状态，及时排除故障，特别注意排渣口是否堵塞，保证正常工作。

（3）旋流器使用完成后，派专人进行清理，清除内腔中的沉积物，保持良好使用状态。

（4）旋流器内腔受粗颗粒长时间的高速撞击，容易受损局部变薄，如不能满足使用及时予以调换。

2. 压滤机泥浆压榨过滤

（1）泥浆压榨过程中，注意观察排出的废渣情况，控制药剂比例，避免由于泥浆浓缩度不够，使得泥浆压榨不成形，泥渣无法排出的情形。

（2）压滤机使用过程中，对自动纠偏装置定期检查，避免由于机器故障使得滤带偏位无法及时纠正。

（3）过滤滤布保证平整，不能有折叠，避免出现漏料现象。

（4）压榨过程中，控制压力，掌握加压处理时间，保证压榨效果。

（5）操作人员在每次出泥结束后清理上、下托盘内的积泥，以保证渗出水顺利透过滤带。

7.1.9 安全措施

1. 平台作业

（1）操作平台由专业队伍和人员搭设，搭设完毕经监理单位现场验收合格后方可投入使用。

（2）作业人员在清水池上作业时，铺设作业平台，周边搭设安全护栏，防止人员掉落。

（3）作业平台设专门的安全爬梯。

2. 泥浆管理

（1）泥浆池上架设的旋流器和泥浆泵，要求安装水平、牢固，定期检查维护。

（2）泥浆处理各个系统的连接要求紧密，胶管和钢管连接处密封性好，防止高压泵入泥浆时发生泄漏伤人。

（3）现场泥浆池四周设置安全护栏，无关人员严禁进入，设置相关警示标志。

（4）泥浆池根据现场处理能力设置，并留有余地，以满足泥浆的存放，防止泥浆外溢。

（5）严格按现场平面布置要求规划泥浆处理系统，在施工作业范围内采取隔离措施，设置专门看护人员，无关人员未经允许严禁入内。

3. 泥浆压滤

（1）压滤机操作人员上岗前接受安全交底和操作培训教育。

(2) 压滤机操作人员提前30min交接班，认真做好开机前的准备工作，检查机器各部位性能是否良好及零部件是否完好，机油是否到位，电压、电流是否正常。

(3) 日常使用过程中采取良好的防护措施，防止高压软管受到挤压和砸碰。

(4) 现场处理系统的连接处要求牢靠、密封，防止泥浆喷溅和积水现象。

7.2 基坑土洗滤、泥浆压榨一站式固液分离无害化施工技术

7.2.1 引言

在建筑基坑开挖过程中，大量的废弃土方需要外运处理。对于废弃土方的处置方法，目前常用的处置方式是采用泥头车将废弃土方运往场地外的指定废弃土方受纳场堆填，受纳场随着土方量的渐增会占用大量的土地资源，若受纳场运营不当则会产生一系列的环境及安全问题。另外，由于指定受纳场地少，且运输队伍不规范，普遍存在废弃土方乱排放现象，导致时常发生市政管网堵塞和环境污染等问题。

因此，如何合理处置开挖基坑所产生的废弃土，如何采用有效的工艺处理技术变废为宝，实现绿色环保施工是亟待解决的热点难题。为解决上述存在的问题，项目部开展了“基坑土洗滤、泥浆压榨一站式固液分离无害化绿色施工技术”研究，对开挖出的废弃土方进行资源优化处理，首先将基坑土经洗滤系统生成洁净的砂和泥浆，再将泥浆通过压榨系统转换为无色的水和塑性的泥饼，砂可用于搅拌站拌制混凝土和现场砌筑，泥饼可加工成环保砖，水可用于现场洗车、喷洒和施工等，整体上实现了资源循环再利用，大大降低了施工成本，取得了显著的社会效益和经济效益。

7.2.2 工艺特点

1. 洗滤压榨一站式处理技术

本工艺采用洗滤、压榨两套处理系统，洗滤系统将基坑土经洗滤生成洁净的砂和泥浆，再采用压榨系统将泥浆转换为无色的水和塑性的泥饼，一站式处理技术，无害化程度高、效果好。

2. 处理能力强

本工艺所述的洗滤、压榨处理系统，可根据现场的面积大小、开挖能力、工期要求等因素，设置相应的配套数量，可同时设置多台处理流水作业线；本系统开机后可连续作业，处理能力强。

3. 处理操作简单

本工艺利用的处理设备采用流水化作业，机械自动化程度高，操作简单方便，且循环处理时间短，现场操作人员数量2～3人即可满足要求。

4. 经济效益显著

本工艺将基坑土经洗滤压榨处理后转换成干净的砂、塑性的泥饼、无色的循环水，砂、循环水都可被充分再利用，再生资源创造出显著的经济效益。

5. 资源节约成效显著

本工艺就地对基坑土进行处理，避免了占用大面积的堆场，节省城市大量规划用地；

产生的砂可有效弥补建筑市场砂料短缺，减少无节制的开采；泥饼可运输至加工厂压制成环保砖，可减少土地开挖；循环水在现场用于施工、清洁、洗车等，可节约大量的水资源，资源节约型处理技术社会效益显著。

6. 绿色环保无污染

本工艺的处理技术，在施工现场就地将基坑土处理为可再生循环利用的砂、泥饼、水，全过程一站式无害化处理，大大减少了外运废物量，减少了泥头车运输量，避免了车辆污染环境和占用市政道路，绿色环保无污染。

7.2.3 适用范围

适用于基坑开挖产生的废弃砂质土处理；适用于桩基、地下连续墙等基础工程施工所产生的废泥浆处理。

7.2.4 工艺原理

本工艺的目的在于提供一种高效、环保、经济的基坑开挖土方洗滤、压榨、固液分离无害化再利用技术，旨在解决目前常用的基坑土方处理方式中浪费土资源、占地面积受限、经济性差、污染环境等问题。

1. 技术路线

本工艺所述的处理技术是通过洗滤系统和压榨系统，将基坑土进行一站式全过程固液分离处理。洗滤系统是通过滚筒筛、斗轮式洗砂机、旋流器、脱水筛等设施，对基坑土方进行初筛、洗筛、再筛、脱水，经洗滤后分离出洁净的砂、泥浆；压榨系统是将洗滤后产生的泥浆储于专用的泥浆桶内，通过泥浆压榨机对泥浆进行压榨处理，分离出塑性的泥饼和无色的水。处理后的砂可用于混凝土拌制、砌筑工程，无色的水可用于施工、洗车、洒水，泥饼可用于生产环保砖、陶瓷等，最终将基坑开挖废弃土实现循环利用的目的。

基坑土方洗滤压榨固液分离一站式无害化处理施工工艺流程见图 7.2-1，处理现场见图 7.2-2。

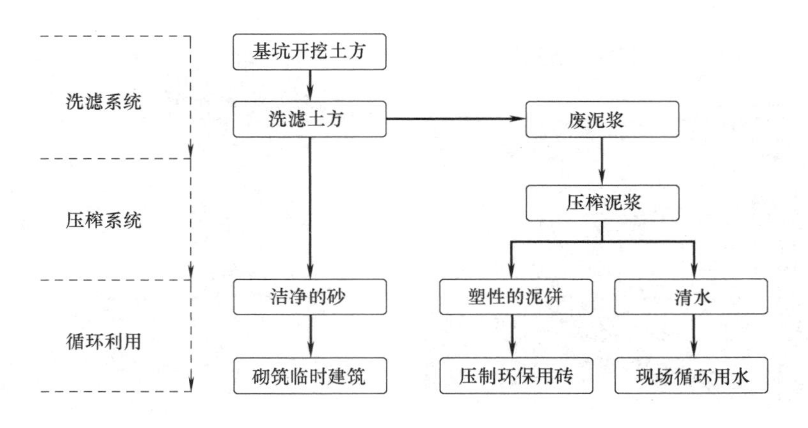

图 7.2-1 基坑土洗滤、泥浆压榨一站式固液分离施工工艺流程图

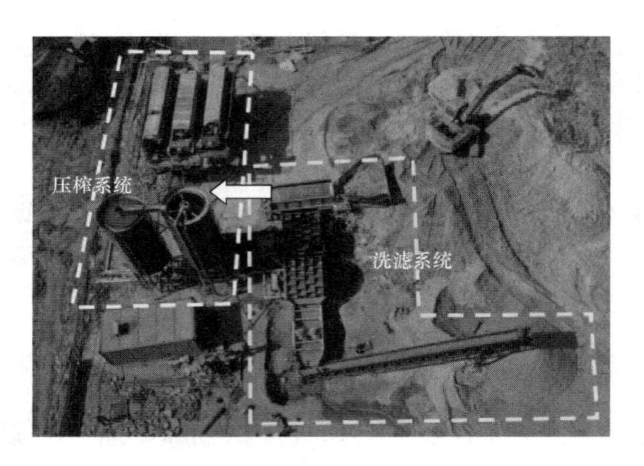

图 7.2-2 基坑土洗滤压榨固液分离一站式无害化处理现场

2. 工艺处理系统及原理

本工艺所述的处理技术，包括两套工艺处理系统，即：基坑土洗滤系统和泥浆压榨系统。

（1）基坑土洗滤系统

洗滤系统的工艺原理，是首先用高压水枪对进入滚筒筛的基坑土喷射稀释进行初步筛选，将筛分出的粒径>10mm 的粗料外运至指定地点，粒径≤10mm 的细料则被筛入斗轮式洗砂机进行洗筛；洗筛工作由两个斗轮式洗砂机完成，洗砂过程中产生的泥浆首先经旋流器进行处理，将其中直径≥4mm 的砂粒再分离，并落至第二个斗轮式洗砂机内；经洗砂机洗筛后的干净砂，再经脱水筛振动脱水，最终由传送带输出至堆砂场。基坑土洗滤过程见图 7.2-3。

（2）泥浆压榨系统

压榨系统是将洗滤产生的泥浆进行压榨处理，其工艺原理是将洗滤系统中分离出的泥浆存放到储浆桶内，然后往储浆桶中加入絮凝剂，在絮凝剂的作用下，泥浆中的大颗粒固体物质将吸附在一起，并与溶剂水发生分离形成固液混合相；随后，将储浆桶中的泥浆通过泥浆泵抽取至袋压式泥浆压榨机进行压榨处理，压榨出塑性的泥饼和无色的水。泥浆压榨处理现场见图 7.2-4。

图 7.2-3 基坑土洗滤过程

图 7.2-4 泥浆压榨固液分离处理

（3）工艺原理

基坑土洗滤、泥浆压榨一站式固液分离工艺原理见图 7.2-5。

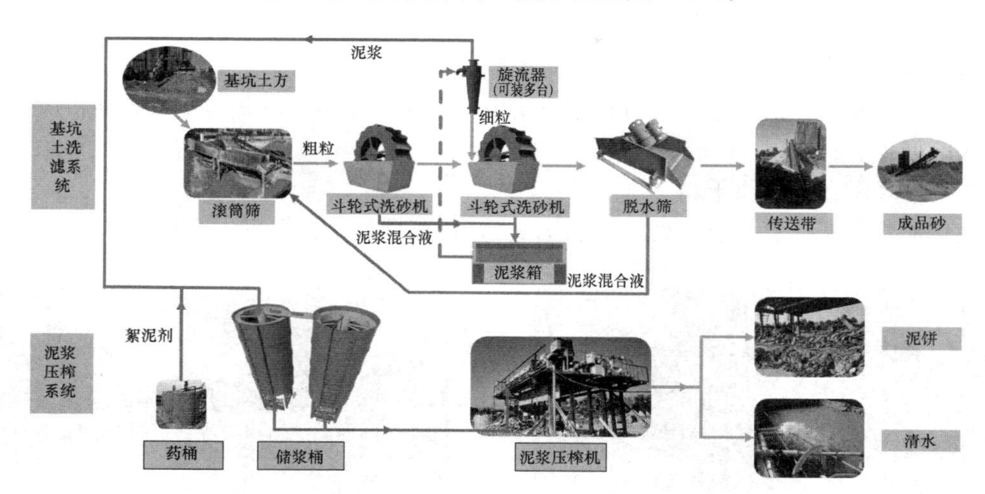

图 7.2-5　基坑砂质土洗滤、泥浆压榨一站式处理系统工艺操作原理图

7.2.5　施工工艺流程

基坑土洗滤、泥浆压榨一站式固液分离循环利用处理工艺流程见图 7.2-6。

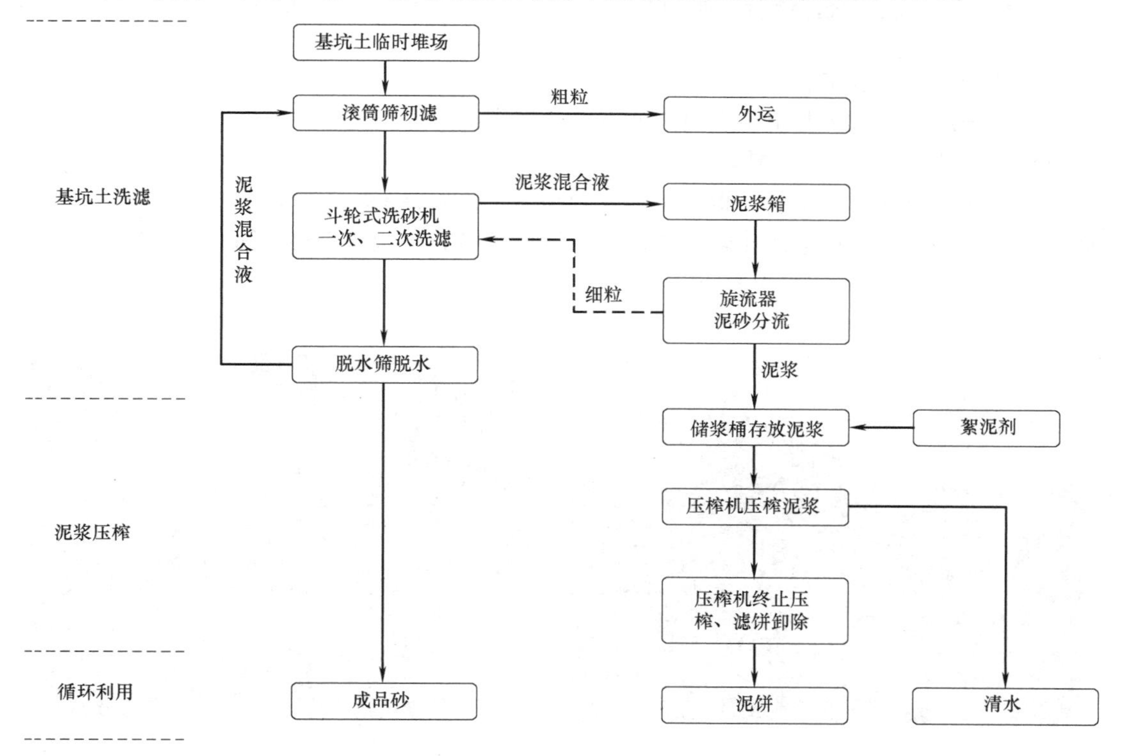

图 7.2-6　基坑土洗滤、泥浆压榨一站式固液分离循环利用处理工艺流程图

7.2.6 工序操作要点

1. 基坑土临时堆场

(1) 将基坑开挖的土按现场布设要求堆放。

(2) 泥头车卸土后，用推土机将土方集中，使用铲车将土堆筑至约3m高，以方便下一步入筛处理。

(3) 堆场配备挖掘机上料。

现场泥头车运输、推土机处理见图7.2-7，铲车堆筑、挖掘机配合见图7.2-8。

图7.2-7 泥头车运输和推土机处理

图7.2-8 堆场铲车、挖掘机

2. 基坑土滚筒筛初滤

(1) 采用挖掘机将基坑土上料，通过料斗进入滚筒筛，入料斗及滚筒筛倾斜设置，便于下料，具体见图7.2-9、图7.2-10。

(2) 在入料斗口内安装3根管口朝外的高压水枪稀释基坑土，随着滚筒筛旋转，实现初滤处理，可用的粒料进入斗轮式洗砂机，过大粒径的块状物直接分筛出外运处理，具体见图7.2-11。

图7.2-9 滚筒筛入料斗

图 7.2-10 挖掘机将基坑土盛放至入料斗

图 7.2-11 入料斗口内安装高压水枪稀释基坑土

（3）稀释后的土料随高压水经入料斗进入滚筒筛，随着倾斜设置的滚筒筛转动，土中的固体颗粒在筛面上不断翻转，粒径>10mm 的粗粒通过滚筒筛末端排出，外运处理；符合要求的粒径≤10mm 的细粒，则从滚筒筛底部筛孔排出，进入下一步洗砂机的清洗流程。另外，在滚筒筛工作过程中，滚筒筛壁两侧安装的喷淋装置会向其喷水以达到初步洗料的目的，具体见图 7.2-12、图 7.2-13。

图 7.2-12 滚筒筛翻转筛选

图 7.2-13 滚筒筛末端排出的粗粒

（4）本工艺滚筒筛采用 GS1830，其技术参数见表 7.2-1。

GS1830 滚筒筛技术参数表　　　表 7.2-1

滚筒筛型号	小时处理量(m^3/h)	外筛直径(mm)	长度(mm)	功率(kW)	外形尺寸(mm)
GS1830	80～150	1800	3000	7.5	4150×1870×2240

3. 斗轮式洗砂机一次、二次洗滤

(1) 滚筒筛中筛出的细粒土被输送至第一台斗轮式洗砂机的洗槽中，在叶轮的带动下翻滚，并相互研磨，除去覆盖砂石表面的杂质，同时破坏包裹砂粒的水汽层，以利于脱水；同时加水，形成强大的水流，及时将杂质及相对密度小的异物带走，并从溢出口洗槽排出混合泥浆进入泥浆箱，清洗干净的砂石由叶片带走，随后又导入第二台斗轮式洗砂机中进行第二轮清洗；最后，砂粒从旋转的叶轮倒入出料槽，完成清洗作业。

(2) 本工艺使用的洗砂机采用 Xs3016 斗轮式洗砂机，其处理技术参数见表 7.2-2，斗轮式洗砂机构成见图 7.2-14。

洗砂机技术参数表　　　表 7.2-2

型 号	进料粒度(mm)	处理量(mm)	叶轮规格(mm)	电机功率(kW)	重量(t)	外形尺寸(mm)
Xs3016	≤10	50～100	ϕ3000×1600	11	4.2	3650×2839×3070

图 7.2-14　斗轮式洗砂机构成

(3) 一次洗滤、二次洗滤排出的泥浆混合液进入泥浆箱，见图 7.2-15、图 7.2-16。

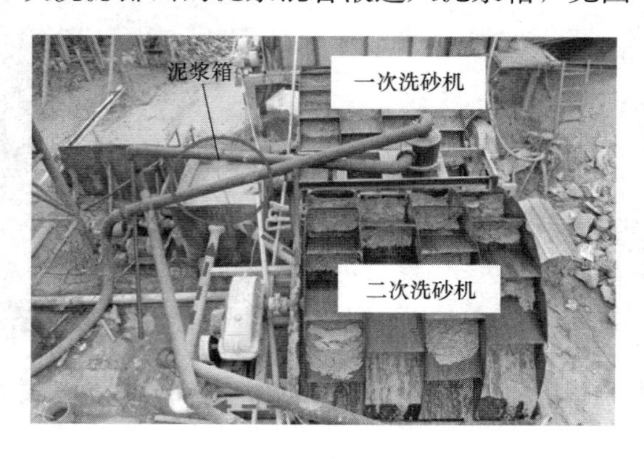

图 7.2-15　泥浆箱

图 7.2-16 一次洗砂、二次洗砂的泥浆溢出口排出的泥浆混合液

4. 旋流器分流泥砂

（1）泥浆混合液被泥浆泵抽取至旋流器内进行再分离处理，旋流器利用离心沉降原理对泥浆混合液中粒径≥4mm的粗颗粒进行筛分，防止粗颗粒在后序的压榨操作时对过滤布的损坏，处理后的粗颗粒再次进入斗轮式洗砂机第二段叶轮中清洗出砂，处理后的泥浆则通过管道进入泥浆桶中存放。具体旋流器构造原理及泥砂分离处理见图 7.2-17～图 7.2-19。

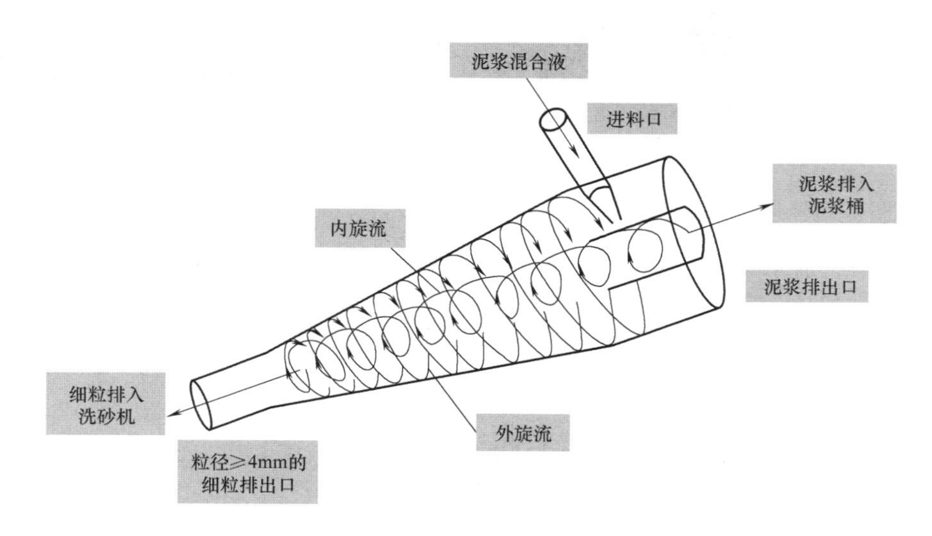

图 7.2-17 旋流器构造及原理图

（2）本工艺使用的旋流器采用 ZX-50，其处理技术指标见表 7.2-3。

ZX-50 旋流器技术参数表 表 7.2-3

处理能力（m^3/h）	处理泥浆	渣料筛分能力（t/h）	总功率（kW）	外形尺寸（m）	筛分出的渣料含水率	重量（kg）
50	最大相对密度小于1.35，黏度40s以下	10～25	48	2.300×1.250×2.460	小于20%	2100

图 7.2-18　旋流器泥砂分离处理

图 7.2-19　泥浆流向储浆桶

（3）当一台旋流器处理能力不足时，可安设两台旋流器共同运作。具体见图 7.2-20。

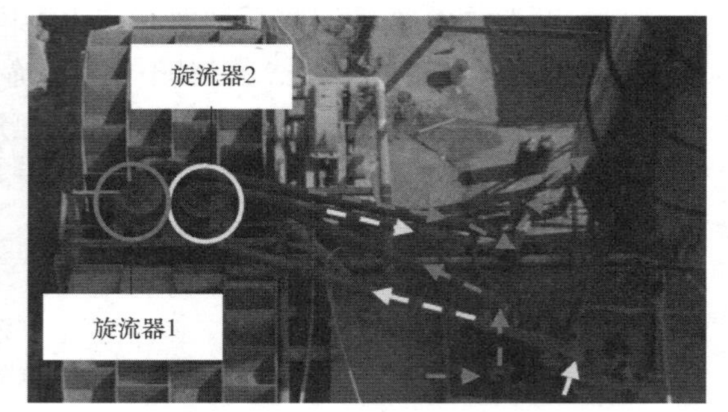

图 7.2-20　两台旋流器工作

5. 脱水筛脱水

（1）本工艺脱水筛主要由筛箱、激振器、支承系统及电机组成，两个互不联系的振动器做同步反向运转，两组偏心质量产生的离心力沿振动方向的分力叠加，反向离心抵消，从而形成单一的沿振动方向的激振动，使筛箱做往复直线运动，进而达到脱水、脱泥的效果。脱水筛见图 7.2-21、图 7.2-22。

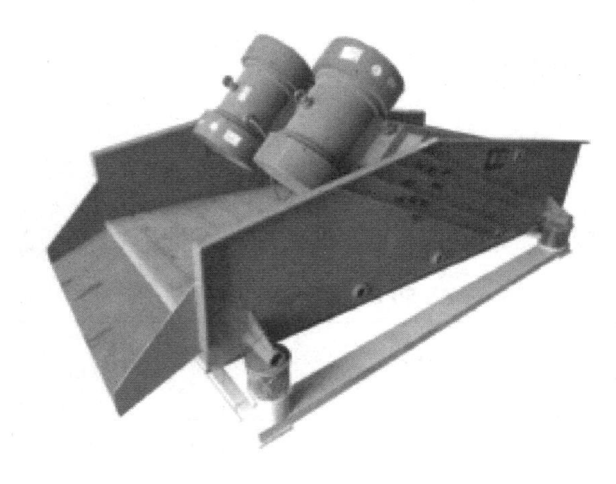
图 7.2-21　TS1020 脱水筛

图 7.2-22 脱水筛现场脱水操作

（2）本工艺采用 TS1020 振动脱水筛，其处理技术指标见表 7.2-4。

脱水筛技术参数表 表 7.2-4

型 号	筛网面积(m^2)	功率(kW)	处理能力(m^3/h)	进料粒径(mm)	重量(t)	外形尺寸(mm)
TS1020	2	1.5×2	20～30	≤10	1.6	2300×1300×750

（3）脱水筛中排出的泥浆混合液落入机座底槽中，随后通过泥浆管排入泥浆箱中，见图 7.2-23。

图 7.2-23 脱水筛排出的泥浆混合液排入滚筒筛中

（4）传送带运输成品砂至堆砂场，见图 7.2-24、图 7.2-25。

6. 储浆桶存放泥浆

（1）本工艺储浆桶形状及尺寸根据现场情况确定，容量考虑为施工现场日产生废泥浆量的 1.5～2.0 倍，用来集中收纳废泥浆。

（2）本次处理根据现场条件，架设了 2 个尺寸为 ϕ3.0m×7.0m（高）的储浆桶，当一个桶内泥浆过多则流入另一个桶内，具体见图 7.2-26。

图 7.2-24　传送带运输成品砂

图 7.2-25　堆砂场

图 7.2-26　储浆桶

7. 储浆桶中加入絮凝剂

（1）从旋流器中分离出的泥浆在泵送至储浆桶后，安装在储浆桶外的絮凝剂抽取泵将絮凝剂抽取至储浆桶内与泥浆发生聚沉反应。

（2）絮凝剂是一种有机高分子聚合物，是一种效果显著的泥浆压泥脱水剂，对周边环境无污染，能够将泥浆中的大颗粒固体物质迅速分离沉淀，实现泥水分离的目的。

（3）操作人员定期按一定比例向药剂桶内加入适量的絮凝剂，具体见图 7.2-27，絮凝剂抽取及输入流向见图 7.2-28～图 7.2-30。

图 7.2-27　工人向桶内加入适量絮凝剂

图 7.2-28　絮凝剂抽取流向

图 7.2-29 储浆桶外部的絮凝剂抽取泵

图 7.2-30 絮凝剂通过进药管排入桶内

8. 压榨机压榨泥浆

（1）储浆桶内的泥浆与絮凝剂充分反应后，经泥浆泵泵入泥浆压榨机，具体见图 7.2-31、图 7.2-32。

图 7.2-31 储浆桶出浆管与泥浆泵连接处

图 7.2-32 泥浆泵出浆端与压榨机入口连接处

（2）泥浆的压榨由架设在 3m 高钢操作平台上的压榨机完成，压榨机构造见图 7.2-33。高压泵入的泥浆由 118 块整齐排列的直径 1200mm 的滤板和夹在滤板之间的过滤滤布进行过滤处理；同时，开始过滤时滤浆在进料泵的推动下，借助进料泵产生的压力进入

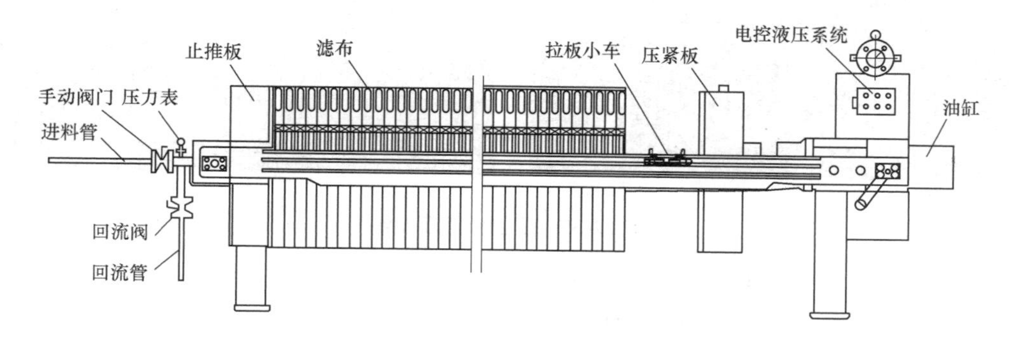

图 7.2-33 袋压式矩形板深泥浆压榨机

各滤室内进行固液分离，滤液从出液阀经排水板持续排出，为可利用的清洁水，存储于蓄水箱用于现场循环使用。

（3）压榨机主要由机架、过滤装置、进料装置、液压装置、过滤滤布、操作控制台等构成。

1）机架包括压紧板、止推板、油缸座、压滤机主梁等，具有高强度、高韧性的特点，见图7.2-34。

图7.2-34　压滤机机架系统

2）过滤装置包括滤板、弹簧、密封胶、水嘴等，滤板尺寸为直径1200mm，材质采用钢板，具有耐磨的特点，弹簧采用高强度弹簧，可承受1000kg压力及不低于10万次的伸缩，压榨压力一般控制在25～28MPa。

3）进料装置具有进料速度快、进料压力大、结构简单等特点，压力通常控制在1.2～2.0MPa。

4）液压装置包括液压油缸、液压马达、压力表等，配合电气系统实现自动压紧、自动松开、自动拉板等工作，见图7.2-35。

图7.2-35　压滤机液压系统

5）过滤滤布具有透水性好、使用寿命长的特点。

6）操作控制台可实现手动操作或自动操作，操作方法简单，合上压滤机电源，电源红色指示灯亮，压滤机即启动。

（4）3m 高钢操作平台的作用为架高压滤机，方便滤液从水嘴或出液阀排出以及下部堆积滤饼的装车外运。压滤机架空设置，以便滤饼落下，平台设置安全楼梯和封闭的安全护栏，防止人员坠落，见图 7.2-36、图 7.2-37。

图 7.2-36 3m 高钢操作平台

图 7.2-37 钢操作平台俯视图

（5）压榨过程中，滤液持续透过过滤滤布，流入排水槽中，再经排水槽通过出液阀排入蓄水池，排出的滤液为可利用的清洁水，存储于蓄水箱用于现场循环使用，见图 7.2-38。

（6）蓄水池在场内临时设置，形状及尺寸根据现场情况确定，容量考虑为施工现场日产清水量的 1.5～2.0 倍，见图 7.2-39。

图 7.2-38 滤液透过滤布流入排水槽

图 7.2-39 压榨过滤排出的清水进入蓄水池

9. 压榨机终止压榨及滤饼卸除

（1）当压滤机泵压达到 2MPa 时，停止进料。

（2）开启放空阀，放空压榨流体后，按松开滤板按钮，压紧板后退至适当位置后，按停止按钮，自动退至设定的行程开关处，压紧板自动停止。

（3）泥浆压榨过滤完成后，转动排水板，由拉板小车逐个拉开滤板，实现自动卸除滤饼。

（4）经压榨处理后的泥饼含水率约 20%，其颗粒细微，可运输至加工厂压制成环保砖等，完全实现了对废泥浆的无害化循环处理利用，见图 7.2-40、图 7.2-41。

图 7.2-40　拉板小车逐个拉开滤板

图 7.2-41　泥饼

7.2.7　主要机械设备

本工艺所涉及设备主要有滚筒筛、斗轮式洗砂机、旋流器、脱水筛、传送带、储浆桶、泥浆压榨机等，详见表 7.2-5。

主要机械设备配置表　　表 7.2-5

设备名称	型　号	数　量	备　注
滚筒筛	GS1830	1台	初筛土料
斗轮式洗砂机	Xs3016	2台	洗滤细料
旋流器	ZX-50	多台	分流泥砂
脱水筛	TS1020	1台	振动脱水成品砂
传送带	JL-60 胶带	1台	运输成品砂
储浆桶	ϕ3.0m×7.0m	多个	储存泥浆
泥浆压榨机	袋压式矩形板压榨机	多台	压榨泥浆
蓄水池	形状、尺寸视情况确定	1个	储存清水

7.2.8　质量控制

1. 基坑土洗滤

（1）滚筒筛和洗砂机运作时，派专人观察其工作状态，及时排除故障，特别注意入料口及排料口是否堵塞，保证正常工作。

（2）滚筒筛和脱水筛使用完成后，派专人进行清理，清除滚筒筛内腔和脱水筛底槽中的沉积物，保持良好使用状态。

（3）当一台旋流器处理能力不足时，可安设多台旋流器共同运作。

2. 泥浆压榨

（1）储浆桶尺寸根据场地情况，可架设多个储浆桶存放泥浆。

（2）压榨机机架要求水平架设，在推动滤板时需用拉板小车上的螺栓固定其支腿，保证其在受力状态下保持一定的自由位移。

（3）压榨机使用前要求滤板整齐排列在机架上，不允许出现倾斜现象，以免影响压榨滤机正常使用；过滤滤布保证平整，不能有折叠，否则会出现漏料现象。

（4）压榨过程中，控制好压力，掌握好加压处理时间，保证压榨效果。

（5）定期检查压榨机的轴承、链轮链条、活塞杆等零件，各零配件保持清洁，润滑性能良好。

（6）定期清运操作平台底部的泥饼，避免过度堆积影响压榨机正常运行。

7.2.9　安全措施

1. 基坑土洗滤

（1）洗砂机上架设的旋流器要求安装牢固，定期检查维护。

（2）储浆桶和压榨机操作平台由专业队伍和人员搭设，搭设完毕经监理单位现场验收，合格后方可投入使用。

（3）现场处理系统的连接处要求牢靠、密封，防止出现泥浆喷溅和积水现象。

（4）作业平台搭设遮阳棚，做好防晒防雨。

2. 泥浆压榨

（1）施工人员在操作平台上作业时，铺设作业板，防止人员掉落。

（2）操作平台四周设安全扶栏，并设警示标志。

（3）输送泥浆过程中的胶管和钢管连接处要求密封性好，防止高压泵入泥浆时发生泄漏伤人。

（4）处理平台设专门的安全爬梯。

（5）蓄水池四周设置安全护栏，无关人员严禁进入，设置相关警示标志。

（6）压榨机操作人员提前30min交接班，认真做好开机前的准备工作，携带齐工具，检查机器各部位性能是否良好及各种零部件是否完好，机油是否到位，电压、电流是否正常。

（7）日常使用过程中要采取良好的防护措施，防止高压软管受到挤压和砸碰。

（8）泥饼下落时，平台下严禁站人；泥饼装车外运时，施工员现场监督，严禁挖掘机碰撞平台。

7.3　基坑土石方传送带运输及破碎处理循环利用施工技术

7.3.1　引言

采用多道内支撑的超深基坑土开挖施工时，由于基坑内支撑梁及立柱密集分布，为防止机械对支护结构的碰撞，以及受修筑临时坡道坡率的限制，大型挖掘机械及运输车辆不宜入坑施工；而采用机械抓斗垂直吊运时，工效低、费用高，难以满足工期要求。

为此，结合长条状基坑的平面形状特征，以及基坑底部多道内支撑的实际开挖困难，在进行基坑下部风化岩开挖时，采用机械传输带开挖技术，可以有效提升基坑开挖出土效率，加快整体基坑施工进度；同时，将传输的土石方直接输送至堆场，采用破碎机进行破碎分选处理，将废弃的渣土转换成粉砂、粗砂、砾砂、碎石等，变废为宝、循环再利用，实现了绿色施工，节约了资源，创造了效益，取得了显著效果。

7.3.2　工艺特点

1. 出土效率高

相比于传统的基坑土方外运方式，该工艺采用皮带运输的方式将基坑土输送外运，开挖过程中无须预留出土坡道，开挖的土方、石方经破碎机破碎之后，直接经皮带传输机运至场地外堆场堆放，可以实现随挖随运，而且其传送出土不受时间的限制，出土效率得到有效提升。

2. 多级运输距离远

该工艺所用到的传送带是挠性构件，通过设置多级转换，其输送运输坡度适用性较强，输送机的装料与排料设施可以布置在任何位置，极具便利性。

3. 绿色环保施工

本工艺在堆场利用破碎机建成破碎站，对基坑土石等废料进行分选分筛，加工处理各种所需的级配料，可供市政道路基层、垫层和基坑回槽回填等使用，大大提高了基坑土利用价值，资源再生利用有利于绿色环保施工。

4. 安全性能好

采取皮带传输机对基坑土方进行外运处理，减少了基坑内大型机械设备数量，防止机械设备对基坑中各类支护构件的碰撞，有效避免了各类安全事故的发生。

5. 节省造价

基坑土方经传送带外运，皮带式输送机的输送能力大，能耗低、结构简单、便于维护，相较于传统的预留土坡道、机械抓斗垂直吊运等方式，该方式不仅效率更高，且所需人员及机械的数量也更低，极大地节省了造价。

7.3.3　适用范围

适用于基坑内支撑梁及立柱密集分布的深基坑土方开挖，适用于出土坡道受限的深基坑内土方外运，适用于开挖范围内强风化、中风化岩层厚度较大的基坑工程。

7.3.4 工艺原理

本工艺的目的在于提供一种高效的基坑土方外运及处理技术，旨在解决基坑受支护结构影响放坡受限和内部支撑构件密集，利用传统泥头车进行土方外运不便的问题。

本工艺通过颚式破碎机对较大的土块、石块进行初步破碎，之后经设置的传送带，将基坑土石料从基坑底传输至基坑顶预定的堆场，经破碎站加工处理成各种所需的级配料，最终实现基坑土方的高效外运，以及基坑土再生利用的目的。

本传送带工艺主要包括三部分内容，其工艺原理主要为：

1. 基坑底破碎料水平传送

在基坑底首先布置一道水平传送带与颚式破碎机连接，破碎之后的土石料直接落入该传送带，将基坑内的土方运至基坑边缘处，传送带长度根据现场条件而定。

2. 基坑上升传送

（1）基坑开挖段上升传输系统由若干级 10m 长的传送带组成，其具体数量可由开挖深度决定；垂直上升传送带安装倾角约为 30°稳定角，既可实现最佳传送速度，又可避免倾角过大导致传送的石料滑落。

（2）传送带倚靠基坑壁设置，充分利用基坑内的混凝土支撑作为传送带的支点，以及在基坑壁上钻孔植入槽钢固定，确保整个传输系统的稳定性。

（3）各级垂直上升传送带连接节点处安装卸料挡板，以保证土石料在每级接力传输过程中不遗撒。

3. 基坑顶部传送、破碎

（1）经传送带传输至基坑顶的土石料，再经水平传送带传输至预订位置集中堆放。

（2）在堆场利用反击式移动破碎站对土石料进行破碎、分筛，经机械加工处理成粉砂、粗砂、砾砂、碎石等，砾砂、碎石可用作市政工程道路基层、垫层，粗砂、细砂可用于现场临时砌筑和喷射混凝土护面；对无利用价值的土料，则装车外运至弃土场。

基坑土石料传送带运输及破碎处理循环利用工艺原理和操作流程见图 7.3-1、图 7.3-2，传送带在基坑内的搭设形式见图 7.3-3。

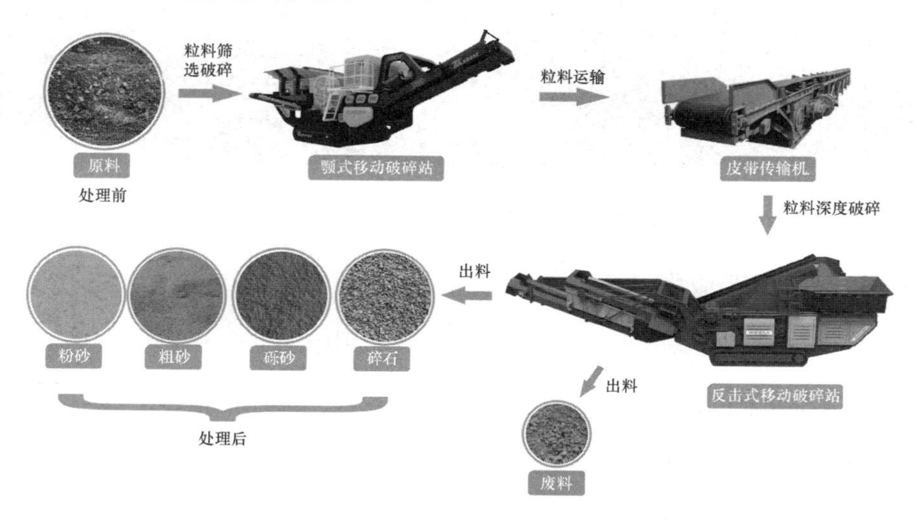

图 7.3-1 基坑土石料传送带运输及破碎处理循环利用工艺原理示意图

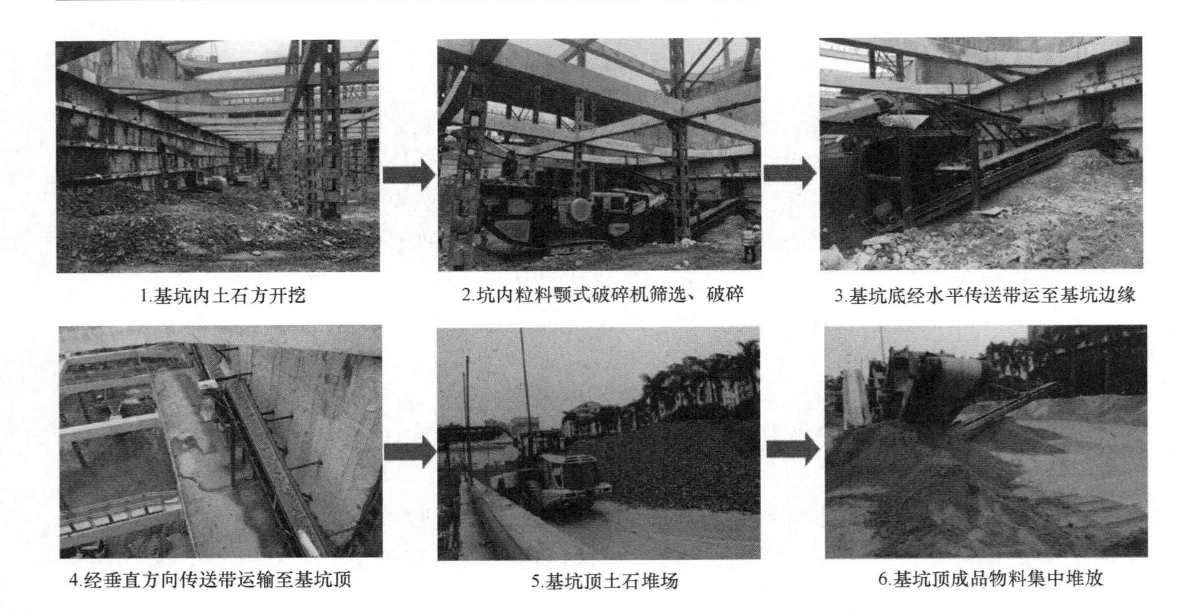

图 7.3-2 基坑土石料传送带运输及破碎处理循环利用工艺操作流程图

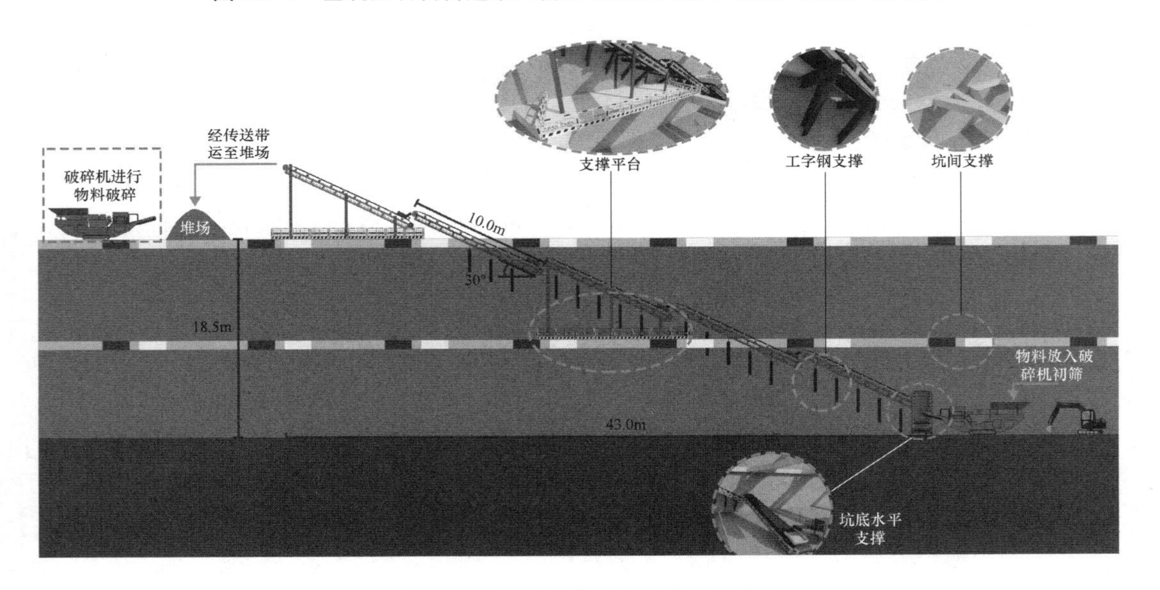

图 7.3-3 基坑传送带搭设形式示意图

7.3.5 施工工艺流程

基坑土石料开挖、传送带运输、破碎处理循环利用施工工艺流程图见图 7.3-4。

7.3.6 工序操作要点

1. 基坑土方开挖

（1）基坑强风化、中风化岩层以上开挖的土方，采用泥头车结合抓斗的方式进行外运，见图 7.3-5。

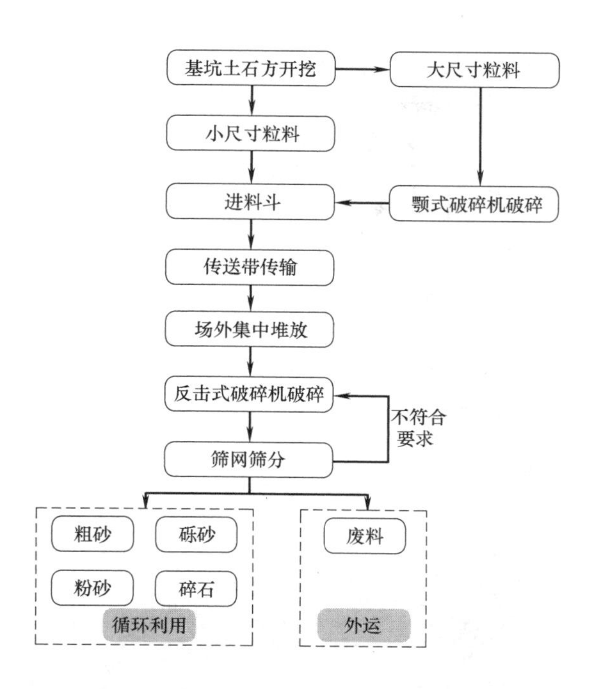

图 7.3-4　基坑土石方传送带运输及破碎处理循环利用施工工艺流程图

（2）基坑开挖至中风化岩层范围内时，利用潜孔钻钻凿爆破孔，采用静爆和明爆开挖，由此产生的石方经传送带输送，并经破碎机破碎筛分之后循环使用。潜孔锤钻凿孔见图 7.3-6。

图 7.3-5　利用抓斗进行土方外运

图 7.3-6　潜孔锤钻机钻凿爆破孔

（3）钻孔作业如遇较长停机，将冲击器提出孔外，避免孔口塌方卡钻。

2. 基坑土方预处理

（1）基坑土方开挖过程中，土质情况复杂，各种粒径大小的土石混杂，在用传送带向外运送物料过程中，较大的石块、土块会导致传送带的皮带受损，或在传输过程中向下滑落，给施工带来安全隐患；因此，在将基坑开挖土向外运送之前首先进行破碎处理。

（2）基坑内布置一台移动颚式破碎站，该设备相关参数见表 7.3-1。

移动颚式破碎站技术参数表　　表 7.3-1

型号	处理能力(t/h)	破碎机功率(kW)	整机重量(t)	总功率(kW)
KJ-3032	60-280	75	30	92.5

（3）颚式破碎机工作时活动颚板对固定颚板做周期性的往复运动，时而靠近，时而离开；当靠近时，物料在两颚板间受到挤压、劈裂、冲击而被破碎；当离开时，已被破碎的物料靠重力作用从排料口排出，排出的物料最终经出料机落入传输系统。颚式移动破碎站构成见图 7.3-7，颚式破碎机构成见图 7.3-8。

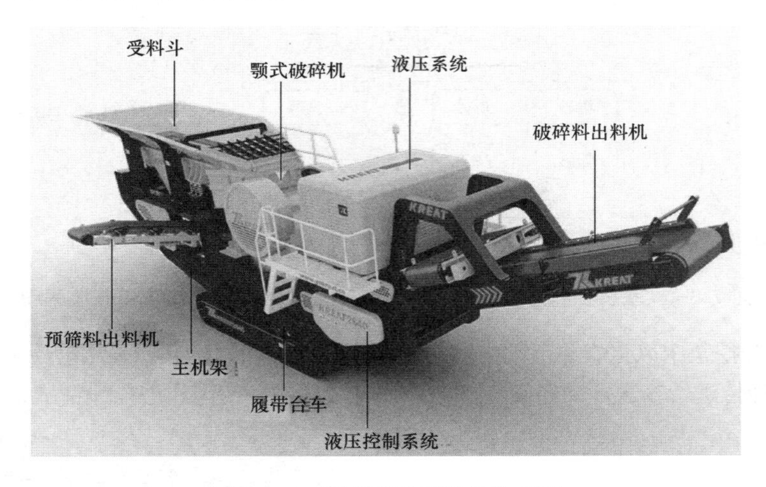

图 7.3-7　颚式移动破碎站构成图

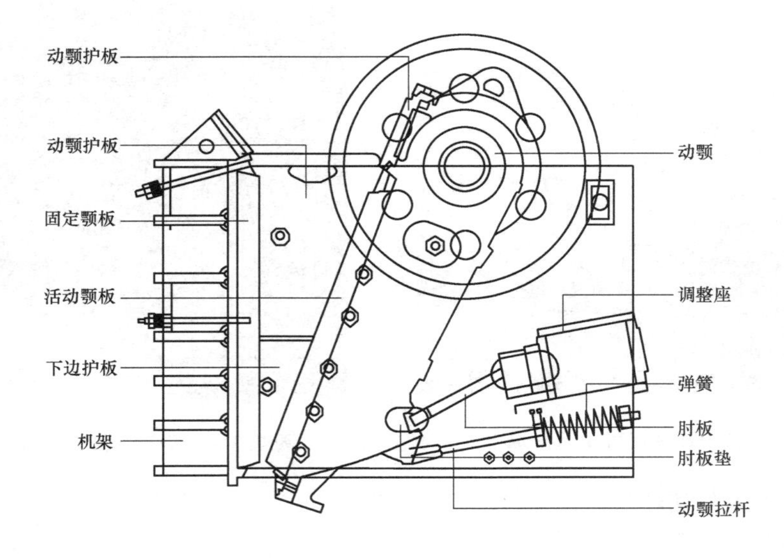

图 7.3-8　颚式破碎机构成

（4）挖掘机将基坑开挖过程中产生的较大石块运至破碎站的受料斗内，经破碎之后由出料机运出。移动破碎站出料机一端放至在传送带给料斗上方，经破碎之后的石料直接落入传送带给料斗中经传送带运出。具体见图 7.3-9、图 7.3-10。

图 7.3-9　物料放入破碎站受料斗

（5）传送带给料口旁边架设一个大的给料平台，直接与传送带的给料口连接；基坑开挖过程中，粒径较小的颗粒直接由挖掘机运至此处，无须经过破碎直接由传送带运出，具体见图 7.3-11。

图 7.3-10　破碎之后经出料机落入坑底水平传送带

图 7.3-11　给料平台物料直接落入传送带给料口

3. 传送带传输系统

（1）基坑底部首先布设一道传送带，该道传送带主要是将基坑中间的粒料传送至基坑边缘处，其倾角可根据现场情况调节，但最大不超过 30°，具体见图 7.3-12。

（2）该传输系统垂直运输方向由 5 级 10m 长的传送带组成，由基坑底部一直搭设至基坑顶，使处理后的物料运送至基坑顶。

（3）垂直方向运输的 5 级传送带倾角均保持 30°，各级之间相互搭接，将粒料从基坑底

图 7.3-12　传送带将粒料运至基坑边缘

运至基坑顶部，传送带用工字钢与基坑侧壁连接。同时，充分利用基坑内的支撑作为传送带的支撑点，以保证传送带连续稳定。连接形式见图 7.3-13～图 7.3-15，现场连接情况见图 7.3-16、图 7.3-17。

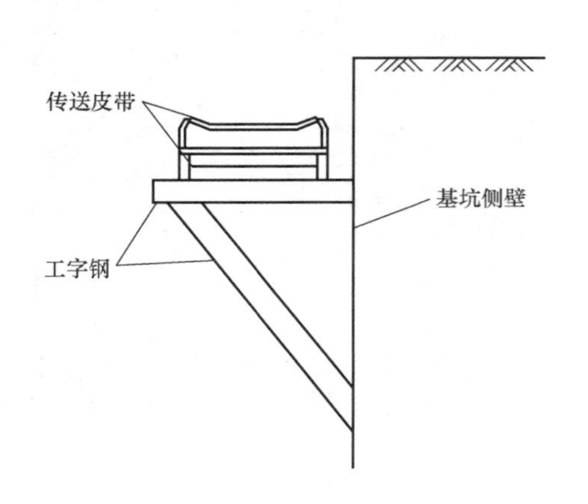

图 7.3-13　传送带与基坑侧壁连接示意图

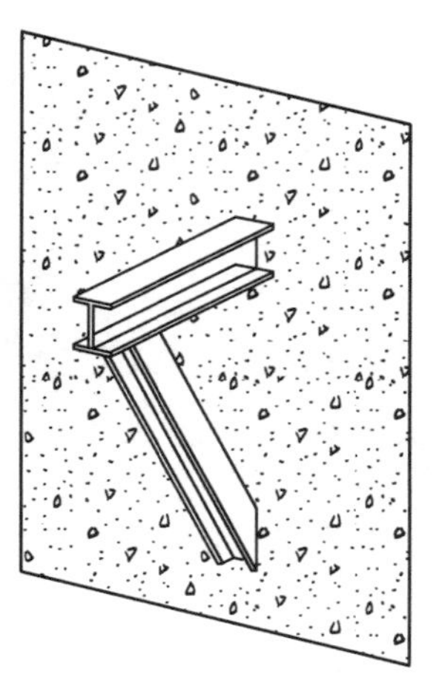

图 7.3-14　工字钢连接三维视图

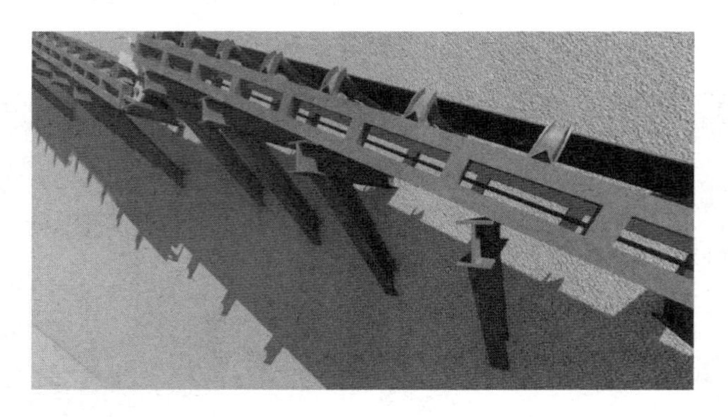

图 7.3-15　传送带与基坑侧壁连接示意图

图 7.3-16　传送带与基坑侧壁现场连接

图 7.3-17　传送带支撑平台

（4）各级传送带连接节点处安装相应的卸料挡板，保证物料顺利落入下一级传送带，并防止过程中物料遗撒（图 7.3-18），各级节点之间的连接形式见图 7.3-19。

图 7.3-18 传送带连接节点

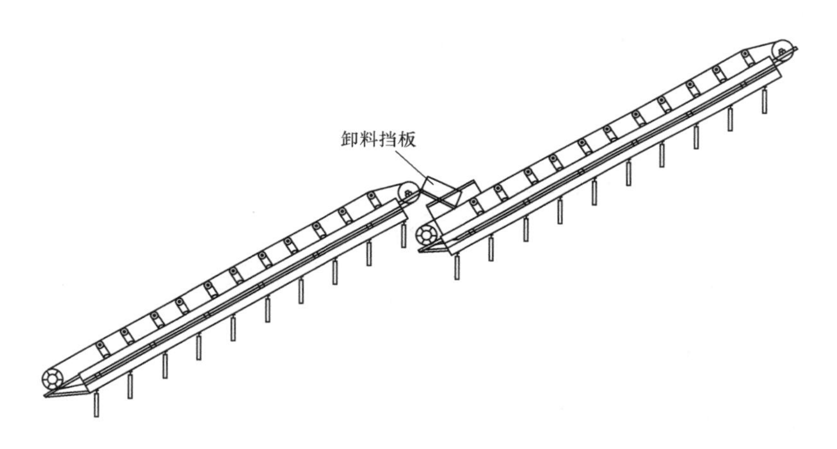

图 7.3-19 各级传送带连接节点示意图

（5）运至基坑顶部的粒料经两道水平传送带输送至场外集中堆放，这两道传送带架设在场地道路的上方，设置防护措施，以防止物料遗撒给现场造成安全隐患和环境污染，见图 7.3-20。

图 7.3-20 场地道路上方传送带防护措施

4. 基坑土后续破碎处理

(1) 运至场地外堆场的基坑土由挖掘机倒入反击式移动破碎站破碎，并集中堆放，整个堆场大小可视现场情况而定。

(2) 本工艺采用的反击式移动破碎站其型号为MC-150IS-B，具体参数见表7.3-2。

反击式移动破碎站技术参数表 **表7.3-2**

机器型号	MC-150IS-B				
喂料设备	喂料能力	最大喂料尺寸	喂料高度	料斗容积	—
	400t/h	600mm	3600mm	5m^3	—
破碎机	长×宽(mm)	功率	最大进料粒度	破碎机重量	反击式破碎机
	1300×800	160kW	600mm	15t	150I
主皮带机	长×宽(mm)	功率	高度	—	—
	9000×1000	11kW	3100mm	—	—
整机	长×宽×高(m)	行走发动机功率	处理能力	整机重量	总功率
	13.5×3.1×3.7	90kW	80～200t/h	41t	211kW
返料皮带	长×宽(mm)	功率	—	—	—
	8900×500	4kW	—	—	—
返料筛	长×宽(mm)	功率	—	—	—
	2600×1500	3.0kW×2kW	—	—	—

(3) 反击式移动破碎站工作原理：进入破碎腔内的物料在板锤的高速冲击下破碎，物料进入板锤作用区时，与转子上的板锤撞击破碎，后又被抛向反击装置上再次破碎，然后又从反击衬板上弹回到板锤作用区重新破碎，此过程重复进行，直到物料被破碎至所需粒度，由机器下部排料口排出。排出的粒料经输送带运至筛分层，粒径符合要求的则直接运出，粒径过大的则经返料带重新进入破碎机进行破碎。反击式移动破碎站破碎过程见图7.3-21，破碎机内部构造见图7.3-22。

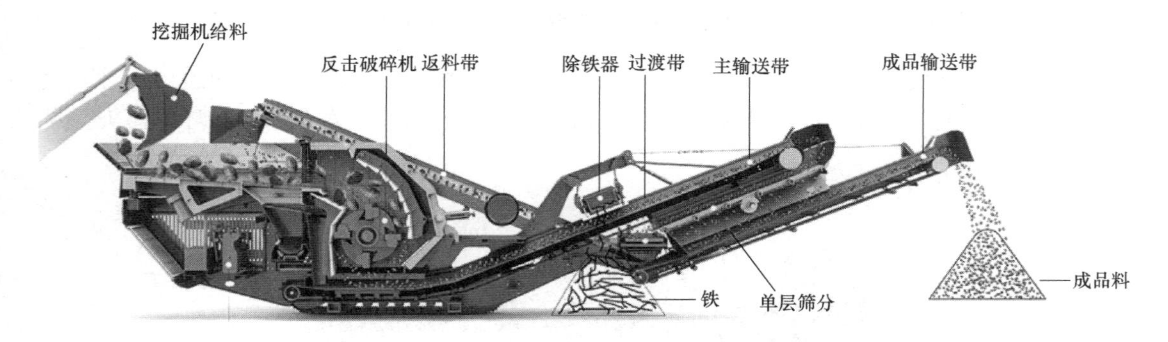

图7.3-21 反击式移动破碎站破碎流程

(4) 反击式移动破碎站出料粒度调整方式如下：

1) 反击破碎机设备上的反击板与机体法兰之间有一个连接反击板框架的调节螺钉，通过调整螺钉上的螺母，可以改变上反击板和板锤之间的间隙。

2) 通过调整反击式破碎机设备反击架的位置，可以达到两侧与机架衬里之间间隙的

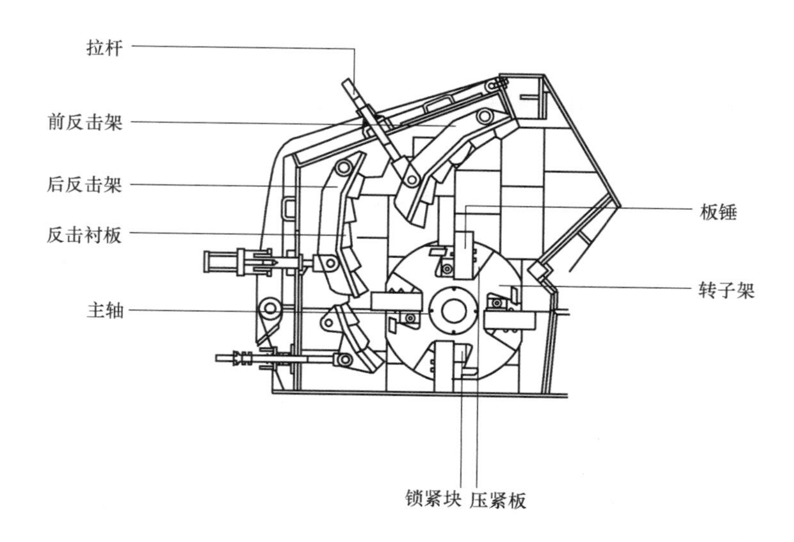

图 7.3-22 反击式破碎机构成

粒径要求。

3）在下反击板后有一水平调节圆钢从两侧伸出，下反击板架调整螺钉位于反击破碎机后部，通过调整螺钉上的螺母，可以改变下反击板和板锤之间的间隙。

4）转子转速由板锤所需的线速度决定。板锤的线速度与材料性能、粒度、破碎比、机械结构、板锤磨损等因素有关。因此，当输入功率时，转子转速与放电颗粒大小成正比。

通过对反击式移动破碎站的相关参数进行调整，相应可以生成粉砂、粗砂、砾砂及碎石，各物料的具体粒径范围见表 7.3-3。

反击式移动破碎站出料粒径范围 **表 7.3-3**

类　型	粉砂	粗砂	砾砂	碎石
粒径(mm)	0.050～0.005	1.0～0.5	>2	10～20

（5）经反击式破碎机破碎之后的物料在现场集中堆放，破碎之后的成品粒料见图 7.3-23。

图 7.3-23 经破碎机破碎之后的成品粒料

7.3.7　主要机械设备

本工艺所涉及主要机械设备主要有颚式移动破碎站、反击式移动破碎站、传送带等，见表7.3-4。

主要机械设备配置表　　　　**表7.3-4**

设备名称	型　号	数　量	备　注
挖掘机	PC200	2台	将物料运至指定场所
颚式移动破碎站	KJ-3032	1台	物料筛选破碎
传送带	—	8节	传送物料至指定位置
反击式移动破碎站	MC-150IS-B	1台	物料破碎

7.3.8　质量控制

1. 传输系统

（1）传送带运行时，派专人观察其运行状态。以防止皮带跑偏造成使用寿命和工作效率的降低，同时消除安全隐患。

（2）传送带每班检查使用情况，包括：有无破损，有无断裂，滚轮轴承有无异响，有无异物卡住滚轮等。

（3）传输过程中严格控制给料速度，以免造成传送带过载。

（4）挡料板采取柔性材料，以免挡料板过硬刮破输送带的带面。

2. 物料破碎

（1）在使用设备时特别注意设备是否密闭，以及除尘工作是否到位。

（2）反击式移动破碎站进行物料破碎时，及时检查破碎后的骨料粒度，若粒度不符合破碎要求则立即调整。

（3）在喂料过程中保持物料均匀喂入破碎腔内，物料粒度控制在正常的范围内。避免金属块过大的物料进入破碎腔。

7.3.9　安全措施

1. 石方爆破

（1）石方爆破编制专项爆破方案，经审批后实施。

（2）爆破孔钻凿采用专用的潜孔锤钻机，加强对空压机和风压管的管理，控制适当风量。

2. 传送带系统

（1）传送带架设在支撑梁上面的部分，周边设置防护栏杆，并设警示标志。

（2）现场操作人员禁止在传送带下长时间活动，以免物料掉落伤人。

（3）从场地道路上方经过的传送带做好防护措施，避免物料掉落，并设置好安全警示。

（4）对物料破碎过程中可能产生的粉尘采用雾炮机进行降尘处理。

3. 破碎

（1）挖掘机向进料口送料时，周边严禁站人。

（2）破碎设备开机启动后，确保正常工作时再对破碎站进行喂料。

（3）采取有效措施控制现场粉尘、噪声、振动对环境的污染和危害。

第8章　绿色施工新技术

8.1　灌注桩废泥浆压滤固液分离循环利用施工技术

8.1.1　引言

随着城市建设快速发展，灌注桩被广泛应用于各类工程的基坑支护和基础类型中，灌注桩成孔需要优质泥浆护壁，随着钻深的加大，需要不断调配护壁泥浆性能指标，一般采用泥浆置换方式进行，以使泥浆满足护壁要求；同时，在灌注桩身混凝土时，孔内的泥浆将全部被置换，整个施工过程中会产生出大量的废泥浆，场地内需要挖设大面积的储浆池。由于废泥浆为废浆和废渣组成的液态，现场处理不当容易造成现场文明施工条件差，甚至引发周边环境污染。

目前，常用的废泥浆处理方式主要有浆渣净化分离法、化学沉淀法、泥浆罐车外弃法等。浆渣净化分离法是采用泥浆净化装置将废浆渣进行筛分，但分离出的泥渣颗粒含水量大，浆液重新进入循环系统制浆使用成本高、使用效率较低。化学沉淀法指在废泥浆中掺入适量水泥或添加剂（生石灰、纤维等），通过降低含水率，提高浆体强度后再外弃，该方法属于增量化处理，是在特殊条件下的应急处理方式，且对环境容易造成二次污染。泥浆罐车外弃法是采用专门的罐车将废泥浆直接装车外运，由于指定堆场少，加之运输队伍存在乱排乱倒现象，导致时常发生市政管道堵塞问题。

随着当今对环境保护、绿色施工的重视，废弃泥浆的处理问题已在社会上引起广泛的关注，成为目前亟待解决的技术难题。2017年3月，深圳工勘集团承接了“汕头华润海湾中心三期基坑支护与桩基础工程”，针对灌注桩成孔过程中产生大量废泥浆，项目课题组开展了“灌注桩废泥浆压滤固液分离循环利用施工技术”研究，通过专门研制的泥浆压滤机对废泥浆进行压榨过滤处理，将废泥浆分离为洁净的砂、干燥的泥饼、清洁的循环水，大大提升废泥浆的利用率，形成了施工新技术，达到高效、经济、绿色、环保的效果。

8.1.2　工艺特点

1. 处理效率高

相比于传统的灌注桩废泥浆处理方式，本工艺不需等待废泥浆长时间的自然沉淀，可以随时处理废泥浆，大幅度提高处理效率；且传统处理方式临时占地面积大，需用槽车运至环卫部门指定的堆场填埋，成本高、限制多，而采用本工艺占地面积小，使用不受限制。

2. 操作简单

本工艺所利用的处理设备自动化程度较高，操作简便，且处理时间短，仅需一名专业人员即可进行现场操作。

3. 经济性强

本工艺中运输泥饼相比于直接运输废泥浆节省运输空间及容量，大大地降低了运输成本且装运便捷；此外，随着城市用地紧张，废泥浆外运填埋价格高，本工艺对废泥浆经压滤后实现固液分离，废物循环利用，具有增值效果，大大降低了施工成本。

4. 绿色环保无污染

传统方法未对废泥浆进行无害化处理，污染土壤及地下水，且在运输过程中易漏出造成环境污染及市政排水管道堵塞等不可控因素；本工艺中泥浆预处理后的砂可直接用于临时砌筑，压榨后的滤饼可在加工厂压制成环保砖，泥浆中的液态水分处理为干净的循环水，完全实现了对废泥浆的无害化循环处理利用，达到绿色、环保、无污染的效果。

8.1.3 适用范围

1. 适用工程类型

适用于采用旋挖灌注桩、地下连续墙等基坑支护工程及桩基础工程项目，见图 8.1-1、图 8.1-2。

图 8.1-1 旋挖灌注桩废泥浆压滤固液分离处理现场

图 8.1-2 地下连续墙废泥浆压滤固液分离处理现场

2. 适用地层

适用于填土、淤泥、淤泥质土、黏性土、砂性土等地层产生的废泥浆处理。

8.1.4　工艺原理

本工艺的目的在于提供一种高效、环保、经济的废泥浆压滤固液分离循环利用处理方法，旨在解决目前常用的废泥浆处理方式中处理效率低、占地面积大、经济性差、污染环境等问题。

1. 废泥浆压滤固液分离循环利用处理系统

本工艺所述的处理方法是通过泥浆压滤机，对废泥浆进行压榨、过滤处理，达到固液分离和循环利用的处理效果。该处理方法为一整套系统的废泥浆压滤固液分离循环利用处理技术，处理系统包括废泥浆储存系统、浆渣净化分离预处理系统、泥浆泵压系统、泥浆压滤系统、滤饼卸除系统，最终实现废泥浆的固液分离并循环利用的效果。废泥浆压滤固液分离系统施工工艺流程见图 8.1-3。

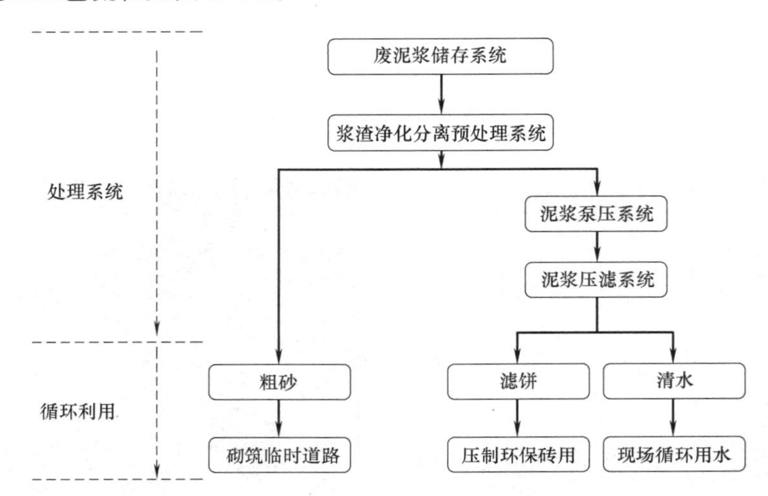

图 8.1-3　灌注桩废泥浆压滤固液分离系统施工工艺流程图

2. 工艺原理

本工艺技术通过架设 3m 高钢平台上的专用泥浆压榨过滤机，对废泥浆进行压榨过滤处理，达到固液分离和循环利用的处理效果。

本工艺原理是先将废泥浆通过泥浆净化器预处理，将直径大于 4mm 的颗粒分离；再将预处理后的泥浆通过往复式高压泵，泵入厢式圆板型泥浆压榨过滤机，过滤系统由 100 块整齐排列的直径 1200mm 滤板和夹在滤板之间的过滤滤布完成，开始过滤时滤浆在进料泵的推动下，经进料口进入各过滤室内，滤浆借助进料泵产生的压力进行固液分离，由于过滤滤布的作用，使泥浆中的固体留在滤室内形成过滤后的泥饼，滤液从出液阀排出；经过约 30min 压榨、过滤，排出的水存储于水箱中可循环用于现场施工，压榨出的泥渣成圆饼状，可直接装车外运。

灌注桩废泥浆压滤固液分离循环利用处理工艺原理见图 8.1-4，工艺操作流程见图 8.1-5。

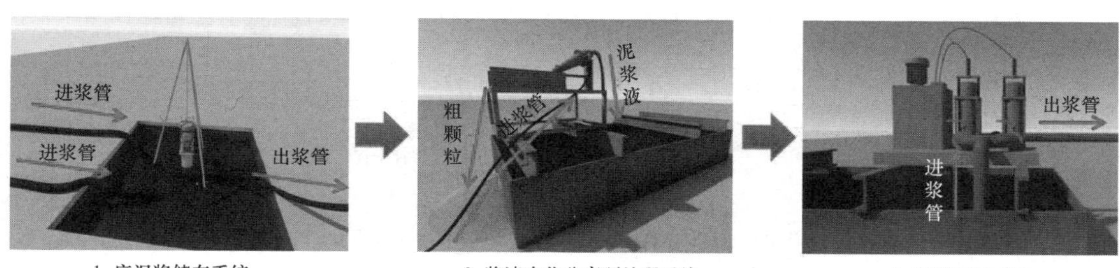

1. 废泥浆储存系统　　2. 浆渣净化分离预处理系统　　3. 泥浆泵压系统

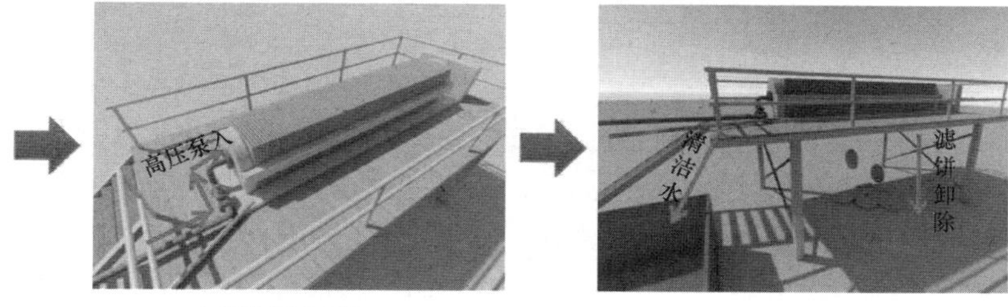

4. 泥浆压滤系统　　5. 滤饼卸除系统

图 8.1-4　废泥浆压滤固液分离循环利用处理工艺原理示意图

1.废泥浆储存系统　　2.浆渣净化分离预处理系统　　3.泥浆泵压系统

4.泥浆压滤系统　　5.滤饼卸除系统

图 8.1-5　废泥浆压滤固液分离系统工艺操作流程图

8.1.5　施工工艺流程

灌注桩废泥浆压滤固液分离循环利用施工工艺流程见图 8.1-6。

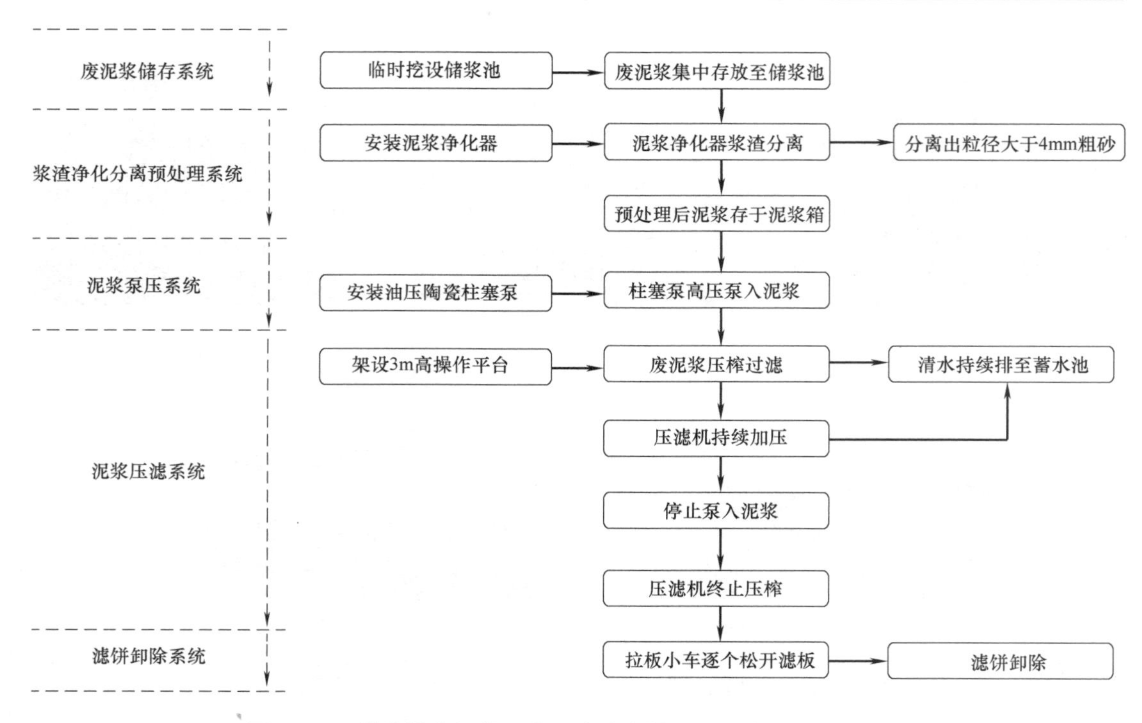

图 8.1-6 灌注桩废泥浆压滤固液分离循环利用施工工艺流程图

8.1.6 工序操作要点

1. 废泥浆集中存放至储浆池

（1）灌注桩施工过程中，在成孔和桩身灌注混凝土时，不断置换泥浆，泥浆性能较好的浆液继续在成孔中循环使用，劣质废泥浆将通过泥浆泵抽至储浆池内，根据现场情况可由数台钻机的数条泵管同时输入。成孔和桩身灌注混凝土工序过程形成的废泥浆进入储浆池待处理。

（2）储浆池在场内临时挖设，形状及尺寸根据现场情况确定，容量考虑为施工现场日产生废泥浆量的 1.5～2.0 倍，用来集中收纳场内的废泥浆，储浆池见图 8.1-7。

图 8.1-7 储浆池及 3PN 泥浆泵

（3）储浆池设立 3PN 泥浆泵，用三脚架架设在池中，用于将废泥浆输送至后续泥浆预处理系统。

(4) 储浆池四周设置封闭的安全护栏和安全标志，防止人员发生意外坠落。

2. 泥浆净化器浆渣分离

(1) 利用储浆池内搭设的3PN泥浆泵，将废泥浆抽至浆渣净化分离预处理系统进行预处理，通过架设在泥浆箱上的泥浆净化器，对废泥浆进行浆渣分离，对废泥浆液中粒径大于4mm的粗颗粒进行筛分，防止粗颗粒在下一压榨工序操作时对过滤滤布的损坏，预处理后的泥浆进入泥浆箱内存放，具体浆渣净化器及分离预处理见图8.1-8。

图8.1-8 浆渣净化分离预处理系统

(2) 本工艺使用的泥浆净化器采用ZX-50，其处理技术指标见表8.1-1。

ZX-50泥浆净化器技术参数表 **表8.1-1**

处理能力 (m^3/h)	处理泥浆	渣料筛分能力 (t/h)	总功率 (kW)	外形尺寸(m) (长×宽×高)	筛分出的粒料含水率	重量 (kg)
50	最大相对密度小于1.35,黏度40s以下	10～25	48	2.300×1.250×2.460	小于20%	2100

(3) 泥浆净化器利用两排工字钢架设在泥浆箱上，经净化处理的粗砂排至指定位置堆放，预处理后的泥浆进入泥浆箱，具体见图8.1-9、图8.1-10。

3. 预处理后泥浆储存于泥浆箱

(1) 预处理后泥浆储存于泥浆箱，泥浆箱用钢材料制作，尺寸设计为15m×3m×2m，具体容积大小可根据现场处理需要调整。

(2) 泥浆净化器及后续工序使用的油压陶瓷柱塞泵用工字钢架设在泥浆箱上的两端，具体见图8.1-11。

4. 柱塞泵高压泵入泥浆

(1) 将预处理后的泥浆通过陶瓷柱塞泵系统输入至泥浆压榨过滤系统，对泥浆进行压榨处理。

图 8.1-9　泥浆净化器排出的粗砂颗粒物

图 8.1-10　预处理后泥浆排至泥浆箱

图 8.1-11　泥浆箱

(2) 油压陶瓷柱塞泵输送泥浆进厢式圆板型压滤机，由于需要较高压力，泥浆在高压下流动使其磨损较为严重，因此普通泵不适用。

(3) 本工艺选用油压陶瓷柱塞泵 YB250，陶瓷柱塞直径 250mm，泵体为液压传动，由缸体、陶瓷柱塞、密封填料、进出浆阀、空气稳压罐等部件组成，该泵具有运行平稳、工作可靠、噪声低、压力高，压力波动小、体积小、重量轻，安装、维修、操作方便，使用寿命长的特点。油压陶瓷柱塞泵工艺参数见表 8.1-2，泵体见图 8.1-12。

YB250 油压陶瓷柱塞泵工艺参数表　　　　表 8.1-2

额定流量 (m^3/h)	压力范围 (MPa)	额定压力 (MPa)	冲程 (mm)	电机功率 (kW)	密封形式	外形尺寸(m) (长×宽×高)	吸/排浆管直径
35	0～2.0	2	180	22	YX/叠圈	1.9×1.3×2.2	ϕ133/G2.5″

(4) 柱塞泵连接形式：泵架设在泥浆箱上，由于泵压大，进浆口及出浆口均采用 4 寸钢管连接；其中，进浆口钢管伸入泥浆箱内的泥浆中，抽吸泥浆经泵进入压榨机；出浆口钢管设置弯管和阀门，末端直接与泥浆压滤机的进口连接。陶瓷柱塞泵泵压系统连接示意见图 8.1-13，泵压系统与压滤系统连接见图 8.1-14。

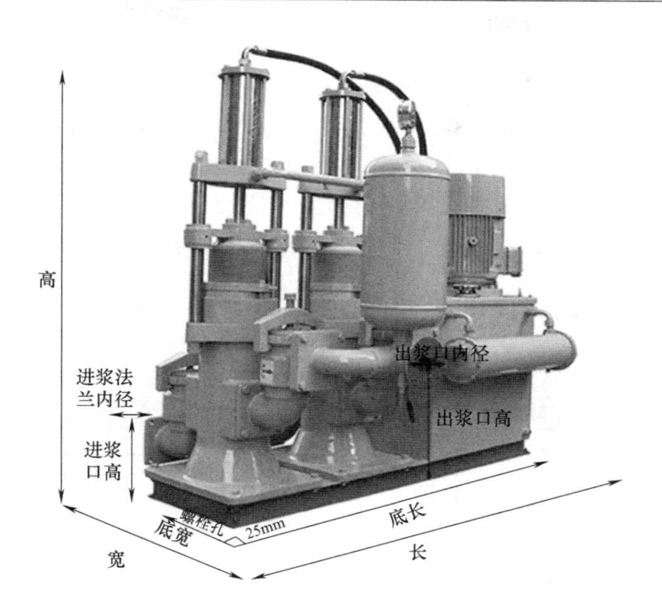

图 8.1-12　油压陶瓷柱塞泵

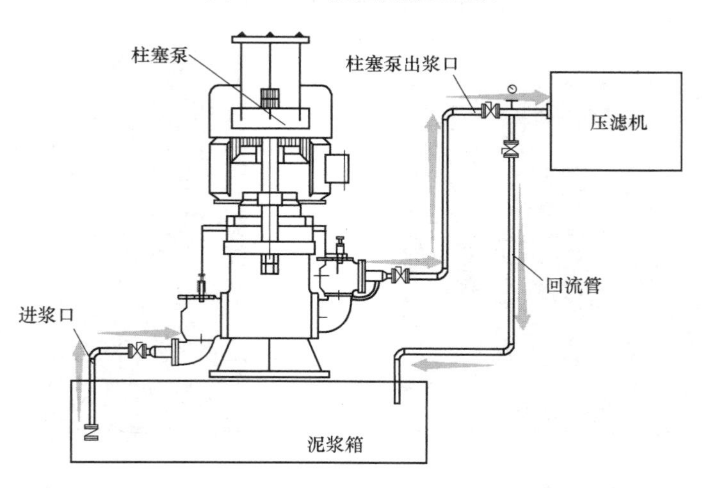

图 8.1-13　油压陶瓷柱塞泵连接示意图

图 8.1-14　柱塞泵输出端与泥浆压滤机进口连接

5. 废泥浆压榨过滤

（1）废泥浆压榨过滤由架设在 3m 高钢操作平台上的厢式圆板型压滤机完成，压滤机构造见图 8.1-15、图 8.1-16。高压泵入的泥浆由 100 块整齐排列的直径 1200mm 的滤板和夹在滤板之间的过滤滤布进行过滤处理，见图 8.1-17；开始过滤时，滤浆在进料泵的推动下，借助进料泵产生的压力进入各滤室内进行固液分离，滤液从出液阀经排水板持续排出，为可利用的清洁水，存储于蓄水箱用于现场循环使用。

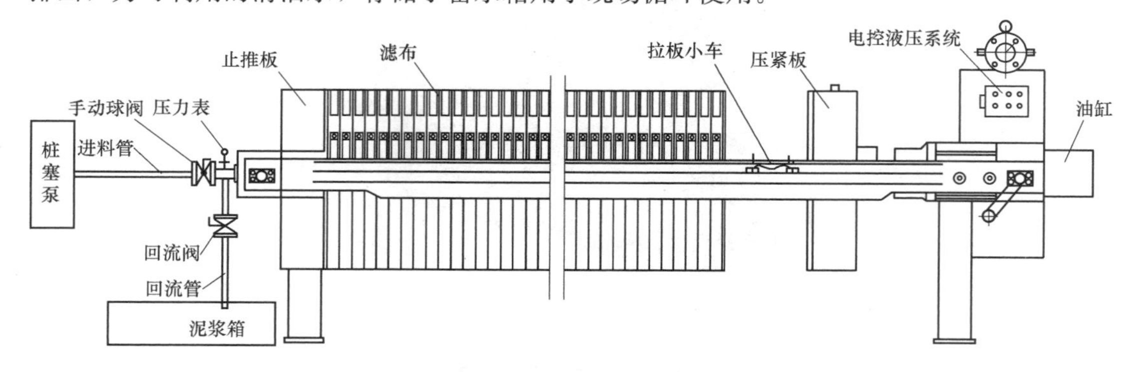

图 8.1-15　厢式圆板型压滤机构造图

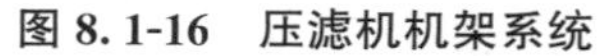

图 8.1-16　压滤机机架系统

图 8.1-17　压滤机装设的 100 片滤板及滤布

（2）厢式圆板型压滤机结构

厢式圆板型压滤机主要由机架系统、过滤系统、进料系统、反吹系统、液压系统、过滤滤布、操作控制台等构成。

1）机架系统包括压紧板、止推板、油缸座、压滤机主梁等，均具有高强度、高韧性的特点。

2）过滤系统包括圆形厢式滤板、弹簧、密封胶、水嘴等，滤板尺寸为直径 1200mm，材质采用钢板，具有耐磨的特点；过滤滤布为高弹性无纺布，具有透水性好、使用寿命长的特点，见图 8.1-18。

3）进料系统具有进料速度快、进料压力大、结构简单等特点，压力通常控制在 1.2～2MPa 之间。

4）反吹系统主要功能是泥浆压榨完成后，用高压气（0.4MPa 以上）通过反吹将滤

图 8.1-18 圆形厢式滤板

板之间进料口多余的泥浆送回泥浆池，以达到更好的压榨效果。

5）液压系统包括液压站、液压油缸、液压马达、压力表等，配合电气系统实现自动压紧、自动松开、自动拉板等工作，见图 8.1-19。

6）操作控制台可实现手动操作或自动操作，操作方法简单，合上压滤机电源，电源红色指示灯亮，压滤机即启动。

（3）3m 高钢操作平台的作用为架高压滤机，方便滤液从水嘴或出液阀排出，以及滤饼下落堆积存放和装车外运；平台设置安全楼梯和封闭的安全护栏，防止人员坠落，见图 8.1-20。

图 8.1-19 压滤机液压系统

图 8.1-20 3m 高钢操作平台

（4）压榨过程中，滤液持续透过过滤滤布流入排水板中，再经排水板通过出液阀排入蓄水箱，排出的滤液为可利用的清洁水，存储于蓄水箱用于现场循环使用。压滤机排水板见图8.1-21，蓄水箱见图8.1-22。

图8.1-21　压榨机压榨后滤液透过滤布流入排水板

图8.1-22　压榨过滤排出的循环清水流入蓄水箱

6. 压滤机持续加压

（1）根据工艺要求开启洗涤液阀门进液洗涤滤饼，进压缩气体吹干。

（2）关闭洗涤和吹干阀后，开启压榨阀，向隔膜滤板的压榨腔继续加压，压榨滤饼，以进一步提高滤饼的固化率。

7. 停止泵入泥浆

（1）当压滤机泵压达到2MPa时，停止进料。

（2）开启放空阀，放空压榨流体后，按松开滤板按钮，压紧板后退至适当位置后，按停止按钮，自动退至设定的行程开关处，压紧板自动停止。

8. 拉板小车逐个松开滤板

（1）泥浆压榨过滤完成后，转动排水板，由拉板小车逐个拉开滤板，滤室内压榨的泥饼实现自动卸除滤饼，见图8.1-23～图8.1-25。

（2）经压榨处理后的滤饼含水率约20%～40%，其颗粒细微，可直接由专车装运运输至加工厂压制成环保砖等，实现对废泥浆的无害化循环处理利用，见图8.1-26。

图 8.1-23 拉板小车逐个拉开滤板

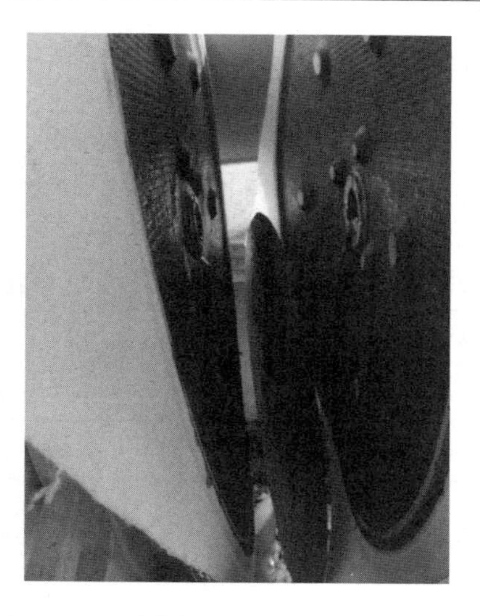

图 8.1-24 滤板拉开滤室内泥饼松开下落

图 8.1-25 压榨过滤完成后卸除滤饼

图 8.1-26 完成卸除的滤饼

8.1.7　材料与设备

1. 材料

本工艺所使用的材料主要有：胶管、钢管、钢板、焊条、螺母、螺栓。

2. 主要机械设备

本工艺所涉及设备主要有泥浆净化器、油压陶瓷柱塞泵、厢式圆板型压滤机等，详见表8.1-3。

主要机械设备配置表　　表8.1-3

设备名称	型　号	数　量	备　注
泥浆净化器	ZX-50	1台	废泥浆浆渣净化分离预处理
泥浆泵	3PN	1台	泥浆输送
油压陶瓷柱塞泵	YB250	1台	高压泵送泥浆
压滤机	厢式圆板型压滤机	1台	泥浆压榨、过滤
泥浆箱	15m×3m×2m	1个	储存预处理后泥浆
蓄水池	3m×3m×1.5m	1个	储存滤液

8.1.8　质量控制

1. 泥浆净化器浆渣分离预处理

（1）泥浆净化器运作时，派专人观察其工作状态，及时排除故障，特别注意排渣口是否堵塞，保证正常工作。

（2）泥浆净化器使用完成后，派专人进行清理，清除内腔中的沉积物，保持良好使用状态。

（3）净化器内腔受粗颗粒长时间的高速撞击，容易受损局部变薄，如不能满足使用及时予以调换。

2. 压滤机泥浆压榨

（1）压滤机机架要求水平及对角线校正，止推板支腿用地脚螺栓固定。

（2）滤板要求整齐排列在机架上，不允许出现倾斜现象，以免影响压滤机正常使用；过滤滤布保证平整，不能有折叠，否则会出现漏料现象。

（3）压榨过程中，控制好压力，掌握好加压处理时间，保证压榨效果。

（4）对拉板小车、链轮链条、轴承、活塞杆等零件定期进行检查，对拉板小车的同步性和链条的悬垂度要及时调整。

8.1.9　安全措施

1. 泥浆箱设置

（1）泥浆箱上架设的净化装置和柱塞泵，要求安装水平、牢固，定期检查维护。

（2）在泥浆箱上作业时，铺设作业平台，防止人员掉落。

（3）泥浆处理系统的管路连接要求紧密，胶管和钢管连接处密封性好，防止高压泵入泥浆时发生泄漏。

（4）泥浆箱、蓄水箱制作过程的焊接作业由专业电焊工操作，正确佩戴安全防护罩。

（5）现场储浆池四周设置安全护栏，无关人员严禁进入，设置相关警示标志。

（6）现场工作面进行平整压实，防止泥浆箱储存泥浆后承重下陷，安装在泥浆箱顶部位置的泥浆净化器、油压陶瓷柱塞泵固定牢靠。

2. 平台围护

（1）操作平台由专业队伍搭设，搭设完毕经监理单位现场验收合格后方可投入使用。

（2）平面四周设安全扶栏，并设警示标志。

（3）处理平台设专门的安全爬梯。

3. 压滤机泥浆压榨

（1）压滤机操作人员做好开机前的准备工作，检查机器各部位性能是否良好及各种零部件是否完好，机油是否到位，电压、电流是否正常。

（2）日常使用过程中要采取良好的防护措施，防止高压软管受到挤压和砸碰。

（3）泥饼下落时，平台下严禁站人。

（4）泥饼装车外运时，施工员现场监督，严禁挖掘机碰撞平台。

8.2 灌注桩潜孔锤钻进串筒式叠状降尘防护施工技术

8.2.1 引言

灌注桩采用大直径潜孔锤钻进时，以空气压缩机提供的高风压作为动力，高风压进入潜孔锤冲击器驱动潜孔锤钻头高速往复冲击作业，被潜孔锤破碎的渣土、岩屑随潜孔锤钻杆与孔壁之间的空隙，由高风压携带排出并散落至地面。当潜孔锤在土层段钻进时，渣土喷出在孔口无规则四溅，孔口除喷出大量的岩渣、岩屑外，还夹杂着较大的粉尘，造成现场文明施工条件差，尤其施工现场邻近市政道路时对行驶车辆和行人造成困扰，见图 8.2-1～图 8.2-3。

为解决潜孔锤钻进过程中孔口产生的渣土、岩屑和粉尘，一般采用在孔口派专人喷水，以控制孔口产生的污染，但往往难以达到好的效果，具体见图 8.2-4、图 8.2-5。

2019 年 5 月，深圳市城市轨道交通 13 号线 13101 标段（白芒站）项目围护结构工程开工，本项目支护采用地下连续墙施工，由于该项目紧临市政道路，且岩层较浅，地下连续墙（约 12 幅）下部分布 12m 厚的硬岩层，采用潜孔锤对地下连续墙引孔施工时产生大量岩渣和土渣，造成市政道路上车辆和行人不便。为解决以上潜孔锤钻进时孔口渣土、岩屑、粉尘对施工现场环境造成的不良影响，确保现场绿色文明施工条件，经过一系列现场试验、工艺完善、过程优化、现场总结，研制了一种便捷有效的可伸缩串筒式降尘防护罩，在潜孔锤钻进过程中可有效控制岩渣粉尘污染，现场文明施工得到了显著提升。

图 8.2-1 潜孔锤土层段钻进喷出的尘渣

图 8.2-2 潜孔锤岩层段钻进喷出的岩屑粉尘

图 8.2-3 潜孔锤紧邻市政道路钻进施工

图 8.2-4 潜孔锤钻进时设置喷水降尘

图 8.2-5 钻进时产生岩渣、土渣

8.2.2 工艺特点

1. 防渣防尘效果好

本工艺直接采用防护罩将潜孔锤钻杆、钻杆与孔壁的间隙及孔口完全遮挡罩住，将在孔口喷出的渣土、岩屑、粉尘收纳在防护罩范围内，避免了渣土和粉尘无规则喷散；且防护罩全包裹钻杆，防尘防渣效果显著。

2. 制作安装简便

防护罩采用薄钢板分节制作，设计为串筒式钢筋绳分节连接，轻便易安装；防护罩单体叠套连接的数量，可根据钻孔深度、钻杆长度等调节配置，适用性强。

3. 操作安全可靠

本工艺设计的防护罩单节重量轻，组装操作便利；连接采用钢丝绳，伸缩和展开牢靠，整体操作安全可靠。

4. 综合成本低

本工艺使用的防护罩在普通的潜孔锤钻机上安装即可使用，不需要设置额外更多的辅助系统；防护罩采用不锈钢制作，表面耐冲击，喷射的岩渣不会对其造成损坏，能重复利用，总体综合使用成本低。

8.2.3 适用范围

本工艺适用于灌注桩潜孔锤钻进施工，尤其适用于施工现场处于城市中心、市政道路附近对文明施工要求高的项目。

8.2.4 工艺原理

1. 技术路线

灌注桩潜孔锤成孔钻进过程中，被潜孔锤破碎的渣土、岩屑、粉尘随着超高风压，通过潜孔锤钻杆与孔壁之间形成的空隙上升，随后从孔口喷出。本工艺拟利用一种防护罩结构，将潜孔锤钻进钻杆、钻杆与孔壁的间隙及孔口完全遮挡罩住，将在孔口无规则喷出的渣土、岩屑、粉尘收纳在防护罩下有限范围内，以解决潜孔锤钻进工艺施工中存在的空气污染和现场文明施工差的问题。

2. 市场调研

由于受施工场地周边环境条件的影响，潜孔锤钻进作业时需要采取防护措施，避免对道路行车和行人造成影响。为此，项目组对潜孔锤防护技术进行了广泛调研，收集出了相关的资料，进行了大量的分析，并进行了相关试验。

通常潜孔锤钻进时，国内、国外多采用帆布式防护措施，有固定式、伸缩式叠套结构类型，有圆筒状、方形结构，还有临时性遮挡防护等。具体主要类型结构见图 8.2-6～图 8.2-8。

3. 材料选择

考虑到轻便性，选择防护罩材料时最先采用了帆布，按使用要求进行了制作，具体见图 8.2-9、图 8.2-10。但在实际使用过程中，潜孔锤钻进高风压携带出的钻渣上返能力强、冲击力大，反复对防护罩的冲击作用，造成防护罩的经常性破损；加上防护罩为伸缩

图 8.2-6　伸缩式叠套防护

图 8.2-7　固定式防护

图 8.2-8　帆布临时遮挡防护

型设计，连接处常出现脱落，需要反复进行修复，使用效果不佳。经过现场多次试验、总结，最后提出采用薄钢板制作防护罩，既轻便、操作便利，又防冲击、耐用，达到了使用效果。

4. 工作原理

本工艺利用固定式钢丝绳相互连接多个单节锥形防护罩，根据钻进深度的需要将若干个单节防护罩组合形成叠套结构，通过拉伸式钢丝绳自由伸缩而形成串筒式防护罩，其环绕钻杆和钻具安装，所形成的空间完全覆盖潜孔锤钻具和孔口一定范围的位置，有效的遮挡住高风压从孔口携带出的渣土、岩屑、粉尘。

本工艺所使用的防护罩最上部为单体固定式防护罩，其与钻机顶部动力头相连接，最下部的单体防护罩通过拉伸式钢丝绳垂放至距地面 30～50cm 处，形成一个沿包围钻杆方向的外套防护罩结构；潜孔锤高风压作业时携带上升的渣土、岩屑、粉尘喷出孔口后，继续向上喷射，被防护罩结构遮挡，再随着风压减弱和喷出物自重影响，渣土、岩屑全部在孔口附近堆积。

图 8.2-9 帆布防护罩安装在潜孔锤钻机上

图 8.2-10 帆布防护潜孔锤钻进过程中破损修复

防护罩布设及施工现场作业布置见图 8.2-11，其工作原理见图 8.2-12。

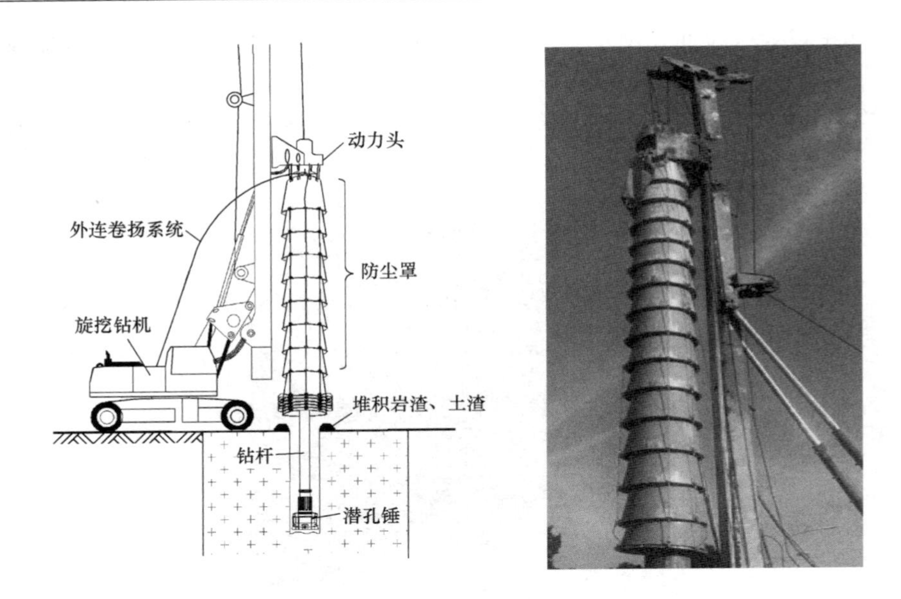

图 8.2-11 防护罩布设及施工现场作业

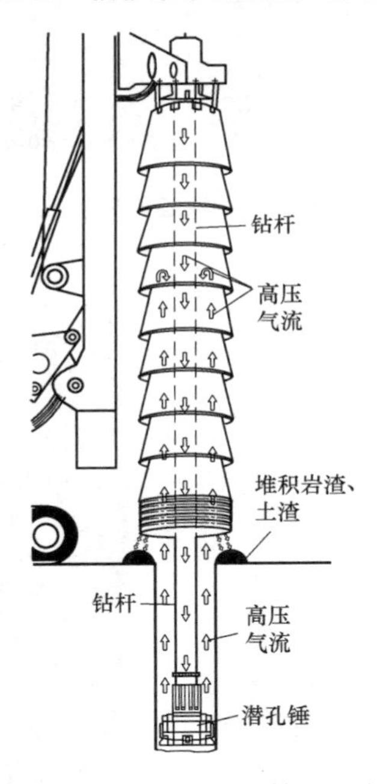

图 8.2-12 潜孔锤钻进时防护罩工作原理图

8.2.5 施工工艺流程

灌注桩潜孔锤钻进降尘防护绿色施工工艺流程见图 8.2-13。

8.2.6 工序操作要点

1. 防护罩结构组装及连接

（1）防护罩材质

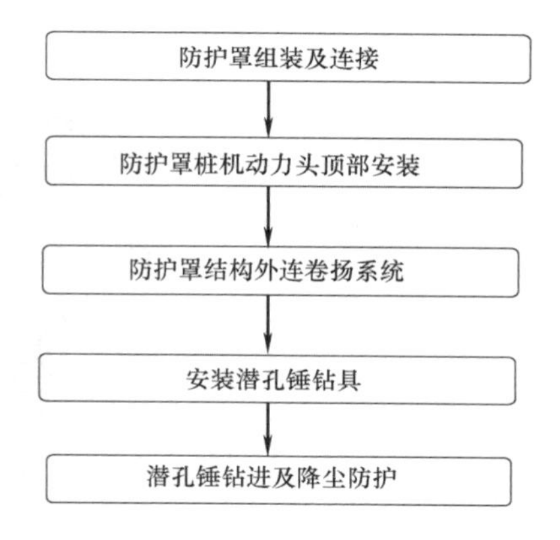

图 8.2-13 灌注桩潜孔锤钻进降尘防护绿色施工工艺流程图

防护罩功能是阻挡高风压吹出的渣土、岩屑，采用不锈钢板制作，钢板厚度 2mm，以确保罩体自身足够的强度，具体见图 8.2-14。

图 8.2-14 不锈钢板制作的防护罩

（2）单体防护罩结构及特征

单体防护罩由筒体、连接吊耳、提升吊耳组成，单体防护罩间使用钢丝绳连接固定和伸缩。单体防护罩筒体厚 2mm，高 1020mm，罩壁底部直径 1200mm，顶部直径 950mm；3 个连接吊耳设于筒体底部位置，用于给固定式钢丝绳绑扎；2 个提升吊耳设于筒体底部位置，沿筒体底部对称布置，可通过拉伸式钢丝绳实现对筒体的提拉或放下。单体防护罩模型见图 8.2-15，实物见图 8.2-16。

（3）防护罩固定连接

将各防护罩上下相互叠套，上下筒体的连接吊耳相互对应，各防护罩之间通过 3 条长度为 750mm 的固定式钢丝绳连接上下两个防护罩的连接吊耳，形成沿竖向方向的防护罩组合结构。防护罩在相互连接时处于叠套状态，固定式钢丝绳连接完毕后处于卷曲状态，见图8.2-17。

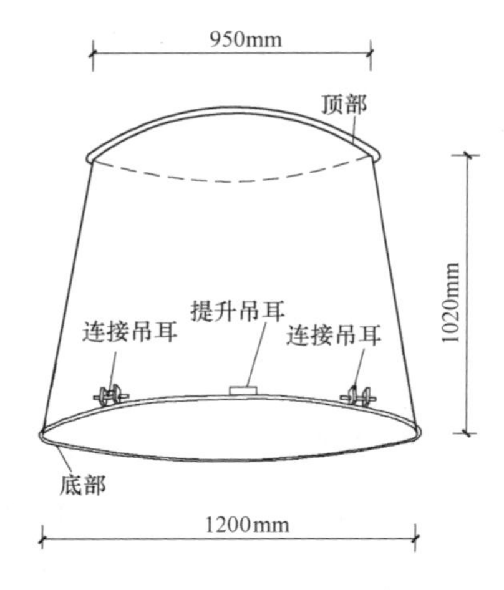

图8.2-15 防护罩模型

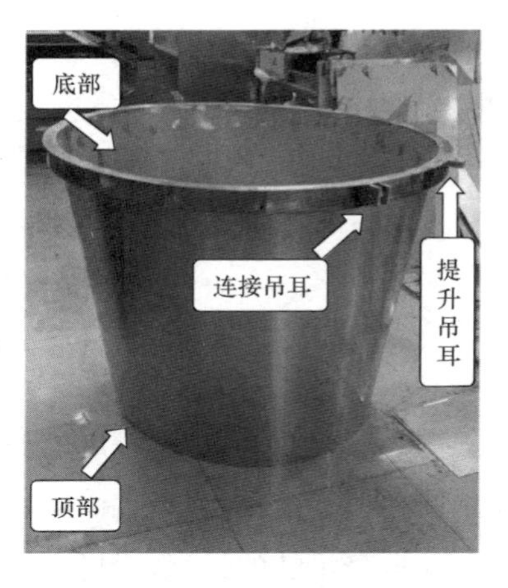

图8.2-16 防护罩实物

(4) 防护罩拉伸连接

用两条拉伸式钢丝绳连接最底部防护罩的提升吊耳，然后通长穿过上部所有单个防护罩的提升吊耳，见图8.2-18。在叠套状态下，如果放松拉伸式钢丝绳，则防护罩呈串筒式展开。

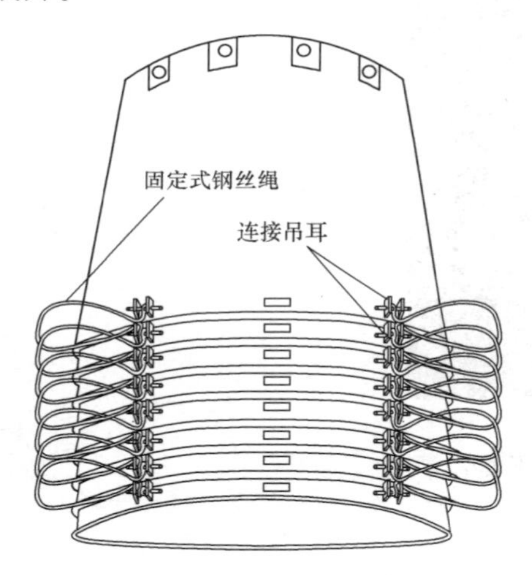

图8.2-17 防护罩连接吊耳钢丝绳固定连接示意图

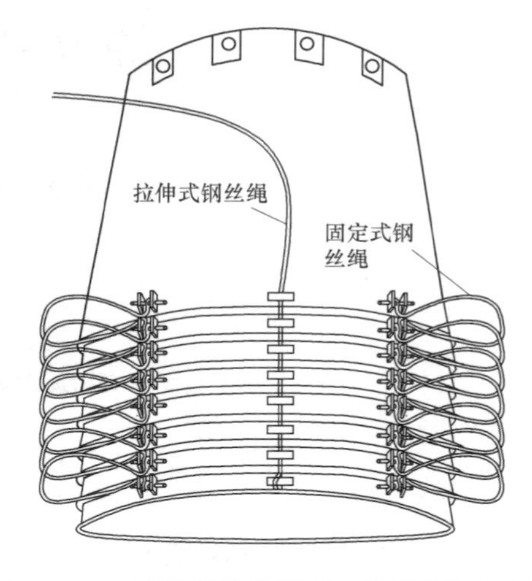

图8.2-18 防护罩提升吊耳钢丝绳连接示意图

2. 防护罩桩机动力头顶部安装

(1) 潜孔锤钻机就位，控制其钻杆对准防护罩中心处。

(2) 降下潜孔锤钻机动力头，将最上部防护罩顶部设置的8个吊耳通过8根钢丝绳与动力头上的8个吊耳固定连接，具体见图8.2-19。

3. 防护罩结构外连卷扬系统

(1) 将两条拉伸式钢丝绳穿过潜孔锤钻机动力头上的定滑轮，再连接两套卷扬系统，具体见图8.2-20。

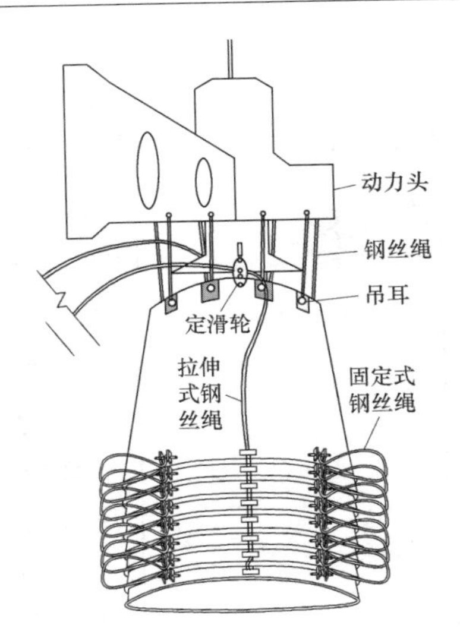

图 8.2-19 防护罩顶部吊耳与动力头固定连接

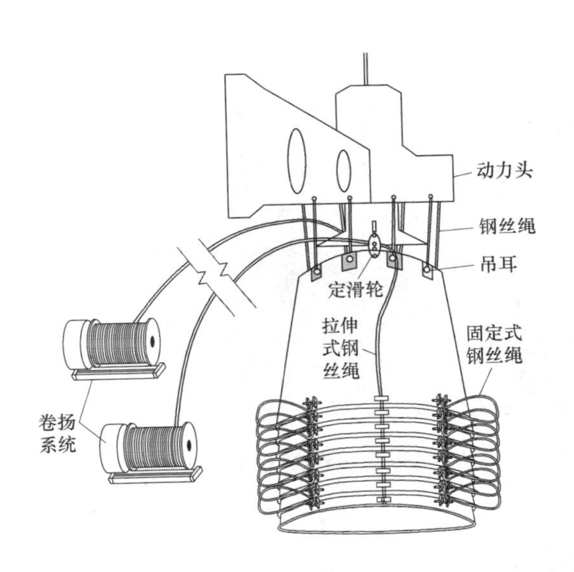

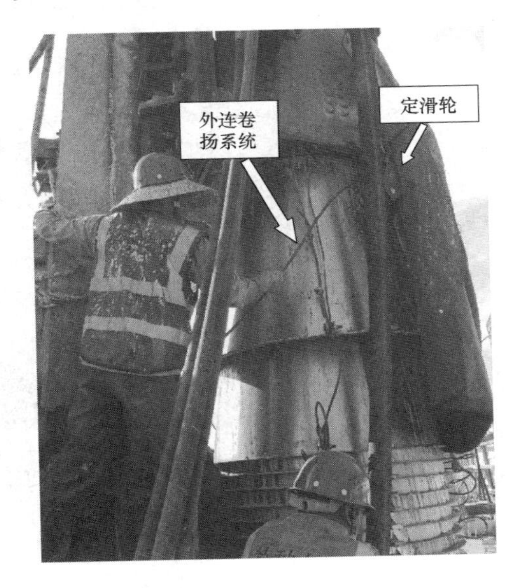

图 8.2-20 防护罩顶部拉伸式钢丝绳定滑轮外接卷扬系统连接

（2）卷扬系统提拉和放松拉伸式钢丝绳可实现防护罩的叠套和展开，防护罩叠套和展开状态见图 8.2-21。若要从展开状态转变为叠套状态，控制卷扬系统同步提拉两条拉伸式钢丝绳，使下部的防护罩逐一提升，并逐渐与上部的防护罩相叠套，提拉过程见图 8.2-22；若卷扬系统放下拉伸式钢丝绳，则可实现从叠套状态到展开状态的转变。

4. 安装潜孔锤钻具

（1）提升潜孔锤钻机动力头，提升高度略大于单节钻具的长度（包括潜孔锤钻头、冲击器、钻杆的总长度）。

（2）潜孔锤钻机机手在驾驶室控制两台卷扬机，使其同步提拉两根拉伸式钢丝绳，下部的防护罩逐一提升，并逐渐与上部的防护罩相叠套，防护罩结构由展开状态转变为叠套状态，提拉过程见图 8.2-23。

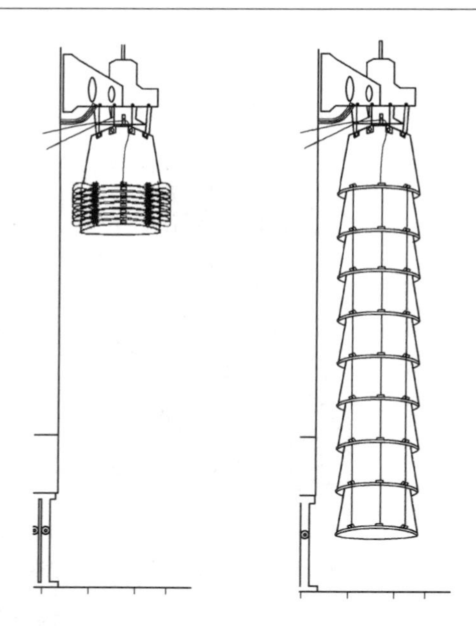

图 8.2-21　防护罩叠套至展开状态示意图

图 8.2-22　卷扬系统提拉拉伸式钢丝绳从展开状态至叠套状态

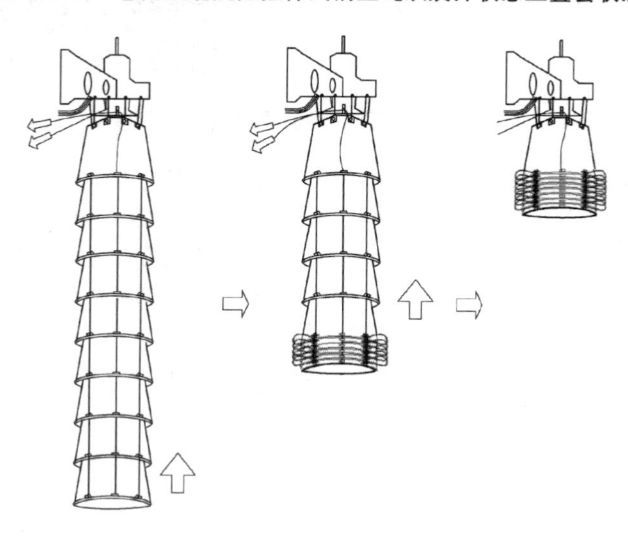

图 8.2-23　提拉拉伸式钢丝绳的防护罩结构变化示意图

（3）提拉防护罩结构，使动力头的连接六方方筒露出，具体见图 8.2-24；此时再移入钻具，将钻具顶部的六方方头与动力头处的六方方筒对接，再插入两根销轴固定连接处完成钻具的安装连接。钻具顶部的六方方头见图 8.2-25，六方方头与六方方筒连接见图 8.2-26、图 8.2-27。

图 8.2-24 动力头连接钻具的六方方筒

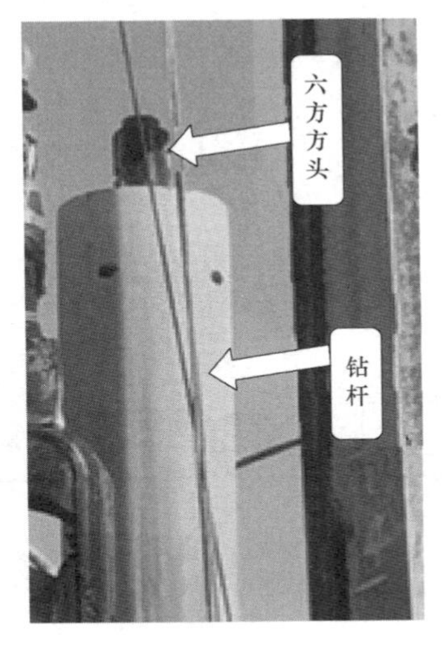

图 8.2-25 钻具顶部的连接六方方头

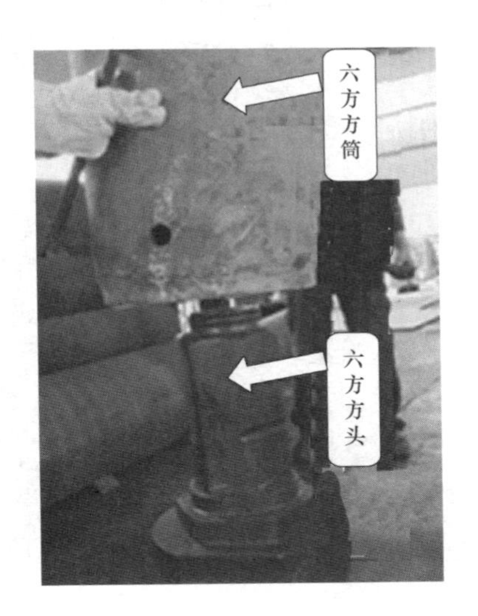

图 8.2-26 套筒与六方套头的连接

图 8.2-27 插销固定连接处

（4）再控制卷扬系统同步放下两根拉伸式钢丝绳，使得防护罩结构展开，防护罩结构达到作业前的准备状态，具体见图 8.2-28。

5. 潜孔锤钻进及降尘防护

（1）潜孔锤钻具安装就位后，开始潜孔锤钻进作业，随着潜孔锤向下钻进，下部防护罩逐渐在孔口处叠套，钻进过程及防护罩在孔口位置叠套见图 8.2-29。

（2）潜孔锤钻进过程中，潜孔锤振动破碎的岩渣、土渣通过孔壁与钻杆的间隙上升，飞出钻孔后被防护罩结构阻挡，随着风压减小和自重作用，岩渣、土渣下降，堆积于孔口地面上。

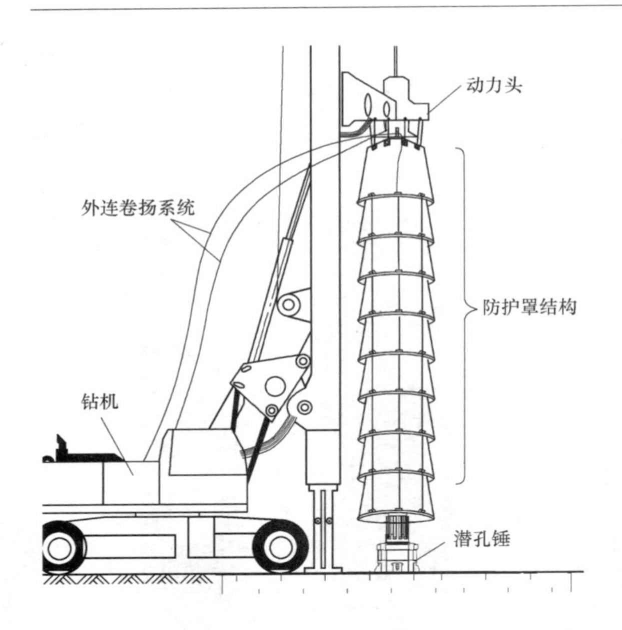

图 8.2-28　潜孔锤钻进及防护罩施工现场

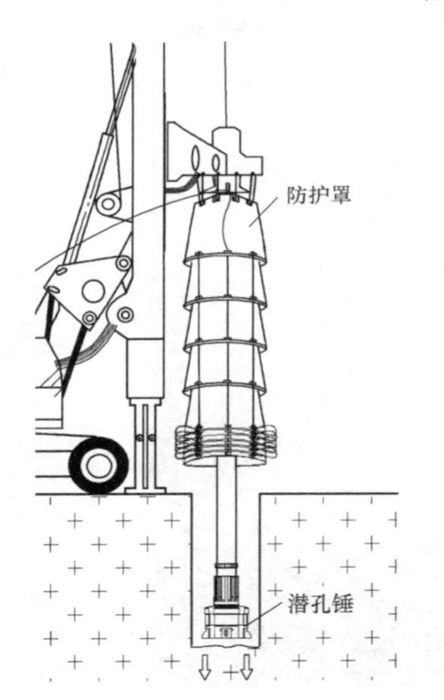

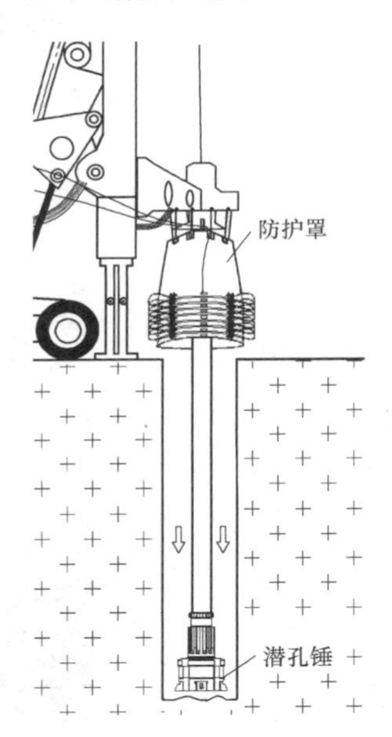

图 8.2-29　潜孔锤钻进及防护过程（防护罩由展开状态转变至叠套状态）

（3）随着潜孔锤钻进，钻杆逐渐下降，当钻杆即将伸入钻孔中时，停止潜孔锤钻进，解除钻杆与动力头的连接，将钻杆与潜孔锤置于钻孔中，重新提升动力头并提拉拉伸式钢丝绳使防护罩结构向上叠套，具体操作见图 8.2-30。

（4）将一节新的钻杆吊至孔口上端，其下部与置于孔中的钻杆相连接，其上部与动力头六方接头相连接，新钻杆吊入见图 8.2-31，新钻杆吊至孔口上端并连接孔中钻杆见图 8.2-32，新钻杆的上部连接动力头见图 8.2-33。

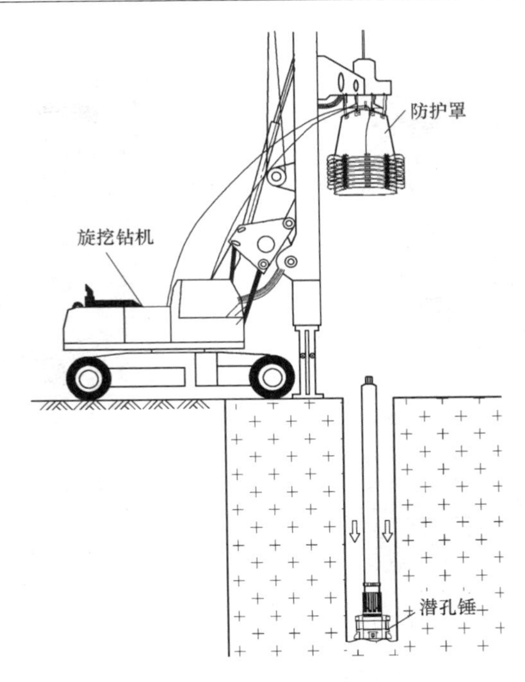

图 8.2-30 动力头与钻杆解除连接后再度提升后布置图

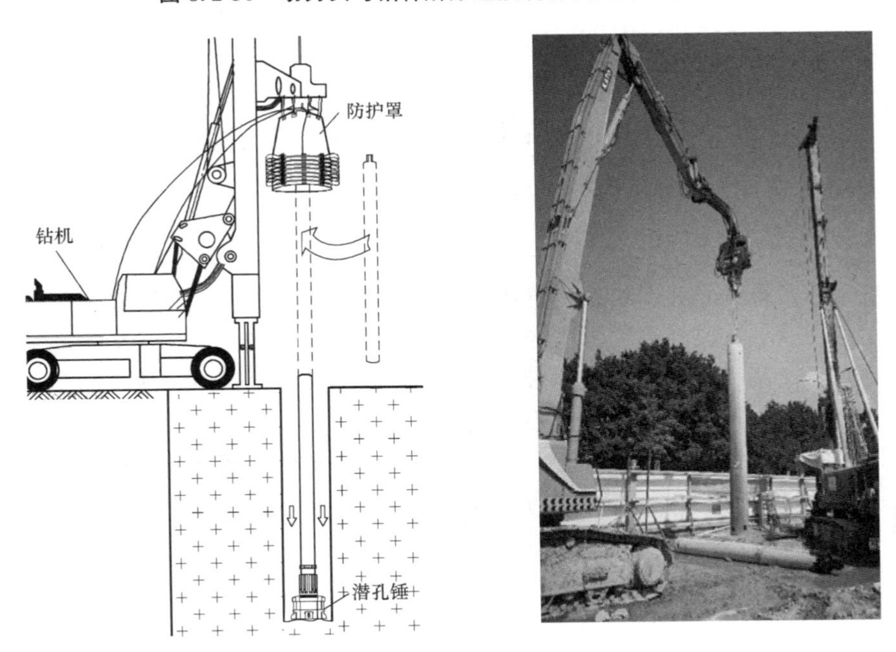

图 8.2-31 吊车吊入钻具

(5) 放下防护罩结构包裹新的钻杆，继续潜孔锤钻进，后续再接入钻杆的操作步骤同上，接入钻杆的数量根据设计孔深合理配置。

(6) 钻进至设计底标高后，结束潜孔锤钻进，提升动力头，并提拉防护罩结构使其向上叠套，一边提升动力头一边按顺序由上至下拆除钻杆，直至最后拆除潜孔锤钻头。

图 8.2-32　钻杆与孔口中的钻杆连接

图 8.2-33　钻杆与动力头接头连接

（7）在完成全部项目灌注桩成孔施工后，在钻杆及潜孔锤拆除完毕后，放下动力头，解除防护罩结构与动力头的连接，并拆分防护罩结构，对防护罩筒体进行洒水冲洗并检查其完整程度。

8.3　灌注桩潜孔锤钻进孔口合瓣式防尘罩施工技术

8.3.1　引言

灌注桩采用潜孔锤钻进时，以空气压缩机提供的高风压作为动力，高风压进入潜孔锤冲击器驱动潜孔锤钻头高速往复冲击作业，被潜孔锤破碎的渣土、岩屑随潜孔锤钻杆与孔壁之间的空隙，由高风压携带排出并散落至地面。当潜孔锤钻进时，渣土散落在孔口，并夹杂着较大的粉尘，严重影响孔口周边环境。

为解决以上潜孔锤钻进时孔口渣土、岩屑、粉尘对施工现场环境造成的影响，采用一种灌注桩潜孔锤钻进时的孔口合瓣式防尘罩，可有效控制钻进过程中的岩渣粉尘污染，取得了一定的环保效果。

8.3.2　工艺特点

1. 防渣防尘效果好

本工艺直接采用孔口防尘罩将孔口完全遮挡罩住，将在孔口喷出的渣土、岩屑、粉尘收纳在防尘罩范围内，避免了渣土和粉尘无规则喷散。

2. 操作方便

本工艺采用合瓣式设计、螺栓固定，安装和拆卸便利；罩顶安装有提升吊耳，方便现场吊装。

3. 综合成本低

防尘罩采用钢板制作，表面耐冲击，可以重复利用，使用成本低。

8.3.3 适用范围

适用于灌注桩潜孔锤钻进施工，适用于施工现场处于城市中心、市政道路附近对文明施工要求高的项目。

8.3.4 工艺原理

本工艺采用一种孔口全封闭式的防尘罩结构，遮挡住从孔口上返喷出的渣土、岩屑、粉尘，将其收纳在防尘罩范围内，以解决目前潜孔锤钻进工艺施工中存在的空气污染和现场文明施工差的问题。

本工艺具体内容及原理为：

利用两个由厚度 2mm 不锈钢板制作的形状对称的孔口合瓣式防尘罩相互合拢，并用螺栓相互连接固定，形成圆柱状的孔口全封闭防尘罩结构，防尘罩结构上部开设有供潜孔锤钻具通过的圆形孔洞，孔口防尘罩形成的空间覆盖孔口周围，可完全遮挡住从孔口喷出的渣土、岩屑、粉尘。孔口防尘罩布设示意见图 8.3-1，防尘罩施工现场作业见图 8.3-2。

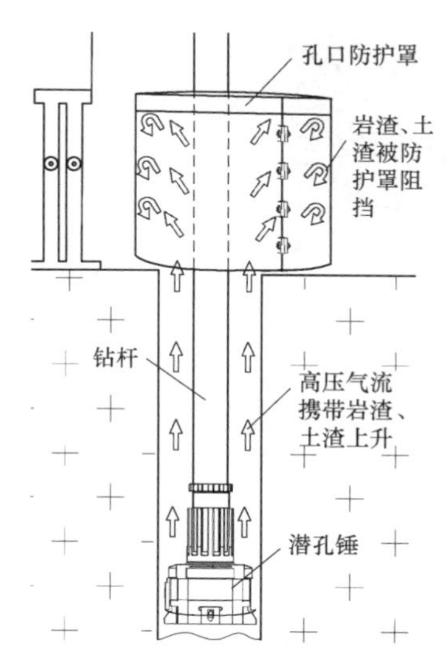

图 8.3-1 孔口防尘罩布设及施工现场作业

图 8.3-2 孔口防尘罩施工现场作业

8.3.5 孔口合瓣式防尘罩结构

孔口防尘罩的功能是遮挡高风压吹出的渣土、岩屑，防尘罩结构分为两瓣，两瓣形状沿结构中线相互对称，孔口防尘罩由合瓣式罩体、连接合瓣和罩顶提升吊耳组成。

1. 罩体

罩体由两个半合瓣式防尘罩拼装而成，由环绕钻杆的环状体和顶板组成。

(1) 合瓣体平面上为圆形，直径 1500mm；在罩体顶板平面上设置有潜孔锤钻具通过的孔洞，孔洞大小根据潜孔锤钻具的直径大小确定，一般潜孔锤冲击炮衣和钻杆直径为

910mm，考虑到潜孔锤冲击时振动的影响，孔洞稍微加大至930mm，罩体平面及孔洞设置见图8.3-3、图8.3-4。

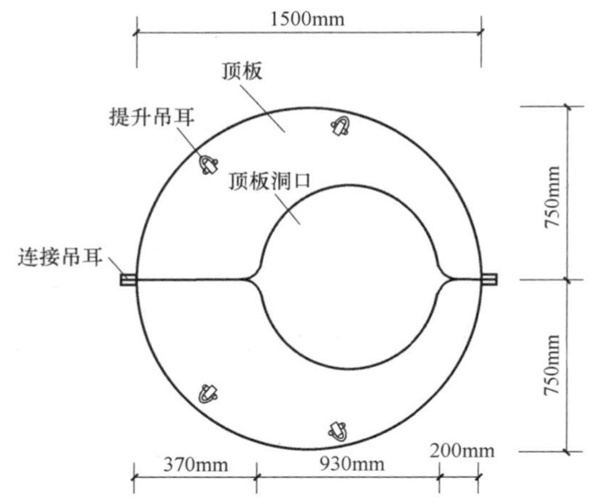

图8.3-3　罩体平面图顶板模型俯视图

图8.3-4　罩体平面及钻杆孔洞

（2）罩体立面为圆柱形，罩体高1600mm；罩体与上部顶板通过厚度2mm、高度100mm的侧向钢圈相互焊接连接，罩体立面示意见图8.3-5，罩体立面实物见图8.3-6。

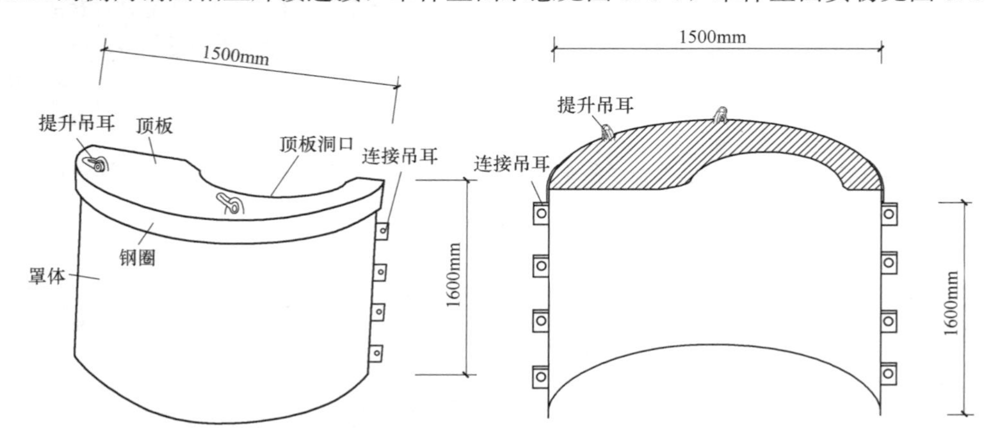

图8.3-5　合瓣防尘罩立面图模型

图 8.3-6 孔口防尘罩

2. 罩体连接合瓣

(1) 罩体的两个合瓣侧边缘分别焊接有由上至下 4 个连接吊耳，连接吊耳见图 8.3-7。

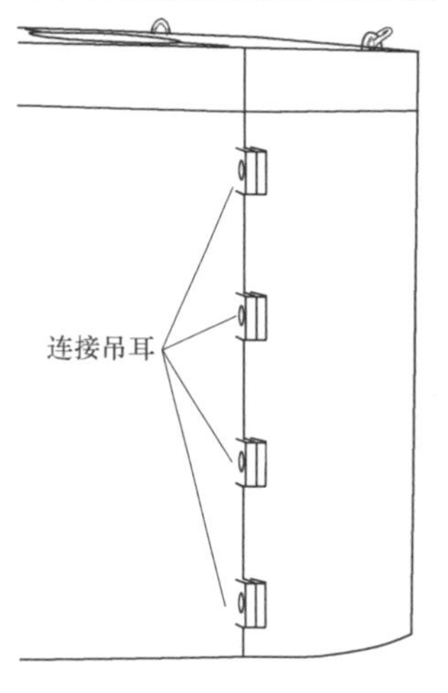

图 8.3-7 合瓣式防尘罩连接吊耳示意图和实物图

(2) 使用防尘罩时，将两个半合瓣式防尘罩在地面相互合拢，罩体侧边缘的连接吊耳相互对应后，用螺栓将其固定，具体见图 8.3-8，合瓣连接后的合瓣式防尘罩见图 8.3-9。

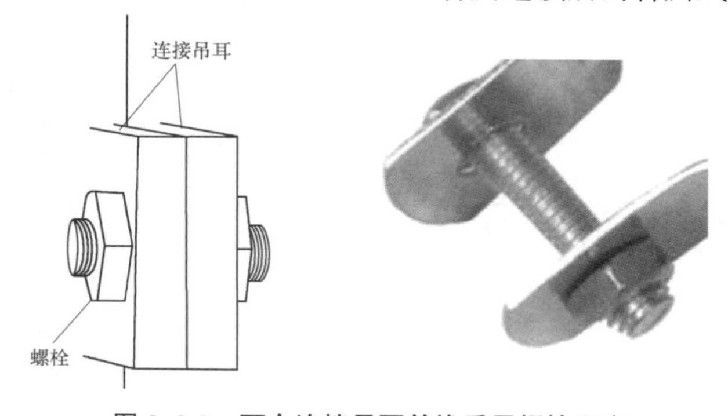

图 8.3-8 两个连接吊耳并拢后用螺栓固定

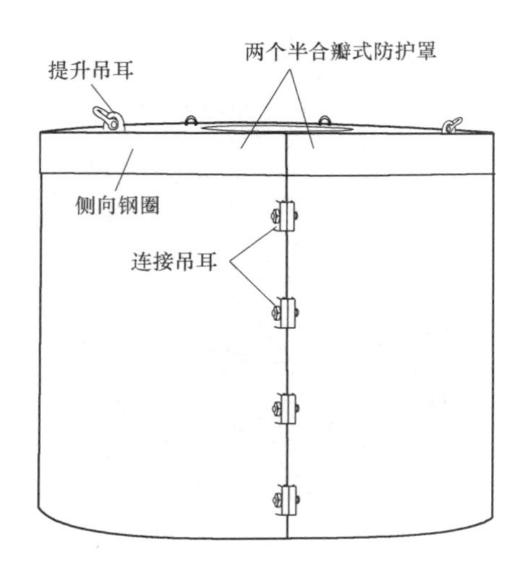

图 8.3-9　两个相互合瓣连接的合瓣式防尘罩

3. 顶板提升吊耳

（1）在罩体两个半合瓣的顶板上，各设置有 2 个提升吊耳，供起吊安装使用。

（2）顶板上的提升吊耳采用钢丝绳提升，具体见图 8.3-10、图 8.3-11，实际吊耳提升使用见图 8.3-12。

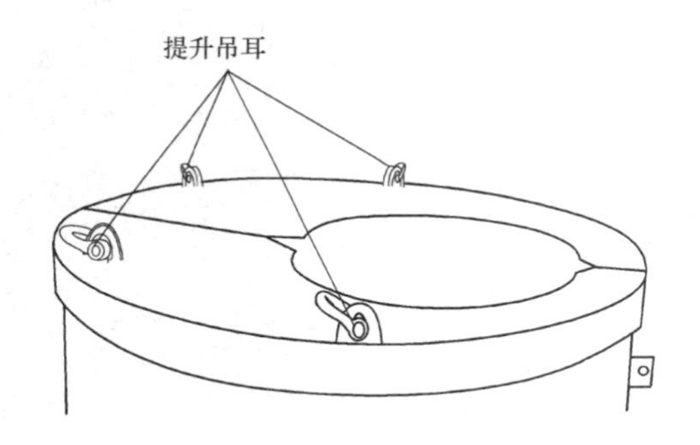

图 8.3-10　合瓣式防尘罩提升吊耳立面位置分布示意图

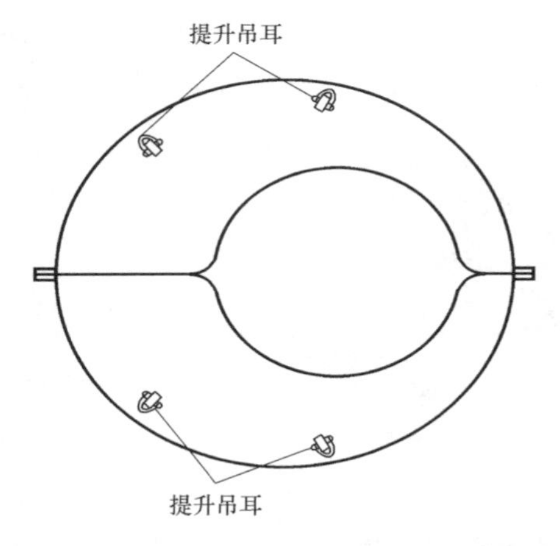

图 8.3-11　合瓣式防尘罩提升吊耳平面位置示意图

图 8.3-12　合瓣式防尘罩提升吊耳实物

8.3.6　施工工艺流程

灌注桩潜孔锤钻进孔口合瓣式防尘施工工艺流程见图 8.3-13。

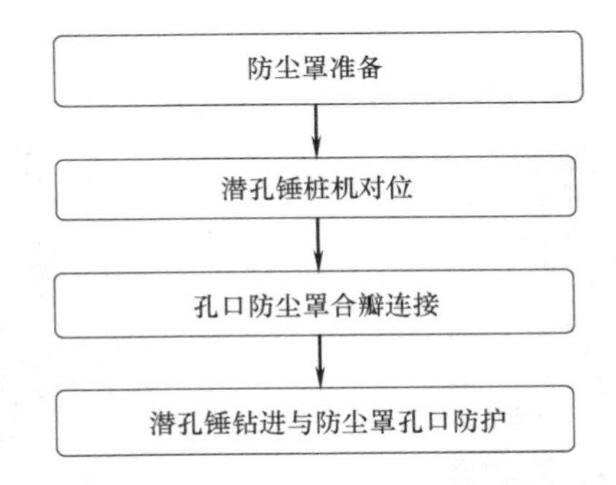

图 8.3-13　灌注桩潜孔锤钻进孔口合瓣式防尘施工工艺流程图

8.3.7　工序操作要点

1. 防尘罩准备

（1）将一对合瓣式防尘罩吊装入场，对称分开放置于孔口两侧，间距不小于潜孔锤冲击炮及钻杆直径，见图 8.3-14。

图 8.3-14　合瓣式防尘罩准备

（2）作业之前对罩体进行完整性检查。

2. 潜孔锤桩机对位

（1）桩机进场后在钻杆上连接潜孔锤钻头。

（2）潜孔锤钻机就位，潜孔锤钻头中心对准钻孔中心位置，见图 8.3-15。

3. 孔口防尘罩合瓣连接

（1）将相互合瓣的两个单瓣孔口防尘罩用吊车安放，并对称放置于潜孔锤钻杆两侧，以潜孔锤和钻杆作为顶板洞口中心进行相互合瓣。

（2）罩体侧边缘的连接吊耳相互对应后，人工用螺栓穿过两边的连接吊耳并将其固定，合瓣连接完成后孔口防尘罩结构进入准备作业状态。

4. 潜孔锤钻进与合瓣式防尘罩孔口防护

（1）潜孔锤钻进过程中，潜孔锤振动破碎的岩渣、土渣通过孔壁与钻杆的间隙上升，由高风压携出钻孔后被孔口防尘罩结构阻挡，并堆积于孔口地面上。

(2) 潜孔锤钻进至设计标高时停止钻进，人工松开打结的钢丝绳并卸下，拆开合瓣的连接固定螺栓，用吊车吊离孔口，随后控制桩机动力头提升钻杆，拔出潜孔锤，完成成孔及防护作业。

潜孔锤钻进与合瓣式防尘罩孔口防护见图 8.3-16。

图 8.3-15 潜孔锤就位

图 8.3-16 潜孔锤钻进与合瓣式防尘罩孔口防护

8.4 灌注桩大直径潜孔锤气液钻进降尘施工技术

8.4.1 引言

采用传统的大直径潜孔锤钻进工艺施工灌注桩时，施工现场布置有潜孔锤钻机、油雾器、储气罐和空压机组；高风压由空压机组输送至储气罐，随后经过油雾器，最后输送至潜孔锤集气室并从潜孔锤头喷出。该过程中，高风压驱动潜孔锤用于破岩并将岩渣携带出孔，油雾起到润滑潜孔锤冲击炮，从而提升锤头工作效率的作用。一般的潜孔锤钻进施工现场布置见图 8.4-1。

以空气压缩机提供的高风压作为动力时，高风压进入潜孔锤冲击器驱动潜孔锤钻头高速往复冲击作业，被潜孔锤破碎的渣土、岩屑随潜孔锤钻杆与孔壁之间的空隙，由高风压携带排出并散落至地面，在孔口喷出大量的土渣、岩屑，并夹杂着较大的粉尘，造成现场文明施工条件差，具体见图 8.4-2。为减轻粉尘对现场的影响，一般会采取在孔口喷水降尘的措施（图 8.4-3），实际现场降尘效果不佳，难以满足现场文明施工要求。

深圳市城市轨道交通 13 号线 13101 标段（白芒站）项目围护结构地下连续墙施工项目，位于沙河西路、松白路与丽康路的交叉路口南侧，紧邻市政道路，现场地下连续墙引孔时，采用潜孔锤施工产生大量土渣及岩屑，为解决以上大直径潜孔锤钻进时孔口渣土、岩屑、粉尘对施工现场环境造成的不良影响，确保现场绿色文明施工条件，项目组经过一系列现场试验、工艺完善、过程优化、现场总结，研制了一种便捷有效

图 8.4-1 传统的潜孔锤高风压现场施工管路布置

的大直径潜孔锤气液降尘方法，即在空压机高风压驱动潜孔锤破碎钻进的同时，高风压将在管路中输入的液态水雾化，分散的微米级水雾有效覆盖并捕集喷出的岩屑、土尘，将高风压携带并飘浮在空气中的颗粒物、尘埃等迅速逼降至孔口，达到降尘净化空气的效果，取得了显著成效。

图 8.4-2 潜孔锤钻进时孔口喷出的尘渣

图 8.4-3 潜孔锤段钻进时孔口洒水降尘

8.4.2 工艺特点

1. 有效控制尘霾

水雾可被雾化到 30μm 到 200μm，与尘粒的凝结效率高，可将渣粒粉尘有效地包裹起来并增加重量，将其捕获逼降至地面，防止由高风压携带出孔口四处飘散，有效控制尘霾，达到有效的抑尘效果。

2. 安装操作简单

本工艺只是在传统的潜孔锤高风压钻进的管线布设中，增加了高压泵入水管线路，项目整体安装简单；钻进使用时，保持高压水泵的正常运转即可达到雾化降尘效果。

3. 文明施工效果好

本工艺通过微米级气液降尘，从源头上处理施工粉尘，气雾吸附能力强，水雾覆盖面积广，大大提升了现场文明施工。

8.4.3 适用范围

适用于灌注桩大直径潜孔锤钻进施工，尤其适用于施工现场处于城市中心、市政道路附近对文明施工要求高的项目。

8.4.4 工艺原理

1. 技术路线

本工艺技术路线是在传统管路中增设一台高压水泵用以输入液态水，通过高压气流将液态水雾化，从潜孔锤锤头喷出后与空气中的颗粒物、尘埃反应后将其逼降至孔口，实现有效降尘，以解决目前潜孔锤钻进工艺施工中存在的空气污染和现场文明施工差的问题。

2. 工艺原理

传统大直径潜孔锤钻进作业时，空压机产生的高风压经过储气罐、油雾罐进入潜孔锤，完成钻进破岩。本工艺在上述管线和设施布置中，在油雾罐的出口处增设了一个支管，支管由一台高压泵输入液态水，高风压将水、油雾化后，三相物质共同输送至潜孔锤钻杆，并顺着钻杆输送至潜孔锤锤头。潜孔锤气液钻进管路布设模型见图 8.4-4。

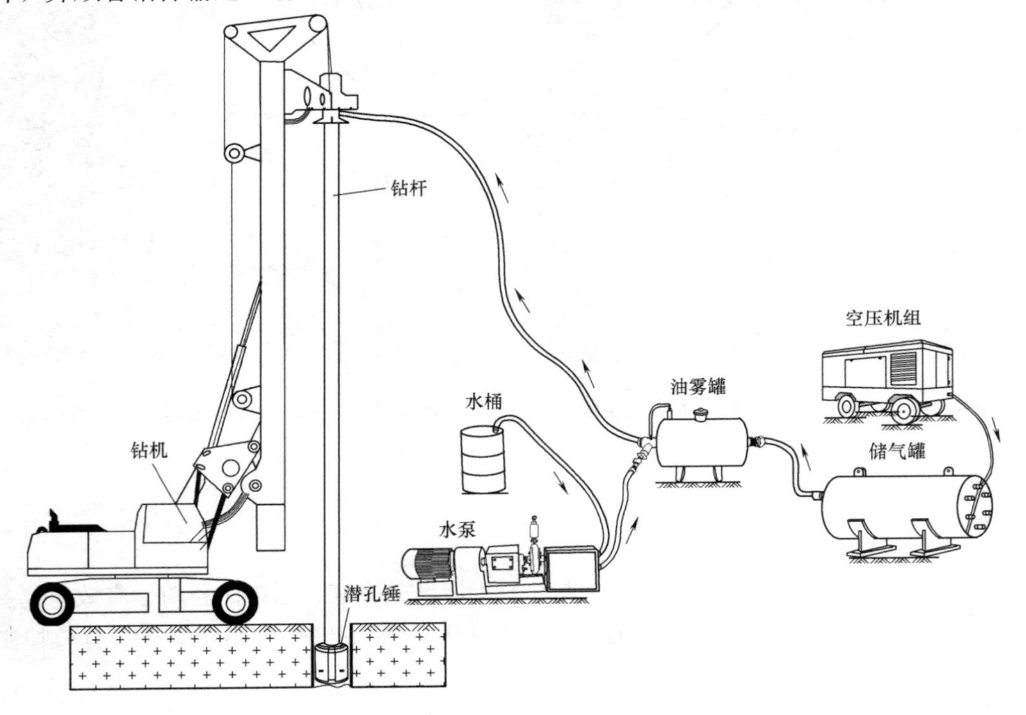

图 8.4-4　大直径潜孔锤气液降尘施工作业布置示意图

本工艺降尘原理在于空压机产生的高速气流，将高压泵输入的液态水分散成微米级小液滴，雾化后的液态水雾在潜孔锤钻进过程中通过扩散，惯性碰撞并拦截捕尘，不仅能湿润体积较大的岩渣及土屑，还能快速捕捉空气中悬浮的粉尘颗粒，将土渣、岩渣、粉尘等及其细小颗粒物迅速逼降；同时，由于从潜孔锤头高压喷出的水雾会携带较高的正负电电荷，有助于单颗水雾粒更有效地对微细粉尘进行捕集，可显著提高渣、尘的沉降率；另外，喷出的水雾颗粒质量轻，覆盖范围广，水雾可扩散至孔口地面甚至地面以上十多米处，实现大范围降尘。

雾化的水雾粒将岩渣、土渣捕集并逼降至孔底的模型图见图 8.4-5。

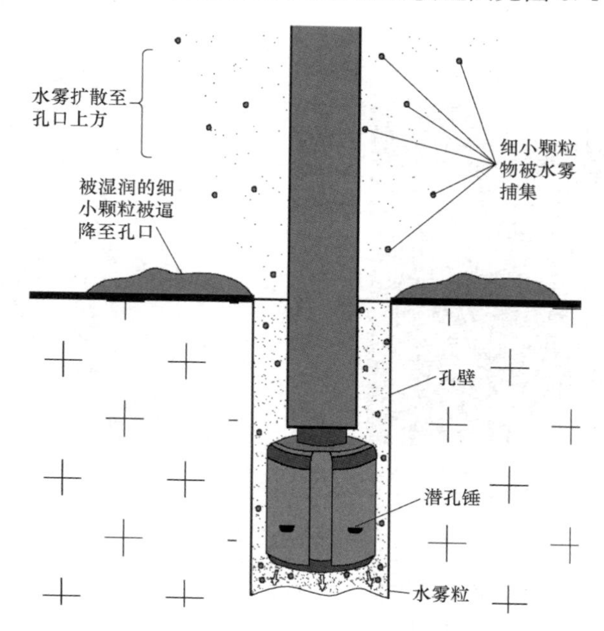

图 8.4-5 水雾粒将岩渣、土渣捕集并逼降至孔口示意图

8.4.5 施工工艺流程

大直径潜孔锤气液钻进降尘施工工艺流程见图 8.4-6。

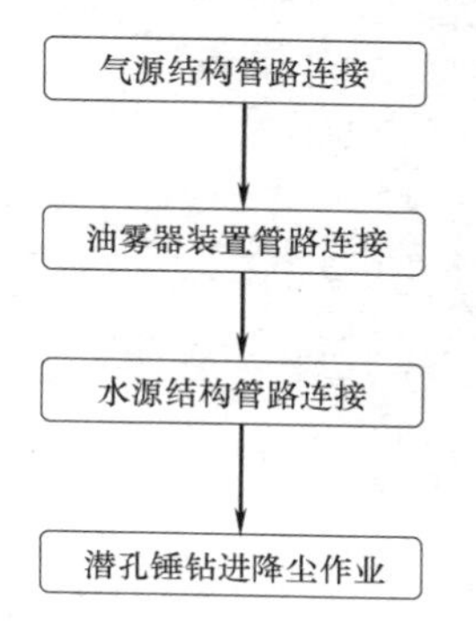

图 8.4-6 灌注桩大直径潜孔锤气液钻进降尘施工工艺流程图

8.4.6　工序操作要点

1. 气源结构连接

(1) 气源结构包括空压机及储气灌。

(2) 空压机组根据潜孔锤钻进直径、桩深等确定空压机数量。

(3) 空压机通过数条高压输气管将高压空气输送进储气罐，储气罐可提高输出气流的连续性及压力的稳定性，也可分离过滤压缩空气的水分、油污等杂质。

空压机组及储气罐具体见图 8.4-7、图 8.4-8。

图 8.4-7　空压机组

图 8.4-8　储气罐

2. 油雾器装置管路连接

(1) 连接油雾器与外部装置时，油雾器内置高压气管与外部气管连接，进气端高压气管外接储气罐，储气灌再与空压机组连接。

(2) 送气端高压气管与潜孔锤钻机的气管连接。

油雾器装置管路连接见图 8.4-9。

图 8.4-9　油雾器外部管路连接

3. 水源结构管路连接

(1) 水源结构由高压水泵、水管及水桶组成。

(2) 水泵选用 DDTK150 泥浆泵，其压力大，泵送效果好，现场 DDTK150 泥浆泵及水桶见图 8.4-10，泥浆泵参数见图 8.4-11。

图 8.4-10 现场 DDTK150 泥浆泵、水桶

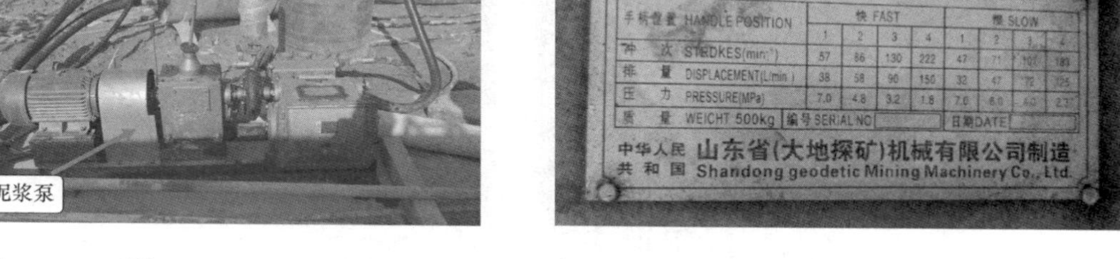

图 8.4-11 DDTK150 泥浆泵参数

(3) 连接水源结构时，高压水泵的进水管与水桶相连，水泵的输水管与油雾器出口处的高压气管通过单向阀门连接，水桶中的水在水泵压力作用下被输送至高压气管中与高压空气混合，具体现场连接见图 8.4-12，输水管与油雾器连接见图 8.4-13。

图 8.4-12 水泵、水桶、油雾罐管路现场连接

图 8.4-13 输水管与油雾器连接

(4) 水泵的输水管与油雾器的连接接头处设单向阀门和开关，作用是只允许水流从出水管

流向高压气管，阻止高压气管中的气流反向流入出水管中。单向阀门和开关见图 8.4-14。

图 8.4-14　水泵与油雾罐接头处的单向阀门和开关

4. 潜孔锤钻进降尘作业

（1）开动潜孔锤，空压机组持续输送高速气流，高风压将管路中输入的液态水及润滑油雾化，输送至潜孔锤冲击器并喷出，分散的微米级水雾覆盖并捕集喷出的岩屑、土尘，将高风压携带并飘浮在空气中的颗粒物、尘埃等迅速逼降至孔口。

（2）钻进过程中，可调节水泵的压力，使其达到最佳的孔口降尘效果。

8.4.7　主要机械设备

本工艺使用的主要设备有：潜孔锤钻机、潜孔锤、油雾器、泥浆泵、空压机、储气罐等，详见表 8.4-1。

主要机具设备表　　表 8.4-1

序号	设备名称	型 号	备　注
1	油雾器	自制	输送润滑油
2	潜孔锤钻机	SH180	钻进设备
3	潜孔锤	TSK 系列	地层钻进
4	空压机	1070SRH、780VH	输送高风压
5	储气罐	自制	集气、供气
6	泥浆泵	DDTK150	泵送水源

8.4.8　质量控制

1. 储气罐、油雾器、水泵、水桶及管路安装与使用

（1）储气罐、水泵、油雾器进场后需核对产品标识、型号、规格。

（2）检测储气罐及油雾器筒体内有无杂质残留，检查储气罐管口或安装口有无用堵头封堵。

（3）储气罐、油雾器筒体及焊接材料不低于 Q235-B，所使用材料需提供质量证明书。

（4）确认储气罐、油雾器外表面无气泡、划痕、龟裂和剥落等缺陷。

（5）高压气管、输水管、储气罐的接管法兰、接头螺纹表面、油雾器的气管接头和出油口、进油口、进水口不得有锈蚀和降低连接强度及密封可靠性的缺陷。

（6）对储气罐和油雾器的焊缝及焊接接头进行100%无损检测。

（7）作业前储气罐按设计压力进行耐压试验。

（8）水泵安装时避免承受外力，安装后进行对中调整和水平调整。

（9）检查水桶桶身有无裂缝、水桶内的水有无杂质。

2. 扬尘控制标准

（1）施工场地扬尘排放控制项目为PM2.5、PM10，安装专门的TSP扬尘监测仪现场检测。

（2）PM2.5、PM10标准确定监测点浓度限值为：24h平均浓度限值75ug/m^3，TSP15min平均浓度限值为300ug/m^3。

8.4.9 安全措施

1. 储气罐

（1）操作储气罐的人员熟知所操作容器的性能和有关安全知识、持证上岗，非本岗人员严禁操作。

（2）储气罐及安全附件检验合格，仪表灵敏可靠，经检验合格并在有效期内使用。

（3）检查储气罐压力表的好坏与位置，当无压力时，压力表位置处于“0”状态，即限位零处。

（4）作业前检查储气罐安全阀是否正常。

（5）每天检查储气罐压力表指示值，当发现压力有不正常现象（即失灵）时，及时更换；其最高工作压力小于规定值，如果高于规定值安全阀应自动打开，否则立即停止进气并检修。

（6）储气罐在运作过程中严禁有金属器械碰撞、敲打罐体，储气罐属高温、高压的容器，附近绝不可有易燃、易爆物品。

2. 油雾器

（1）作业前，检查油雾器表面有无裂缝，对裂缝处进行及时修补，必要时更换新的油雾器。

（2）作业时，随时检查油雾器的各阀门及其他地方是否有漏气现象。

3. 水泵操作

（1）水泵由熟悉和掌握水泵原理及机械操作规程与方法的专业人员操作，其他人员禁止操作。

（2）水泵使用前检查水源、水位情况，进出水阀门开闭状态；检查水泵控制柜电压表、信号灯等仪表指示是否正常，检查水泵机组是否有空气。

4. 高压管路

（1）检查高压气管道的密封性，确保无异常后再将进气阀门打开，并观察进气过程管路有无泄漏，直到达到使用压力为止。

（2）作业时，每小时检查高压气管路、油雾器、储气罐的密封性，若出现漏气现象则及时修补。

附：《实用岩土工程施工新技术（2021）》自有知识产权情况统计表

章名	节名	类别	名称	编号	备注
第1章 灌注桩施工新技术	1.1 大直径旋挖灌注桩硬岩小钻阵列取芯钻进技术	发明专利	一种大直径旋挖灌注桩硬岩小钻阵列取芯钻进方法	202010040904.2	申请受理中
		工法	深圳市建设工程市级工法	SZSJGF015-2020	深圳建筑业协会
		科技成果鉴定	国内先进	粤建协鉴字〔2020〕759号	广东省建筑业协会
		获奖	科学技术进步奖三等奖	2020-J3-067	广东省建筑业协会
	1.2 大直径超深灌注桩成桩孔口平台施工技术	实用新型专利	一种大直径超深灌注桩成桩孔口作业装置	202020672661.X	申请受理中
		工法	深圳市建设工程市级工法	SZSJGF014-2020	深圳建筑业协会
		科技成果鉴定	省内领先	粤建协鉴字〔2020〕757号	广东省建筑业协会
	1.3 大直径超深灌注桩气举反循环二次清孔循环泥浆消压技术	实用新型专利	大直径超深灌注桩气举反循环二次清孔循环泥浆消压装置	202021318861.1	申请受理中
	1.4 岩溶发育区旋挖地雷式溶洞挤压钻头及处理技术	发明专利	岩溶发育区旋挖地雷式挤压钻头溶洞处理方法	202010642879.5	申请受理中
		实用新型专利	岩溶发育区旋挖地雷式溶洞挤压钻头	202021322731.5	申请受理中
第2章 基坑支护施工新技术	2.1 旋挖钻机切除支护桩内半侵入锚索施工技术	发明专利	旋挖钻机切除支护桩内半侵入预应力锚索的方法	202010753530.9	申请受理中
		实用新型专利	便于旋挖钻机切除的支护桩内半侵入预应力锚索结构	202021569711.8	申请受理中
	2.2 填石层自密实混凝土潜孔锤跟管止水帷幕施工技术	发明专利	深厚填石层止水帷幕潜孔锤跟管咬合桩综合施工方法	202010531074.3	申请受理中
		实用新型专利	深厚填石层止水帷幕潜孔锤跟管咬合综合施工结构	202021071020.5	申请受理中
		科技成果鉴定	国内领先	粤建协鉴字〔2020〕746号	广东省建筑业协会
		工法	广东省省级工法	（待发证）	广东省住房和城乡建设厅

续表

章名	节名	类别	名称	编号	备注
第2章 基坑支护施工新技术	2.3 基坑石方爆破支撑梁模块式移动棚防护施工技术	实用新型专利	一种基坑石方爆破防护装置	202020731310.1	申请受理中
		科技成果鉴定	省内领先	粤建协鉴字〔2020〕749号	广东省建筑业协会
	2.4 限高区基坑咬合桩硬岩全回转与潜孔锤组合钻进技术	发明专利	限高区基坑咬合桩硬岩钻进施工系统及施工方法	202010561736.1	申请受理中
		实用新型专利	限高区基坑咬合桩硬岩钻进施工系统	202021146636.4	申请受理中
		工法	深圳市建设工程市级工法	SZSJGF078-2020	深圳建筑业协会
		科技成果鉴定	国内领先	粤建协鉴字〔2020〕754号	广东省建筑业协会
		工法	广东省省级工法	（待发证）	广东省住房和城乡建设厅
第3章 全套管全回转灌注桩施工新技术	3.1 全套管全回转灌注桩套管内气举反循环清孔施工技术	发明专利	一种灌注桩的清孔系统及清孔方法	202010172106.5	申请受理中
		实用新型专利	一种灌注桩的清孔系统	ZL 2020 2 0310070.8 证书号第11979545号	国家知识产权局
		工法	深圳市建设工程市级工法	SZSJGF064-2020	深圳建筑业协会
		科技成果鉴定	省内领先	粤建协鉴字〔2020〕751号	广东省建筑业协会
		论文	全套管全回转灌注桩套管内气举反循环清孔施工技术	《施工技术》	（已录用未见刊）
	3.2 无充填溶洞全回转钻进灌注桩钢筋笼双套网成桩技术	实用新型专利	一种用于喀斯特地貌的灌注桩施工的钢筋笼	202020830924.5	申请受理中
		实用新型专利	一种具有防浮笼功能的钢筋笼	202020847524.5	申请受理中
		工法	深圳市建设工程市级工法	SZSJGF053-2020	深圳建筑业协会
		论文	喀斯特无充填溶洞全回转钻进灌注桩钢筋笼双套网综合成桩施工技术	《施工技术》	（已录用未见刊）
	3.3 旋挖与全回转钻组合装配式辅助钢结构平台钻进技术	实用新型专利	用于辅助旋挖钻机配合全回转钻机作业的装配式平台	202021664299.8	申请受理中

续表

章名	节名	类别	名称	编号	备注
第4章 地下连续墙施工新技术	4.1 管线地下连续墙一幅三序二笼入岩成槽综合施工技术	发明专利	管线地下连续墙成槽综合施工方法	202010280868.7	申请受理中
		实用新型专利	地下连续墙的管线保护结构	202020538016.9	申请受理中
		工法	深圳市建设工程市级工法	SZSJGF033-2020	深圳建筑业协会
		科技成果鉴定	国内先进	粤建协鉴字〔2020〕760号	广东省建筑业协会
		获奖	科学技术奖二等奖	DZXHKJ202-24	广东省地质学会
	4.2 地下防空洞区地下连续墙堵、填、钻、铣综合成槽施工技术	发明专利	一种地下防空洞区域地下连续墙施工方法	202010436930.7	申请受理中
		发明专利	一种防空洞巷道封堵结构	202010436924.1	申请受理中
		实用新型专利	一种防空洞巷道封堵结构	202020865374.0	申请受理中
		科技成果鉴定	国内先进	粤建协鉴字〔2020〕750号	广东省建筑业协会
		工法	深圳市建设工程市级工法	（待发证）	深圳建筑业协会
		论文	防空洞区地下连续墙堵、填、钻、铣综合成槽施工技术	《建筑细部》	（已录用未见刊）
	4.3 地下连续墙抓斗附挂式工字钢接头刷壁器刷壁施工技术	发明专利	地下连续墙成槽刷壁方法	202010176990.X	申请受理中
		实用新型专利	地下连续墙抓斗附挂式工字钢接头刷壁器	ZL 2020 2 0322039.6 证书号第12017454号	国家知识产权局
		科技成果鉴定	省内领先	粤建协鉴字〔2020〕758号	广东省建筑业协会
		工法	深圳市建设工程市级工法	（待发证）	深圳建筑业协会
		论文	地下连续墙抓斗附挂式工字钢接头刷壁器施工技术	《施工技术》	2020增刊（上册）
	4.4 地下连续墙大直径潜孔锤跟管咬合引孔成槽施工技术	发明专利	深厚硬岩地下连续墙成槽施工方法及其结构	202010186621.9	申请受理中
		实用新型专利	潜孔锤全护筒跟管钻进的管靴结构	ZL 2014 2 0436322.6 证书号第4098251号	国家知识产权局
		实用新型专利	带截齿的地下连续墙成槽机液压抓斗	ZL 2017 2 0340463.1 证书号第6623553号	国家知识产权局
		科技成果鉴定	国内领先	粤建协鉴字〔2020〕771号	广东省建筑业协会
		工法	广东省省级工法	（待发证）	广东省住房和城乡建设厅
		论文	地下连续墙大直径潜孔锤跟管咬合引孔成槽施工技术	《施工技术》	（已录用未见刊）
	4.5 限高区域地下连续墙钢筋笼吊装技术	发明专利	一种限高区域地下连续墙钢筋笼吊装方法	202010229779.X	申请受理中

续表

章名	节名	类别	名称	编号	备注
第5章 基坑格构柱、立柱桩定位新技术	5.1 基坑逆作法钢构柱一点三线平台定位施工技术	发明专利	一种基坑逆作法钢构柱的定位平台及定位方法	202010202311.1	申请受理中
		实用新型专利	一种基坑逆作法钢构柱的定位平台	202020368223.4	申请受理中
		科技成果鉴定	省内领先	粤建协鉴字〔2020〕748号	广东省建筑业协会
		工法	深圳市建设工程市级工法	（待发证）	深圳建筑业协会
		论文	基坑逆作法钢构柱一点三线平台定位施工技术	《施工技术》	（已录用未见刊）
	5.2 基坑逆作法钢管结构柱双平台定位施工技术	发明专利	深基坑地下结构逆作法钢管柱定位装置和定位施工方法	201910864018.9	申请受理中
		实用新型专利	深基坑地下结构逆作法钢管柱定位装置	ZL 2019 2 1537047.6 证书号第10815795号	国家知识产权局
		工法	深圳市建设工程市级工法	（待发证）	深圳建筑业协会
	5.3 基坑逆作法钢管结构柱自锁螺杆升降平台对接技术	发明专利	一种基坑逆作法钢管结构柱对接平台及对接方法	202010374562.8	申请受理中
		实用新型专利	一种基坑逆作法钢管结构柱对接平台	202020726491.9	申请受理中
		工法	深圳市建设工程市级工法	SZSJGF042-2020	深圳建筑业协会
		科技成果鉴定	国内先进	粤建协鉴字〔2020〕756号	广东省建筑业协会
第6章 灌注桩事故处理新技术	6.1 潜孔锤孔内掉钻活动式卡销打捞技术	发明专利	潜孔锤钻具的打捞方法	202010220615.0	申请受理中
		实用新型专利	具有活动式卡销的潜孔锤钻具打捞装置	ZL 2020 2 0423550.5 证书号第11788341号	国家知识产权局
		实用新型专利	便于准确对位的潜孔锤钻具的打捞装置	202020405524.X	申请受理中
		工法	深圳市建设工程市级工法	SZSJGF061-2020	深圳建筑业协会
		科技成果鉴定	国内领先	粤建协鉴字〔2020〕752号	广东省建筑业协会
		获奖	科学技术奖二等奖	DZXHKJ202-3	广东省地质学会
		工法	广东省省级工法	（待发证）	广东省住房和城乡建设厅
	6.2 潜孔锤钻具六方接头插销防脱技术	实用新型专利	适用于潜孔锤钻具六方接头的插销防脱装置	ZL 2020 2 0543016.8 证书号第12291154号	国家知识产权局

续表

章名	节　名	类　别	名　称	编　号	备　注
第7章 基坑砂土再生资源利用新技术	7.1　基坑开挖砂质土模块化洗滤净化技术	发明专利	一种基坑开挖砂质土洗滤净化分离系统及方法	202010196533.7	申请受理中
		实用新型专利	一种基坑开挖砂质土洗滤净化分离系统	ZL 2020 2 0357171.0 证书号第11983236号	国家知识产权局
		科技成果鉴定	国内领先	粤建协鉴字〔2020〕772号	广东省建筑业协会
		工法	广东省省级工法	（待发证）	广东省住房和城乡建设厅
		论文	基坑开挖砂质土洗滤净化分离施工技术	《施工技术》	2020增刊(上册)
	7.2　基坑土洗滤、泥浆压榨一站式固液分离无害化施工技术	发明专利	一种基坑土一站式处理系统及处理方法	202010286734.6	申请受理中
		实用新型专利	一种基坑土一站式处理系统	ZL 2020 2 0540609.9 证书号第12359426号	国家知识产权局
		科技成果鉴定	国内领先	粤建协鉴字〔2020〕747号	广东省建筑业协会
		工法	广东省省级工法	（待发证）	广东省住房和城乡建设厅
		工法	深圳市建设工程市级工法	（待发证）	深圳建筑业协会
		获奖	科学技术进步奖二等奖	2020-J2-018	广东省建筑业协会
	7.3　基坑土石方传送带运输及破碎处理循环利用施工技术	发明专利	一种基坑土方运输及破碎处理的施工方法	202010366407.1	申请受理中
		实用新型专利	自动进料的破碎机	202020725493.6	申请受理中
		工法	深圳市建设工程市级工法	SZSJGF043-2020	深圳建筑业协会
		科技成果鉴定	国内先进	粤建协鉴字〔2020〕770号	广东省建筑业协会
		论文	基坑土石方传送带运输及破碎处理循环利用施工技术	《施工技术》	（已录用未见刊）
第8章 绿色施工新技术	8.1　灌注桩废泥浆压滤固液分离循环利用施工技术	实用新型专利	一种灌注桩废泥浆压滤固液分离循环系统	ZL 2019 2 2161758.4 证书号第11576727号	国家知识产权局
		论文	灌注桩废泥浆压滤固液分离循环利用施工技术	《第十届深基础工程发展论坛论文集》	

续表

章名	节 名	类 别	名 称	编 号	备 注
第8章 绿色施工新技术	8.2 灌注桩潜孔锤钻进串筒式叠状降尘防护施工技术	发明专利	伸缩式钻进防护罩结构	201911121862.9	申请受理中
		实用新型专利	伸缩式钻进防护罩结构	ZL 2019 2 1987379.4 证书号第11200000号	国家知识产权局
		工法	深圳市建设工程市级工法	SZSJGF106-2019	深圳建筑业协会
		科技成果鉴定	国内先进	粤建协鉴字〔2020〕775号	广东省建筑业协会
		工法	广东省省级工法	（待发证）	广东省住房和城乡建设厅
		获奖	科学技术进步奖三等奖	2020-J3-066	广东省建筑业协会
	8.3 灌注桩潜孔锤钻进孔口合瓣式防尘罩施工技术	实用新型专利	一种合瓣式孔口防尘装置	202020293116.X	申请受理中
	8.4 灌注桩大直径潜孔锤气液钻进降尘施工技术	发明专利	一种大直径潜孔锤钻进降尘系统及降尘方法	202010165315.7	申请受理中
		实用新型专利	一种大直径潜孔锤钻进降尘系统	202020293409.8	申请受理中
		工法	深圳市建设工程市级工法	SZSJGF034-2020	深圳建筑业协会
		科技成果鉴定	国内先进	粤建协鉴字〔2020〕753号	广东省建筑业协会
		获奖	科学技术进步奖三等奖	2020-J3-070	广东省建筑业协会